# 金属材料及热处理

主　编　张　艳　秦　冉　陈　楠
副主编　魏晓娜　邱　双　穆常莘

北京理工大学出版社
BEIJING INSTITUTE OF TECHNOLOGY PRESS

## 内 容 简 介

本书以金属材料的性能为核心，介绍金属材料的成分、加工工艺、组织结构和性能的关系及其变化规律，常用金属材料及其应用等。本书从金属材料的发展与应用、宏观性能开始介绍，之后介绍材料的微观组织结构和材料热处理过程中的组织结构转变。

本书共11章，主要内容有金属材料的性能、金属的晶体结构、金属的结晶、铁碳合金相图、钢的热处理、金属材料的塑性变形与再结晶、非合金钢、合金钢、铸铁、有色金属及其合金、非金属材料。

本书充分考虑到职业本科的特点，以实用为原则，理实一体，内容上由浅入深、循序渐进；在进行知识点讲解的同时，配有相关实训技能训练，并列举了大量的实例，每章后面都附有练习题。本书可作为职业本科层次或专科层次相关专业及培训机构的教材，也可供相关工程技术工作人员参考。

**版权专有　侵权必究**

### 图书在版编目（CIP）数据

金属材料及热处理/张艳，秦冉，陈楠主编. --北京：北京理工大学出版社，2023.3

ISBN 978-7-5763-2222-4

Ⅰ.①金… Ⅱ.①张… ②秦… ③陈… Ⅲ.①金属材料－高等职业教育－教材 ②热处理－高等职业教育－教材 Ⅳ.①TG14 ②TG15

中国国家版本馆 CIP 数据核字（2023）第 052227 号

出版发行　/　北京理工大学出版社有限责任公司
社　　址　/　北京市海淀区中关村南大街5号
邮　　编　/　100081
电　　话　/　（010）68914775（总编室）
　　　　　　（010）82562903（教材售后服务热线）
　　　　　　（010）68944723（其他图书服务热线）
网　　址　/　http：//www.bitpress.com.cn
经　　销　/　全国各地新华书店
印　　刷　/　唐山富达印务有限公司
开　　本　/　787毫米×1092毫米　1/16
印　　张　/　17　　　　　　　　　　　　　　　责任编辑／高　芳
字　　数　/　392千字　　　　　　　　　　　　文案编辑／李　硕
版　　次　/　2023年3月第1版　2023年3月第1次印刷　责任校对／刘亚男
定　　价　/　98.00元　　　　　　　　　　　　责任印制／李志强

图书出现印装质量问题，请拨打售后服务热线，本社负责调换

# 前 言

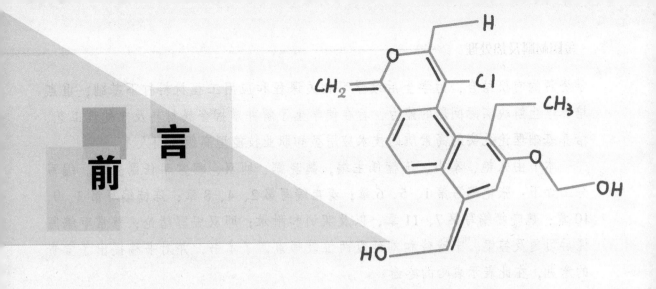

"金属材料及热处理"是职业院校机械类专业必修的一门专业基础课,也是近机类和部分非机类专业普遍开设的一门选修课,从事工业工程第一线的生产、技术、管理等工作的人员,尤其是机械类专业人员必须具备与此相关的知识与能力。

本课程不仅具有一定的理论性,并且具有较强的实践性和综合性,名词概念、术语众多,较为分散和抽象。对于初学者,应厘清思路,认真弄懂基本理论及重要名词、概念,按照材料成分、工艺、组织结构及性能变化规律记忆学习,勤归纳、善总结。此外,还要注意密切联系生产实践,例如平时注意观察和了解接触到的金属材料在机械装置的应用,运用杂志、互联网等各种学习工具,认真完成练习题、实训等教学环节。同时,在学习中改进思维方式,调整学习方法,注重理解、分析和应用,特别注意前后知识点的综合运用,系统地掌握本课程内容。

党的二十大报告明确提出"建成教育强国、科技强国、人才强国、文化强国、体育强国、健康中国""深入实施科教兴国战略、人才强国战略、创新驱动发展战略",而科技发展和人才培养都离不开教学和教材,高职本科作为职业教育的重要类型,对于优化职业教育类型定位具有重要意义。本书作为高职本科教育的特色教材,优化了普通本科的专业教材偏"理论",高职专科的专业教材偏"技术"的不适用问题,以大国工匠、高技能人才培养为依据,以理论够用为度,结合实训技能训练,突出技术和技能,重在应用;在编排上采用章节式体例。每一节知识模块都有情境导入,以帮助学生联系实际。本书在知识结构由浅入深,循序渐进,条理清晰,便于学习。每章后设置了大量的练习题,相关知识设置了具有针对性的实例,能充分调动学生学习的主动性,促进学生创新能力的提高。通过主教材、电子教案、配套课件、实训和练习题及答案等教学资源的有机结合，为学生后续学习相关课程和应用工程材料打下基础，重点培养学生解决实际问题的能力，旨在使学生了解并掌握金属材料及热处理工艺，培养基础理论扎实的高素质的技术应用型和职业技能型高级专门人才。

本书由张艳、秦冉、陈楠任主编，魏晓娜、邱双、穆常苹任副主编。编写分工如下：张艳编写第1、5、6章；秦冉编写第2、4、8章；陈楠编写第3、9、10章；魏晓娜编写第7、11章，以及实训和附录；邱双编写绪论；穆常苹编写课后习题及答案。宁玲玲和刘延霞两位教师审阅了本书，并对书稿提出了宝贵的意见，在此表示衷心的感谢。

在本书编写的过程中，得到了山东工程职业技术大学王恩海教授、山东兴鲁有色金属集团有限公司的大力支持和帮助，在此表示衷心的感谢。

由于编者水平有限，书中难免存在疏漏之处，欢迎广大读者批评指正。

编 者
2022年8月

# 目录

绪论 ·········································································································· 1

## 第 1 章 金属材料的性能 ············································································ 5
1.1 金属材料的性能分类 ·············································································· 5
1.2 强度与塑性 ··························································································· 8
1.3 硬度 ··································································································· 12
1.4 冲击韧性 ····························································································· 14
1.5 疲劳强度 ····························································································· 17
本章小结 ·································································································· 21

## 第 2 章 金属的晶体结构 ·········································································· 22
2.1 纯金属的晶体结构 ················································································ 22
2.2 实际金属的晶体结构 ············································································· 27
2.3 合金的晶体结构 ··················································································· 31
本章小结 ·································································································· 34

## 第 3 章 金属的结晶 ················································································· 36
3.1 纯金属的结晶 ······················································································ 36
3.2 合金的结晶与相图 ················································································ 40
3.3 合金性能与相图的关系 ·········································································· 48
本章小结 ·································································································· 50

## 第 4 章 铁碳合金相图 ············································································· 51
4.1 铁碳合金的基本相 ················································································ 51
4.2 铁碳相图分析 ······················································································ 54

4.3 典型铁碳合金的结晶过程及组织 …………………………………… 59
4.4 铁碳合金相图的应用 …………………………………………… 67
本章小结 ………………………………………………………………… 72

## 第5章　钢的热处理 …………………………………………………… 73
5.1 概述 …………………………………………………………… 73
5.2 钢在加热时的组织转变 ………………………………………… 74
5.3 过冷奥氏体等温冷却转变 ……………………………………… 78
5.4 过冷奥氏体连续冷却转变 ……………………………………… 85
5.5 热处理工艺 ……………………………………………………… 87
5.6 表面热处理 …………………………………………………… 102
5.7 热处理工序的位置 …………………………………………… 109
5.8 热处理缺陷 …………………………………………………… 111
5.9 其他热处理 …………………………………………………… 113
本章小结 ……………………………………………………………… 115

## 第6章　金属材料的塑性变形与再结晶 …………………………… 118
6.1 金属材料的塑性变形 ………………………………………… 118
6.2 冷塑性变形对金属组织和性能的影响 ……………………… 124
6.3 冷塑性变形金属在加热时的变化 …………………………… 128
6.4 金属材料的热塑性变形加工 ………………………………… 131
本章小结 ……………………………………………………………… 133

## 第7章　非合金钢 …………………………………………………… 135
7.1 概述 …………………………………………………………… 135
7.2 杂质元素对非合金钢性能的影响 …………………………… 137
7.3 常用非合金钢（碳钢） ……………………………………… 140
本章小结 ……………………………………………………………… 148

## 第8章　合金钢 ……………………………………………………… 150
8.1 概述 …………………………………………………………… 150
8.2 合金元素在钢中的作用 ……………………………………… 152
8.3 低合金钢 ……………………………………………………… 158
8.4 机械结构用合金钢 …………………………………………… 161
8.5 合金工具钢 …………………………………………………… 172
8.6 特殊性能钢 …………………………………………………… 182

本章小结 189

## 第9章 铸铁 191

9.1 概述 191

9.2 灰铸铁 195

9.3 球墨铸铁 199

9.4 蠕墨铸铁 202

9.5 可锻铸铁 205

9.6 合金铸铁 207

本章小结 208

## 第10章 有色金属及其合金 210

10.1 铝及铝合金 210

10.2 铜及铜合金 220

10.3 钛及钛合金 227

10.4 镁及镁合金 230

10.5 滑动轴承合金 231

本章小结 234

## 第11章 非金属材料 236

11.1 高分子材料 236

11.2 陶瓷材料 239

11.3 复合材料 241

本章小结 242

## 实训 244

实训A 金属静拉伸试验 244

实训B 硬度试验 245

实训C 金属冲击试验 248

实训D 透明盐类水溶液的结晶试验 250

实训E 标准金相试样的观察试验 251

实训F 金相显微试样的制备及显微组织分析试验 253

实训G 碳钢的热处理试验 257

## 附录 259

## 参考文献 260

# 绪 论

**1. 材料的发展与分类**

人类生活与生产都离不开材料，它是人类赖以生存和发展的重要物质基础，也是日常生活中不可或缺的组成部分。人类使用材料制作各种有用器件，不断改善自身的生存环境和生活质量。综观人类利用材料的历史（石器时代、青铜器时代和铁器时代等），可以看到每一类重要新材料的发现和应用，都会引起生产技术的革命，并大大加速社会文明发展的进程。

进入 20 世纪后半叶，作为发明之母的新材料研制更加日新月异，出现了高分子时代、半导体时代、先进陶瓷时代和复合材料时代等，材料发展进入了丰富多彩的新时期。如今，材料、能源、信息已成为现代化社会生产的三大支柱，而材料又是能源和信息发展的物质基础。现代材料种类繁多，据粗略统计，目前世界上的材料种类已达 40 多万种，并且每年还在以大约 5% 的速度增长。

工程材料广泛应用于机械制造、交通运输、石油化工、生物医学、航空航天等各个领域，它是生产和生活的物质基础。其种类繁多，有以下许多不同的分类方法。

1）按组成特点不同，可分为金属材料、有机高分子材料、无机非金属材料及复合材料。

2）按使用性能不同，可分为结构材料与功能材料。结构材料是作为承力结构使用的材料，其使用性能主要是力学性能；功能材料的使用性能主要是光、电、磁、热、声等特殊功能性能。

3）按应用领域不同，可分为信息材料、能源材料、建筑材料、机械工程材料、生物材料、航空航天材料等。

**2. 金属材料的地位与分类**

在漫长的人类发展史中，材料的发展起着至关重要的作用，而其中的金属材料又是整个制造业中作用与地位最为重要的。人类的进步和金属材料息息相关，青铜器、铁器、铝、钛等，它们在人类的文明进程中都扮演着重要的角色。金属材料是以金属键结合为主的材料，是目前使用量最大、用途最广的工程材料。金属材料应用广泛的原因是其来源丰富，且具有优良的性能，质量稳定，性价比具有一定的优势。尤为重要的是，通过改变化学成分、热处理或其他加工工艺可以调整金属材料的性能，使其在较大范围内变化，从而满足工程需要。如图 0-1 所示，各种结构材料的相对重要性虽然随年代而变化，但金属材料仍是最重要的结构材料，在可预见的时期内，其在材料工业中的主导地位仍不会改变。目前，金属材料不断推陈出新，许多新兴金属材料应运而生。

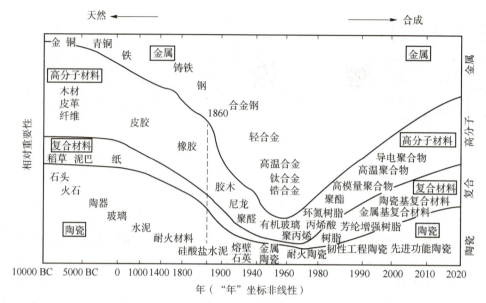

图 0-1　各种结构材料相对重要性随年代变化

金属材料是指具有光泽、延展性、容易导电、传热等性质的材料，其分类方法有多种。工业上最常用的分类方法是按金属的颜色将其分为黑色金属材料和有色金属材料两大类。黑色金属因具有力学性能优良、可加工性能好、价格低廉等特点，在工程材料中一直占据主导地位。

黑色金属是指铁和以铁为基体的合金，即钢、铸铁，以及铬、锰及其合金，它占金属材料总量的95%以上。值得注意的是：本书（包括市面上大部分教材）中，黑色金属一般指钢铁材料。钢铁材料的主要成分是铁和碳，因此也称为铁碳合金。其中，碳质量分数小于2.11%的称为钢，大于2.11%的称为铁。钢铁是基本的结构材料，被称为"工业的骨骼"。

有色金属是除黑色金属之外的所有金属及合金的统称，可分为重金属（如铜、铅、锌）、轻金属（如铝、镁）、贵金属（如金、银、铂）及稀有金属（如钨、钼、锗、锂、铀、镧）。广义的有色金属还包括有色合金，即以一种有色金属为基体（通常大于50%），加入一种或几种其他元素而构成的合金。有色金属的产量和用量都不如钢铁材料，主要原因是其种类较多、冶炼困难、成本较高。但因其具有钢铁材料所不具备的某些物理性能和化学性能，现已成为机械制造业、建筑业、电子工业、航空航天、核能利用等领域不可缺少的结构材料和功能材料。

**3. 金属材料的性能与加工工艺的关系**

影响金属材料性能的因素主要包括两个方面，一方面是材料的化学成分；另一方面是材料的加工工艺，主要是指热处理和塑性变形。

化学成分是决定金属材料性能和质量的主要因素。因此，标准中对绝大多数金属材料规定了必须保证的化学成分，有的甚至作为主要的质量、品种指标。通过研究分析得知，金属材料的化学成分不同，其内部组织结构也不同，故性能上就有差异。例如：钢和铸铁都是铁碳合金（二者的区别在于碳的质量分数不同），钢中含碳量较低，其强度高，塑性和韧性良好，可以进行锻压加工，并有较好的焊接性；铸铁中含碳量较高，其强度较低，塑性、韧性差，不能进行压力加工，但铸造性较好。

热处理是改善材料工艺性能和使用性能的重要手段。同一种金属材料，采用不同的热处理工艺，将发生不同的组织转变，生成不同的组织产物，其性能也就截然不同。金属材料若要满足所需要的性能，一般需要经过热处理，因此在研究金属材料时必须要研究金属热处理的理论和实践。我国古代就有许多热处理技术的记载和使用，最著名的是明代宋应星所著的《天工开物》和明代方以智所著的《物理小识》等。这一时期，我国工匠在淬火"火候"的控制上也有所发明，如采用预冷淬火，其对减小刀具的畸变、提高刀具的强韧性有益。《天工开物》中记载了采用预冷淬火技术制作锉，其中的"退微冷"，就指的是预冷淬火工艺。

塑性变形加工也可以改变金属材料的组织和性能，而且对于某些金属材料，塑性变形加工是对其进行强化的唯一手段。

综上所述，金属材料的性能首先取决于其内部组织结构，而内部组织结构又取决于化学成分和加工工艺条件，因此，改善金属材料性能的途径主要是热处理或塑性变形加工。

### 4. 课程的性质、特点和学习方法

"金属材料及热处理"是职业院校机械类专业必修的一门专业基础课，也是近机类和部分非机类专业普遍开设的一门选修课，从事工业工程第一线的生产、技术、管理等工作的人员，尤其是机械类专业人员必须具备与此相关的知识与能力。本课程理论与实训相互融合，旨在使学生了解并掌握金属材料及热处理工艺，培养基础理论扎实的高素质的技术应用型和职业技能型高级专门人才，使他们更具竞争力，有直接上岗工作的能力。

本课程的主要内容包括金属材料的性能、金属学基本知识、热处理基本知识、常用的金属材料及其应用和非铁金属及其合金等。

本课程以金属材料的性能为核心，介绍金属材料的成分、加工工艺、组织结构和性能的关系及其变化规律，常用金属材料及其应用等基本知识。

本课程不仅具有一定的理论性，并且具有较强的实践性和综合性，名词、概念、术语众多，较为分散和抽象。对于初学者，应厘清思路，认真弄懂基本理论及重要名词、概念，按照材料成分、工艺、组织结构及性能变化规律记忆学习，勤归纳、善总结。此外，还要注意密切联系生产实践，例如平时注意观察和了解接触到的金属材料在机械装置的应用，运用杂志、互联网等各种学习工具，认真完成练习题、实训等教学环节。同时，在学习中改进思维方式，调整和改进学习方法，注重理解、分析和应用，特别注意前后知识点的综合运用，系统地掌握本课程内容。

教学中应充分发挥本书"理实一体"的特色，积极创造条件，将理论学习和技能训练融为一体，提高教学的信息量和利用效率，培养学生的思维能力和动手能力，为后续学习专业课打下良好的基础。本课程的教学目标和基本要求可以归纳为：

1) 建立工程材料和金属热处理的完整概念，熟悉金属材料的成分、组织结构、加工工艺、性能行为之间的关系与规律；

2) 熟悉各类常用结构工程材料，初步具有合理选择金属材料的技能；

3)掌握强化金属材料的基本途径;

4)掌握选择零件材料的基本原则和方法步骤,具有综合运用工艺知识,选择毛坯种类、成型方法及工艺分析的初步能力;

5)通过实训实践,具有简单零件成型加工的实践操作能力;

6)了解与本课程有关的成型工艺方法;

7)建立质量与经济观念。

# 第1章 金属材料的性能

**【知识目标】**

1. 掌握金属材料常用力学性能的指标、符号及工程意义。
2. 熟悉金属拉伸试验、硬度试验和冲击试验的工作原理。
3. 了解金属材料的物理性能、化学性能及工艺性能。

**【能力目标】**

1. 在教师指导下,能正确使用拉伸试验、硬度试验和冲击试验设备。
2. 在教师指导下,能正确完成拉伸试验、硬度试验和冲击试验。
3. 在教师指导下,能根据试验数据正确分析金属试样的各项力学性能指标。

## 1.1 金属材料的性能分类

**情景导入**

同学们仔细观察身边的机器,不难发现机器大部分是用金属材料制造的,为什么金属材料是用来制造机器的最主要材料呢?

金属材料的性能一般可分为使用性能和工艺性能两方面。使用性能是指金属材料在使用过程中所表现出来的性能,包括力学性能、物理性能和化学性能,其中,力学性能是机械零件在设计选材和制造中应主要考虑的性能。工艺性能是指材料在加工过程中所表现出来的性能,即铸造性能、锻造性能、焊接性能、切削加工性能和热处理性能。

### 1.1.1 力学性能

金属材料在载荷的作用下表现出来的性能称为力学性能,其指标有强度、刚度、塑性、

硬度、冲击韧性、疲劳强度和断裂韧度等。这些极为重要的力学性能指标可通过试验方法测取，如拉伸试验、压缩试验、硬度试验、冲击试验、疲劳试验等。

金属材料在加工及使用过程中均要受到各种外力作用，一般将这些外力称为载荷。金属材料在载荷作用下发生的形状和尺寸的变化称为变形。载荷去除后能够恢复的变形称为弹性变形；载荷去除后不能恢复的变形称为塑性变形。

由于载荷的形式不同，金属材料可表现出不同的力学性能。载荷按作用性质不同可分为以下三种。

1）静载荷：大小、方向或作用点不随时间变化或变化缓慢的载荷。
2）冲击载荷：在短时间内以较高速度作用于零构件上的载荷。
3）循环载荷：大小和（或）方向随时间发生周期性变化的载荷。

## 1.1.2 物理性能

金属材料的物理性能是指金属材料在固态下所表现出的一系列物理现象。物理性能不仅影响金属材料的应用范围和产品质量，而且对其加工工艺，特别是对其焊接的工艺性和焊接质量有较大影响。

### 1. 密度

密度是单位体积物质的质量，是金属材料的特性之一。不同金属材料的密度不同。按密度的大小，将金属材料分为轻金属材料与重金属材料两类。在生产中，常利用金属材料的密度来计算毛坯或零件的质量。此外，密度有时是选择材料的依据。

### 2. 熔点

金属材料的熔点是指金属材料由固态熔化为液态时的温度。纯金属材料的熔点是固定不变的，合金的熔点取决于它的成分。熔点是金属材料和合金进行冶炼、铸造、焊接时的重要工艺参数。

### 3. 导热性

金属材料的导热性是指在其内部或相互接触的物体之间存在温差时，热量从高温部分到低温部分或从高温物体到低温物体的移动能力，用热导率表示。导热性是金属材料的重要性能之一，在制订焊接、铸造、锻造和热处理工艺时，必须考虑防止金属材料在加热和冷却过程中形成过大的内应力，产生变形和开裂。

### 4. 导电性

金属材料传导电流的能力称为导电性，常用电导率表示。电导率是电阻率的倒数。电导率越大，金属材料的导电能力越强。工业上常用电导率高的金属材料制造电器的零件，如电线、电缆、电气元件等；用电导率低的金属材料，如镍铬合金和铁铬铝合金制造电阻器或电热元件等。

### 5. 热膨胀性

热膨胀性是指固态金属材料在温度变化时热胀冷缩的能力，在工程上常用线膨胀系数来表示。熔焊时，热源对焊件进行局部加热，使焊件上的温度分布极不均匀，造成焊件上出现不均匀的热膨胀，从而导致其不均匀的变形和焊接应力，而且被焊金属材料的线膨胀系数越大，引发的焊接应力和变形就越大。

#### 6. 磁性

金属材料能导磁的性能称为磁性。金属材料根据其在磁场中受到的磁化程度不同，可分为铁磁性材料（如铁、钴等）、顺磁性材料（如锰、铬等）和抗磁性材料（如铜、锌等）三种。

### 1.1.3 化学性能

金属材料的化学性能是指金属材料与周围介质接触时抵抗发生化学或电化学反应的能力。

#### 1. 耐腐蚀性

耐腐蚀性指金属材料在常温下抵抗氧气、水蒸气及其他化学介质腐蚀破坏作用的能力。提高金属材料的耐腐蚀性，对于节约金属材料和延长金属材料的使用寿命，具有现实的经济意义。

#### 2. 抗氧化性

抗氧化性指金属材料在加热时抵抗氧化作用的能力。

金属材料的氧化会随温度升高而加速，例如钢材在铸造、锻造、热处理、焊接等热加工作业时，氧化比较严重。这不仅会造成材料过量的损耗，还会形成各种缺陷。为此，常在工件的周围制造一种保护气氛，避免金属材料的氧化。

#### 3. 化学稳定性

化学稳定性是金属材料的耐腐蚀性和抗氧化性的总称。金属材料在高温下的化学稳定性称为热稳定性。在高温条件下工作的设备（如锅炉、加热设备、汽轮机、喷气发动机等）上的部件需要选择热稳定性好的金属材料来制造。

### 1.1.4 工艺性能

工艺性能是指机器零件或工具在加工过程中，金属材料所表现出来的适应能力。金属材料的工艺性能包括铸造性能、锻造性能、焊接性能、切削加工性能和热处理性能等。

#### 1. 铸造性能

金属材料适合铸造加工的性能称为铸造性能。衡量铸造性能的指标有流动性、收缩性和偏析等。

凡是流动性好、收缩性小及偏析倾向小的金属材料，其铸造性能良好，容易制成优良的铸件。常用钢铁材料中，铸铁具有优良的铸造性能，而钢的铸造性能低于铸铁。

#### 2. 锻造性能

金属材料利用锻压加工方法成型的难易程度称为锻造性能。锻造性能的好坏主要与金属材料的塑性和变形抗力有关。塑性越好，金属材料的变形抗力越小，则其锻造性能越好。

#### 3. 焊接性能

焊接性能是指金属材料对焊接加工的适应性。也就是在一定的焊接工艺条件下，获得优质焊接接头的难易程度。

对于碳钢和低合金钢，焊接性能主要同金属材料的化学成分有关，其中碳的影响最大。

例如：低碳钢具有良好的焊接性能，而高碳钢和铸铁的焊接性能差。

### 4. 切削加工性能

金属材料接受切削加工的难易程度称为切削加工性能。影响切削加工性能的因素主要有金属材料的化学成分、组织状态、硬度、韧性、导热性和变形强化等。普遍认为具有适当的硬度和足够的脆性的金属材料较易切削。例如：铸铁比钢的切削加工性能好，一般碳钢比高合金钢的切削加工性能好。改善切削加工性能的重要途径是改变金属材料的化学成分和进行适当的热处理。

### 5. 热处理性能

热处理性能是指金属材料接受热处理的能力，包括淬硬性、淬透性、淬火变形开裂倾向、过热敏感性、回火脆性、氧化脱碳倾向等。

> **小资料**
>
> 强度指标通常用应力（单位横截面积上的内力）来表示，单位为 $N/m^2$（Pa），但 Pa 这个单位太小，所以实际工程中常用 MPa（$1\ MPa = 1\ N/mm^2 = 10^6\ Pa$）作为强度的单位。
>
> 目前，我国材料手册中有的还应用工程单位制，即 $kgf/mm^2$，其与 MPa 的关系为 $1\ kgf/mm^2 \approx 9.8\ MPa$。欧美等国家习惯使用 psi，意为磅/吋$^2$，$1\ MPa \approx 145\ psi$。

## 1.2 强度与塑性

> **情景导入**
> 1. 为什么起重机钢丝绳都选用中碳钢制造？
> 2. 为什么易拉罐都选用铝合金制造？

### 1.2.1 强度

强度是指金属材料在静载荷作用下抵抗塑性变形和断裂的能力。按载荷作用的性质不同，强度分为屈服强度、抗拉强度、抗压强度、抗弯强度等。工程上常用的强度指标是屈服强度和抗拉强度，这两个指标可通过试验测得。

#### 1. 金属静拉伸试验

静拉伸试验是在拉伸试验机上对拉伸试样两端缓慢地施加静载荷，使试样承受轴向拉力，引起试样沿轴向伸长，直至被拉断为止。

拉伸试样应按国家标准制成一定的形状和尺寸，试样截面一般为圆形、矩形或多边形等；尺寸按国家标准，分为长试样（$L_o = 10d_o$）和短试样（$L_o = 5d_o$）。图 1-1 所示为圆形截面标准比例拉伸试样。

拉伸试验中，拉伸试验机可自动绘制出反映拉伸过程中拉伸力（$F$）与试样伸长量（$\Delta L$）之间关系的拉伸力-伸长（$F$-$\Delta L$）曲线。金属材料的性质不同，其 $F$-$\Delta L$ 曲线的形状也不尽相同。图 1-2 所示为退火低碳钢的 $F\text{-}\Delta L$ 曲线。

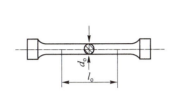

图 1-1　圆形截面标准比例拉伸试样

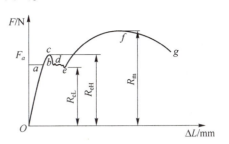

图 1-2　退火低碳钢的 $F\text{-}\Delta L$ 曲线

低碳钢的 $F\text{-}\Delta L$ 曲线可分为弹性变形、屈服、均匀塑性变形、缩颈和断裂等阶段。$F\text{-}\Delta L$ 曲线中的 $Oa$ 段是直线，即当拉伸力不超过 $F_a$ 时，拉伸力与伸长量成正比，这时试样产生弹性变形，拉伸力去除后，试样将恢复到原来的长度。

当拉伸力超过 $F_a$ 时，试样除产生弹性变形外，还产生部分塑性变形，此时若卸载，则试样的伸长只能部分恢复。若外力不增加或变化不大，试样仍继续伸长，并开始出现明显的塑性变形，$F\text{-}\Delta L$ 曲线上出现平台或锯齿（$de$ 段），这种现象称为屈服。屈服标志金属材料开始发生明显的塑性变形。屈服现象只出现在具有良好塑性的材料中。

在曲线的 $ef$ 段，载荷增加，试样沿轴向均匀伸长，称为均匀塑性变形阶段。同时，随着塑性变形的不断增加，试样的变形抗力也逐渐增加，产生加工硬化，这个阶段是材料的强化阶段。

在曲线的最高点（$f$ 点），载荷增加到最大值 $F_m$，试样局部横截面积减小，伸长量增加，形成了缩颈，如图 1-3 所示。随着缩颈处横截面积不断减小，试样的承载能力不断下降，到 $g$ 点时，试样发生断裂。

图 1-3　拉伸试样的缩颈现象

工程上使用的金属材料，在拉伸试验过程中并不是都有明显的弹性变形、屈服、均匀塑性变形、缩颈和断裂等阶段。例如：灰铸铁、淬火高碳钢等脆性材料在断裂前塑性变形量很小，甚至不发生塑性变形，这种断裂称为脆性断裂。图 1-4 所示为铸铁的 $F$-$\Delta L$ 曲线。

### 2. 强度指标

金属材料的强度一般为 100~2 000 MPa。强度越高，表明材料在工作时越可以承受较大的载荷。当载荷一定时，选用高强度的材料可以减小构件或零件的尺寸，从而减小其自重。因此，提高材料的强度是材料科学中的重要课题，称为材料的强化。

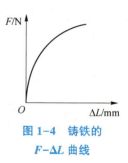

图 1-4 铸铁的 $F$-$\Delta L$ 曲线

（1）屈服强度

屈服强度是指金属材料对塑性变形的抵抗能力，是试样在拉伸试验期间产生塑性变形而试验力不增加的应力点，即 $R_e$。

对于具有明显屈服现象的金属材料，应区分上屈服强度 $R_{eH}$ 和下屈服强度 $R_{eL}$。上屈服强度是试样发生屈服而试验力首次下降前的最高应力；下屈服强度为屈服期间不计初始瞬时效应的最低应力。

上屈服强度和下屈服强度可用下式计算：

$$R_{eH}=\frac{F_{eH}}{S_o} \tag{1-1}$$

$$R_{eL}=\frac{F_{eL}}{S_o} \tag{1-2}$$

式中，$F_{eH}$、$F_{eL}$——试样发生屈服现象时，上、下屈服强度对应的载荷（N）；

$S_o$——试样的原始横截面积（mm²）。

高碳淬火钢、铸铁等材料在拉伸试验中没有明显的屈服现象，无法确定其上、下屈服强度。因此，规定一个相当于屈服强度的强度指标，以标距伸长率为 0.2%时的应力值定为其屈服强度，称为规定非比例延伸强度，用 $R_{p0.2}$ 表示。

工程构件或机器零件工作时一般不允许发生明显的塑性变形，因此，下屈服强度 $R_{eL}$ 是工程技术上重要的力学性能指标之一，也是大多数工件选材和设计的依据。

（2）抗拉强度

抗拉强度是指材料在断裂前所能承受的最大应力，又称强度极限，用 $R_m$ 表示，即

$$R_m=\frac{F_m}{S_o} \tag{1-3}$$

式中，$F_m$——试样被拉断前承受的最大载荷（N）；

$S_o$——试样的原始横截面积（mm²）。

抗拉强度表征金属材料在静载荷作用下的最大承载能力，也是机械工程设计和选材的主要指标，特别是对铸铁等脆性材料来讲，因其拉伸过程中一般不出现缩颈现象，故抗拉强度就是其断裂强度，工件在工作中承受的最大应力不允许超过抗拉强度。

（3）屈强比

屈服强度与抗拉强度的比值 $\left(\dfrac{R_{eL}}{R_m}\right)$ 称为材料的屈强比。屈强比的大小对金属材料意义很大，屈强比越大，材料的承载能力越强，越能发挥材料的性能潜力。但屈强比过大，材料在断裂前塑性"储备"太少，则其将对应力集中敏感，安全性能会下降。金属材料合理的屈

强比一般为 0.60~0.75。

(4) 刚度

刚度是指材料对弹性变形的抵抗能力，是试样产生单位弹性变形所需的应力，是 $F$-$\Delta L$ 曲线上的弹性变形阶段应力与伸长量的比值。刚度也称为弹性模量，用 $E$ 表示。有些精密零件对变形要求较高，甚至连弹性变形都不允许，设计零件时需考虑材料的刚度。

### 1.2.2 塑性

塑性是指金属材料在静载荷作用下产生塑性变形而不致引起破坏的能力。金属的塑性也是通过拉伸试验测试的，常用断后伸长率和断面收缩率表示。

**1. 断后伸长率**

断后伸长率是指试样拉断后标距的伸长量（$L_u$-$L_o$）与原始标距 $L_o$ 的比值，用 $A$ 表示，即

$$A = \frac{L_u - L_o}{L_o} \times 100\% \tag{1-4}$$

式中，$L_u$——试样拉断后标距的长度（mm）；

$L_o$——试样的原始标距（mm）。

使用长试样（$L_o = 10d_o$）测得的断后伸长率用 $A_{11.3}$ 表示，使用短试样（$L_o = 5d_o$）测得的断后伸长率用 $A$ 表示。同一金属材料的试样长短不同，测得的断后伸长率也略有不同。一般来说，短试样的 $A$ 都大于长试样的 $A_{11.3}$，不同材料进行比较时，必须是用相同标准试样测定的数值才有意义。

**2. 断面收缩率**

断面收缩率是指试样拉断处横截面积的减小量（$S_o$-$S_u$）与原始横截面积 $S_o$ 的比值，用 $Z$ 表示，即

$$Z = \frac{S_o - S_u}{S_o} \times 100\% \tag{1-5}$$

式中，$S_u$——试样拉断后断裂处的最小横截面积（$mm^2$）；

$S_o$——试样的原始横截面积（$mm^2$）。

断面收缩率 $Z$ 的大小与试样的尺寸无关，只取决于材料的性质。

显然，断后伸长率 $A$ 和断面收缩率 $Z$ 越大，说明材料在断裂前产生的塑性变形量越大，也就是材料的塑性越好。

良好的塑性对金属材料的加工和使用具有重要意义。首先，塑性好的材料可以通过各种压力加工方法（锻造、冲压等）获得形状复杂的零件或构件；其次，工程构件或机械零件在使用过程中虽然不允许发生塑性变形，但在偶然过载时，塑性好的材料可发生一定的塑性变形而不致突然断裂；最后，材料的塑性变形可以减弱应力集中，削减应力峰值，使零件在使用时更显安全。

因此，大多数机械零件除满足强度要求外，还必须有一定的塑性。像铸铁、陶瓷等脆性材料的塑性极低，拉伸时几乎不产生明显的塑性变形，超载时会突然断裂，使用时必须注意。

## 1.3 硬度

**情景导入**

我们生活中材料的种类有很多。有的材料比较软，有的材料比较硬，那软硬对比是通过什么方式来体现的呢？例如，我们用小刀分别在塑料制品、钢铁材料上制造划痕，哪种材料上更容易形成划痕？用相同的力度哪种材料上形成的划痕更深呢？

硬度是衡量金属材料软硬程度的指标，是指金属材料在静载荷作用下抵抗表面局部变形，特别是塑性变形、压痕、划痕的能力，包括布氏硬度、洛氏硬度和维氏硬度等。

硬度试验设备简单，操作迅速方便，可直接在工件上进行试验而不损伤工件；更重要的是，通过硬度可以估计出金属材料的其他力学性能指标，如强度、塑性等。因此，硬度在一定程度上反映了金属材料的综合力学性能指标，是金属材料常用的力学性能之一。硬度试验在科研和生产中得到了广泛应用，如检验产品质量、确定合理加工工艺等。

生产中常用的测试硬度的方法较多，主要有压入法、弹跳法和划痕法，其中压入法最为普遍。布氏硬度、洛氏硬度、维氏硬度都是采用压入法进行测试的。

### 1.3.1 布氏硬度

**1. 布氏硬度测试原理**

布氏硬度的测试原理如图1-5所示，用一定直径 $D$ 的硬质合金球，以规定试验力 $F$ 压入被测材料的表面，保持规定时间后将试验力卸掉，测出试样表面的平均压痕直径 $d$，然后根据平均压痕直径 $d$ 计算布氏硬度值。

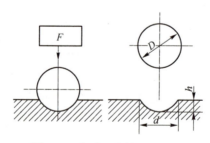

图1-5 布氏硬度的测试原理

实际测试布氏硬度时，硬度值不用计算，根据 $d$ 值查平面布氏硬度值计算表（见本书附录Ⅰ），即可得出硬度值。$d$ 值越大，金属材料的布氏硬度值越低；反之，布氏硬度值越高。

布氏硬度的符号为HBW，其表示方法为硬度值+硬度符号+试验条件。例如：180 HBW10/1000/30 表示用直径为10 mm的硬质合金球压头，在100 kgf（1 kgf≈9.8 N）力的作用下，保持30 s（持续时间为10~15 s时，可以不标注），测得的布氏硬度为180 HBW。

### 2. 布氏硬度的特点及适用范围

布氏硬度的优点是试验压痕面积较大，能反映表面较大范围内被测金属的平均硬度，故测量结果较为准确，适合测量组织粗大且不均匀的金属材料的硬度，数据较稳定，重复性好；主要用于铸铁、有色金属材料（如滑动轴承合金等）及经过退火、正火和调质处理的钢材。其缺点是压痕面积较大，不适合测量成品，特别是有较高精度要求配合面的零件及小件、薄件。

布氏硬度试验上限为 650 HBW，一般在零件图样或工艺文件上标注材料要求的布氏硬度值时，不规定试验条件，只标出要求的硬度值范围和硬度符号即可，如 200～230 HBW。

## 1.3.2 洛氏硬度

### 1. 洛氏硬度测试原理

洛氏硬度的测试原理如图 1-6 所示。试验时用顶角为 120°的金刚石圆锥压头或用直径为 1.588 mm 的淬火钢球作为压头。试验时先加初始试验力 $F_1$，在试样表面压入深度为 $h_1$，并以此作为测量的标准。然后加上主试验力 $F_2$，总试验力 $F=F_1+F_2$，此时压头压入深度为 $h_2$。经规定的保持时间，卸去主试验力 $F_2$，仍保留初始试验力 $F_1$，试样弹性变形的恢复使压头略微上升一段距离至 $h_3$，此时压头受主试验力 $F_2$ 作用压入的深度为 $h(h=h_3-h_1)$。

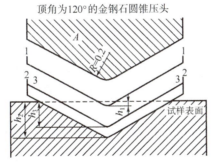

图 1-6 洛氏硬度的测试原理

洛氏硬度没有单位，是一个无量纲的力学性能指标，可从洛氏硬度计刻度盘上直接读出。显然，压头压入的深度越深，金属材料的洛氏硬度值越低；反之，金属材料的洛氏硬度值越高。

为了能用同一硬度计测定不同软硬或厚薄试样的硬度，需要采用不同的压头和载荷组合成多种洛氏硬度标尺，最常用的是 A、B、C 三种标尺，分别记作 HRA、HRB、HRC，其中洛氏硬度 C 标尺应用最广泛。洛氏硬度的表示方法为硬度值+硬度符号，如 52 HRC 表示用 C 标尺测得的洛氏硬度值为 52。

### 2. 洛氏硬度的特点及适用范围

洛氏硬度是目前应用最广泛的硬度测试方法，其优点是测量简便、迅速，测量硬度值范围大，压痕小，几乎不损伤工件表面，可直接测成品和较薄工件，尤其是淬火后的工件。其缺点是压痕较小，数值不够准确，数据重复性差。因此，洛氏硬度测试数值通常采用不同位置的三点的硬度平均值。

人们常用锯条、锉刀划锉来判断金属材料的硬度。当用锯条、锉刀划锉比较容易并有切屑产生时，表明被测金属材料的硬度较低；如果划锉时有明显的"打滑"现象，则说明被测金属材料的硬度较高。

### 1.3.3 维氏硬度

**1. 维氏硬度测试原理**

维氏硬度的测试原理与布氏硬度基本相似，如图 1-7 所示。用一个相对面夹角为 136° 的金刚石正四棱锥压头，在规定载荷的作用下压入被测金属表面，保持一定时间后卸除载荷，通过测量试样表面压痕两对角线长度，用其平均值计算硬度值，压痕单位表面积所承受的平均压力为维氏硬度值，维氏硬度的符号为 HV。

实际测试维氏硬度时，也是不用计算的，利用刻度放大镜测出压痕两对角线长度，计算出平均值后，通过查表即可得出维氏硬度值。有的维氏硬度机是在显微镜下自动显示压痕两条对角线的长度，并显示计算转换出的硬度值，在屏幕上显示压痕形状和维氏硬度数值，可记录、处理图像及数据。

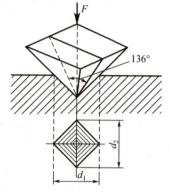

图 1-7 维氏硬度的测试原理

维氏硬度的表示方法为硬度值+硬度符号+测试条件，当试验力的保持时间为 10～15 s 时，可以不标出。例如：600 HV30 表示在 30 kgf 试验力作用下，保持10～15 s，测得的维氏硬度值为 600；640 HV30/20 表示在 30 kgf 试验力作用下，保持 20 s，测得的维氏硬度值为 640。

**2. 维氏硬度的特点及适用范围**

维氏硬度的优点是所加载荷较小，压痕较浅，适用范围宽，测量范围为 5～3 000 HV。故可测定较薄工件及渗氮层、金属镀层等的硬度；可以测定从极软到极硬的各种金属材料，尤其适合测量零件表面淬火层及化学热处理的表面层等。同时，维氏硬度只用一种标尺，材料的硬度可以直接通过维氏硬度值比较大小，既不存在布氏硬度试验力 $F$ 与球体直径 $D$ 之间关系的约束，也不存在洛氏硬度那样不同标尺的硬度无法统一的问题。

维氏硬度的缺点是对试样表面要求高，压痕两对角线长度 $d$ 的测定较麻烦，不适合大批量测试，且操作复杂，工作效率不高。

由于各种硬度试验的条件不同，因此它们相互之间没有理论换算关系。但根据试验数据分析可得粗略换算公式：当硬度在 200～600 HBW 范围内时，HRC≈HBW/10；当硬度小于 450 HBW 时，HBW=HV。

## 1.4 冲击韧性

**情景导入**

在公共汽车等公共交通工具上都放置了一定数量的安全锤，在紧急情况下，可以使用安全锤砸碎玻璃窗逃生。其工作原理是利用安全锤圆锥形的尖端，在冲击载荷作用下使玻璃产生轻微开裂。因为钢化玻璃的一点开裂就会导致整块玻璃内部的应力分布受到破坏，从而在瞬间产生无数蜘蛛网状裂纹，此时只要轻轻地用锤子再砸几下，就能将玻璃碎片清除掉。

强度、硬度、塑性等力学性能指标都是材料在静载荷作用下的表现。材料在工作时还经常受到动载荷的作用，冲击载荷就是常见的一种。很多情况下，材料要尽量避免受到冲击载荷的作用，因为冲击载荷作用时间短、速度快、应力集中，对材料的破坏作用比静载荷大得多。

在冲击载荷作用下工作的许多零件或构件，如锤杆、连杆、压力机的冲头、风动工具、冲模等，不仅要满足静载荷作用下的性能要求，还要具有一定的冲击韧性。金属材料在冲击载荷作用下抵抗破坏的能力称为冲击韧性（简称韧性），它是金属材料力学性能中的重要指标。

冲击韧性好的材料在使用过程中不会发生突然的脆性断裂，从而可以保证零件的安全工作。金属材料的冲击韧性通常用夏比摆锤式冲击试验来测定，用冲击吸收能量表示冲击韧性的高低。

## 1.4.1　夏比摆锤式冲击试验

夏比摆锤式冲击试验的原理如图 1-8 所示。试验中用的标准试样有 U 型缺口或 V 型缺口两种类型。U 型或 V 型缺口的作用是在缺口附近造成应力集中，保证在缺口处破断。缺口的深度和尖锐程度对冲击吸收能量的大小影响显著，缺口越深、越尖锐，冲击吸收能量越小，金属材料表现的脆性越大。

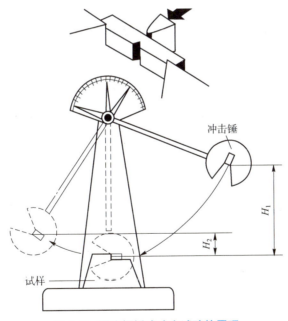

图 1-8　夏比摆锤式冲击试验的原理

一般情况下，尖锐缺口和深缺口试样适用于冲击韧性较好的材料。当试验材料的厚度在 10 mm 以下而无法制备标准试样时，可采用宽度为 7.5 mm 或 5 mm 的小尺寸试样，试样的其他尺寸及公差与相应缺口的标准试样相同，缺口应开在试样的窄面上。

试验时，将标准试样放在冲击试验机的支座上，把质量为 $m$ 的摆锤抬升到一定高度 $H_1$，使摆锤具有一定的势能 $mgH_1$，然后释放摆锤，摆锤自由下落冲断试样后，依靠惯性升高到

$H_2$。此时，摆锤的势能为 $mgH_2$，如果忽略冲击过程中的各种能量损失（空气阻力、摩擦力等），摆锤的势能损失 $mgH_1-mgH_2=mg(H_1-H_2)$ 就是冲断试样所需要的能量，即试样变形和断裂所消耗的功，称为冲击吸收能量，用符号 $K$ 表示，即 $K=mg(H_1-H_2)$。

由于冲击功的数值受试样尺寸的影响，因此一般可用冲断试样所需的能量除以试样的横截面积来表示材料的抗冲击能力，称为冲击韧度，用 $\alpha_K$ 表示，$\alpha_K$ 的计算公式为

$$\alpha_K = \frac{K}{S}$$

式中，$S$——试样缺口处的横截面积（$cm^2$）。

材料的冲击吸收能量 $K$、冲击韧度 $\alpha_K$ 越大，其冲击韧性越好。

按照国家标准 GB/T 229—2020，U 型缺口试样和 V 型缺口试样的冲击吸收能量分别用 $KU$ 和 $KV$ 表示，并用下标数字 2 或 8 表示摆锤切削刃半径，如 $KU_2$，其单位是焦耳（J）。冲击吸收能量的大小可由试验机的刻度盘直接读出。

冲击吸收能量越大，材料的冲击韧性越好，越可以承受较大的冲击载荷。一般把冲击吸收能量小的材料称为脆性材料，冲击吸收能量大的材料称为韧性材料。脆性材料在断裂前没有明显的塑性变形，其断口较平直，呈晶状或瓷状，有金属光泽；而韧性材料在断裂前有明显的塑性变形，其断口呈纤维状，无光泽。

### 1.4.2 低温脆性

当试验温度低于某一温度时，材料由韧性状态变为脆性状态，冲击吸收能量明显下降，断裂机理由微孔聚集型变为穿晶解理型，断口特征由纤维状变为结晶状，这就是低温脆性。工程上常用的中、低强度钢经常发生此类现象。我国东北许多矿山上用的进口大型机械，在冬季就有低温脆性引起的大梁、车架等断裂现象；另外，日本汽车也出现过车架低温脆断问题。著名的"泰坦尼克"号沉船事故、美国第二次世界大战期间建造的焊接油轮"Victory"断裂事故、西伯利亚铁路断轨事故等都是在气温较低的情况下发生的。

从大量的材料缺口冲击试验结果可以发现，材料的缺口冲击吸收能量与温度之间，以及断口纤维率与温度之间均具有一定的规律性，即所谓的韧脆转变曲线，如图 1-9 所示。冲击吸收能量随温度的降低而减小，在某个温度区间内，冲击吸收能量急剧下降，试样断口由韧性断口过渡为脆性断口，此时的转变温度区间称为韧脆转变温度，用 $T_t$ 表示。

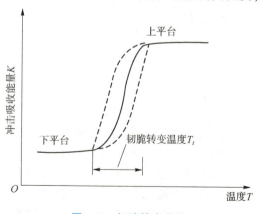

图 1-9 韧脆转变曲线

韧脆转变温度是衡量金属冷脆倾向的重要指标。韧脆转变温度越低，材料的低温冲击性能就越好。在严寒地区使用的金属材料必须有较低的韧脆转变温度，这样才能保证正常工作，如高纬度地区使用的输油管道、极地考察船等建造用钢的韧脆转变温度应在-50 ℃以下。

应当指出，冷脆现象主要发生在体心立方晶体金属及合金或某些密排六方晶体金属及合金材料中，并非所有材料都有冷脆现象，如铝合金和铜合金等就没有低温脆性。

### 1.4.3　冲击试验的应用

金属材料的冲击吸收能量 $K$ 是一个由强度和塑性共同决定的综合性力学性能指标，其在零件设计中虽不能直接用于设计计算，但却是一个重要的参数。因此，将材料的冲击韧性列为金属材料的常规力学性能，$R_{eL}(R_{p0.2})$、$R_m$、$A$、$Z$ 和 $\alpha_K$ 被称为金属材料常规力学性能的五大指标。

冲击试验的应用主要体现在以下几个方面。

1）评定材料的冶金质量和热加工产品质量。通过测量冲击吸收能量和对冲击试样进行断口分析，可揭示材料的夹渣、偏析、白点、裂纹及非金属夹杂物超标等冶金缺陷；检查过热、过烧、回火脆性等锻造、焊接、热处理等热加工缺陷。

2）评定材料在低温条件下的冷脆倾向。利用系列低温冲击试验可测定材料的韧脆转变温度，供选材时参考，目的是使材料不在冷脆状态下工作，保证安全。

3）对于屈服强度大致相同的金属材料，通过冲击吸收能量可以评价材料对大能量冲击破坏的缺口敏感性。

## 1.5　疲劳强度

> **情景导入**
>
> 在第二次世界大战中，有这样一个战例，当时德国派出轰炸机频频轰炸英国领土，英国皇家空军驾驶战机进行空中拦截，战况惨烈。突然，在不长的一段时间内，英国战机相继坠落，机毁人亡。英国军方对坠落飞机介入调查，最初的结论认为，德国发明了一种新式武器，因为在坠落飞机的残骸上，无任何的弹痕，从而引起一片恐慌。但随着调查的深入，最终正确的结论是：这些战机无一例外的是由于疲劳现象的发生而坠毁的。也就是说，飞机发动机内的零件出现了疲劳断裂。

### 1.5.1　疲劳

工程中许多零件和构件都是在变动载荷下工作的，如连杆、弹簧、齿轮和曲轴等。变动载荷是指大小或方向随时间变化的载荷，其在作用截面单位面积上的平均值为变动应力。变动应力可分为规则周期变动应力（也称循环应力）和无规则随机变动应力。

生产中工件正常工作时，其变动应力多为循环应力，循环应力中大小和方向都随时间发生周期性变化的应力称为交变应力，只有大小变化而方向不变的循环应力称为重复应力，如图1-10所示。

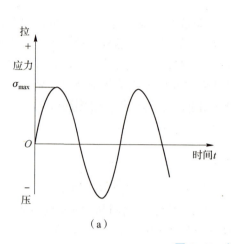
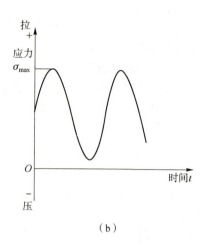

(a) (b)

图 1-10 循环应力示意

(a) 交变应力；(b) 重复应力

零件在受到循环应力作用时，经过一定的循环周次后，往往在工作应力远小于抗拉强度（甚至屈服强度）的情况下突然断裂，这种现象称为疲劳。据统计，在断裂失效的机械零件或构件中，80%以上是由疲劳造成的。

**1. 金属疲劳断裂特点**

金属疲劳断裂与静载荷断裂及冲击加载断裂相比，具有以下特点。

1）疲劳断裂是一种循环低应力断裂。其断裂应力往往低于材料的抗拉强度，甚至低于屈服强度。断裂寿命随应力变化而不同，应力大则寿命短，应力小则寿命长。当应力低于某一临界值时，寿命可无限长。

2）疲劳断裂是一种脆性断裂。由于疲劳的断裂应力比屈服强度低，所以无论是韧性材料还是脆性材料，事先均无明显的塑性变形，是一种潜在的突发性断裂，具有很大的危险性。

3）疲劳断裂对表面缺陷（应力集中、缺口、裂纹及组织缺陷）十分敏感。疲劳裂纹大多产生于金属表面存在上述缺陷的薄弱区，经过裂纹萌生和缓慢拓展，直至裂纹到达临界尺寸时零件就会发生突然断裂。通常，疲劳断口特征非常明显，由三个区域组成，即疲劳裂纹源区、疲劳裂纹扩展区和最后断裂区，如图 1-11 所示，一般将疲劳断口上的裂纹扩展线称为海滩线或贝壳线。

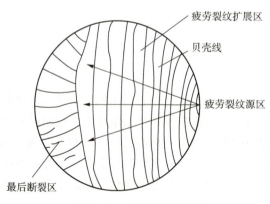

图 1-11 疲劳断口示意

### 2. 疲劳曲线和疲劳强度

金属材料经受无限次的循环应力也不发生疲劳断裂的最大应力值称为疲劳强度（也称疲劳极限）。通常，材料的疲劳性能是在图 1-12（a）所示的弯曲疲劳试验机上进行的，可测得一条如图 1-12（b）所示的疲劳曲线，或称 S-N 曲线，用来描述疲劳应力（交变应力）与疲劳寿命（应力循环次数 $N$）的关系。大量的疲劳试验表明，材料所受交变应力的最大值 $\sigma_{\max}$ 越大，则疲劳断裂前所经历的应力循环次数 $N$ 越少，反之越多。

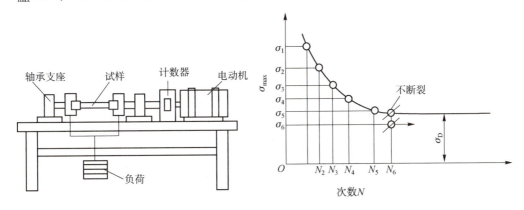

**图 1-12 弯曲疲劳试验**
（a）弯曲疲劳试验机示意；（b）疲劳曲线

在图 1-12（b）中，当应力低于某值时（图中为 $\sigma_5$），材料经无限次应力循环后也不会发生疲劳断裂，这一应力值就是疲劳强度，记作 $\sigma_D$，也就是 S-N 曲线中平台位置对应的应力。通常，材料的疲劳强度是在对称弯曲条件下测定的，对称弯曲疲劳强度记作 $\sigma_{-1}$。

不同材料的疲劳曲线形状不同，但是实际测试时不可能做到无限次循环应力。对于一般中、低强度钢铁材料，当循环次数达到 $10^7$ 次仍不断裂时，就可将其能承受的最大循环应力作为其疲劳强度。而对于有色金属材料、高强度钢和腐蚀介质作用下的钢铁材料，它们的疲劳曲线没有水平部分，只是随应力降低，循环周次不断增大。此时，只能根据材料的使用要求规定某一循环周次下不发生断裂的应力为条件疲劳强度（或称有限寿命疲劳强度），即在规定循环周次 $N$ 时不发生疲劳断裂的最大循环应力值，记作 $\sigma_N$。一般规定高强度钢、部分有色金属取 $N = 10^8$，腐蚀介质作用下的钢铁材料取 $N = 10^6$，钛合金取 $N = 10^7$。

### 3. 防止金属疲劳的途径

疲劳断裂一般发生在机件最薄弱的部位或缺陷所造成的应力集中处，疲劳失效对许多因素很敏感，如零件的尺寸和形状、循环应力特性、工作环境、表面状态、内部组织缺陷等。因此，防止金属疲劳有以下途径。

1）零件的形状、尺寸要合理。应尽量避免尖角、缺口和截面突变，因为这些地方容易引起应力集中而导致出现疲劳裂纹；伴随着尺寸的增加，材料的疲劳强度降低；强度越高，疲劳强度下降得越明显。

2）降低零件的表面粗糙度值，提高表面加工质量。因为疲劳源多数位于零件的表面，所以应尽量减少表面缺陷（氧化、脱碳、裂纹、夹杂等）和表面加工损伤（刀痕、磨痕、擦伤等）。

3）进行表面强化处理。例如：渗碳、渗氮、表面淬火、喷丸和滚压等都可以有效提高疲劳强度。这是因为表面强化处理不仅提高了表面疲劳强度，还在材料表面形成了具有一定深度的残余压应力。在工作时，这部分压应力可以抵消部分拉应力，使零件实际承受的应力降低，从而提高其疲劳强度。

## 1.5.2 断裂韧度

一般认为，零件在允许的载荷下安全工作不会产生塑性变形，更不会断裂。但事实上有些高强度材料的零件（构件）往往在远低于屈服强度的状态下发生脆性断裂；中、低强度的重型零件（构件）及大型结构件也有类似情况，这就是低应力脆断。

在断裂力学的研究和试验中表明，低应力脆断总与材料内部的裂纹及裂纹的扩展有关。在冶炼、轧制、热处理过程中，很难避免在材料内部引起某种裂纹，这些微小裂纹在载荷作用下，由于应力集中、疲劳、腐蚀等原因发生扩展，当扩展到临界尺寸时，零件便突然断裂。在断裂力学基础上建立起来的材料抵抗裂纹扩展的能力称为断裂韧度。

裂纹扩展有三种基本形式，张开型（Ⅰ型）、滑开型（Ⅱ型）和撕开型（Ⅲ型），如图1-13所示。其中，以张开型（Ⅰ型）最危险，最容易引起脆性断裂。

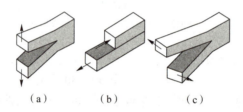

图1-13　裂纹扩展形式

(a) 张开型（Ⅰ型）；(b) 滑开型（Ⅱ型）；(c) 撕开型（Ⅲ型）

断裂韧度是材料固有的力学性能指标，是强度和冲击韧性的综合体现，主要取决于材料的成分、内部组织和结构，与外力无关。在常见的工程材料中，铜、镍、铝等纯金属，低碳钢、高强度钢、钛合金等的断裂韧度较高；而玻璃、环氧树脂等材料的断裂韧度很低。

> **小资料**
>
> "彗星号"是世界上第一种正式投入航线运营的民用喷气式客机。然而在1953年5月—1954年4月的11个月中，竟有3架"彗星号"客机坠毁。事故分析表明，其中两次空难的原因是飞机密封座舱结构发生疲劳，飞机在多次起降过程中，其增压座舱壳体经反复增压与减压，在矩形舷窗窗框角上出现了裂纹，进而引起疲劳断裂。针对这个问题，英国德·哈维兰公司对"彗星号"飞机进行了改进设计，加固了机身，采用了椭圆形舷窗，使疲劳问题得到了很好的解决。
>
> "彗星号"客机悲剧是世界航空史上首次发生的由金属疲劳导致的飞机失事事件。从此以后，在飞机设计中将结构疲劳强度正式列入强度规范加以要求，且专门有一架原型机用于疲劳试验。

## 本章小结

金属材料的性能包含使用性能和工艺性能两个方面,本章主要介绍金属材料常用力学性能的分类、表征指标、含义、符号、技术意义、使用范围等内容,如表1-1所示。

表1-1 金属材料常用力学性能

| 性能名称 | 名称 | 符号 | 单位 | 含义 |
|---|---|---|---|---|
| 强度 | 上屈服强度 | $R_{eH}$ | MPa | 试样发生屈服而载荷首次下降前的最高应力 |
| | 下屈服强度 | $R_{eL}$ | | 在屈服期间的恒定应力或不计初始瞬时效应的最低应力 |
| | 规定非比例延伸强度 | $R_{p0.2}$ | | 标距伸长率为0.2%时的应力值 |
| | 抗拉强度 | $R_m$ | | 试样在拉断前所能承受的最大应力 |
| 塑性 | 断后伸长率 | $A$ | % | 试样拉断后标距的伸长量与原始标距的百分比 |
| | 断面收缩率 | $Z$ | | 缩颈处横截面积的缩减量与原始横截面积的百分比 |
| 硬度 | 布氏硬度 | HBW | — | 球形压痕单位面积上所承受的平均压力 |
| | 洛氏硬度 | HRC | | 钢球压入被测试样表面,根据压痕深度确定金属的硬度值 |
| | | HRA | | |
| | | HRB | | |
| | 维氏硬度 | HV | | 正四棱锥形压痕单位表面积上所承受的平均压力 |
| 冲击韧性 | 冲击吸收能量 | $K$ | J | 使冲击试样变形和断裂所消耗的功 |
| 疲劳 | 对称弯曲疲劳强度 | $\sigma_{-1}$ | MPa | 试样承受无数次(或给定次数)对称循环应力仍不断裂的最大应力 |

练习题

参考答案

# 第 2 章　金属的晶体结构

【知识目标】

1. 掌握晶体相关的基本概念和典型的晶体结构。
2. 掌握固溶体和金属化合物在合金组织中的作用。
3. 掌握晶体缺陷的种类、特征及对晶体结构和性能的影响。

【能力目标】

1. 通过对晶体结构模型的观察，提高观察能力。
2. 通过对晶胞概念的理解，想象整个晶体结构，提高想象能力。
3. 研究金属与合金的内部组织结构及其变化规律，了解金属组织性能变化，能够正确选用金属材料，确定合理的加工方法。

## 2.1　纯金属的晶体结构

**情景导入**

> 金属材料的种类很多，性能各有不同。金属材料的性能首先取决于金属材料的结构。例如：活性炭、石墨和金刚石都是由碳元素构成的，但它们所表现出的宏观性能却截然不同，主要原因是它们内部的碳原子排列方式不同，即结构不同。金刚石具有正八面体结构，石墨具有层状的六边形结构，活性炭和木炭一样具有疏松多孔的结构。因此，要想了解金属材料的性能，首先需要了解金属材料的晶体结构。

【想一想】

炒菜的铁锅、金属防盗窗及路上行驶的汽车金属外壳等是不是晶体？

## 2.1.1 晶体结构的基本概念

**1. 晶体与非晶体**

物质是由原子、原子团、分子和分子团这些物质微粒构成的。根据物质微粒在物质内部的排列方式不同，物质可分为晶体和非晶体两大类。自然界中绝大多数固态物质，如金属，在固态下都是晶体，只有少数是非晶体。晶体和非晶体的对比如表 2-1 所示。

表 2-1 晶体和非晶体的对比

| 名称 | 定义 | 特点 | 典型物质 |
| --- | --- | --- | --- |
| 晶体 | 物质微粒在三维空间作有规则、周期性排列形成的物体 | 具有规则的几何形状，有固定的熔点，各向异性 | 金属、合金、水晶体、天然金刚石、氧化钠 |
| 非晶体 | 物质微粒在三维空间作无规则排列形成的物体 | 没有规则的几何形状，没有固定熔点，各向同性 | 普通玻璃、松香、石蜡、橡胶 |

晶体和非晶体在一定条件下可以互相转化。例如：玻璃在高温下长时间加热可以由非晶态转化为晶态；一些特殊成分的液态金属通过骤冷的工艺可制成非晶态金属。

> **小资料**
>
> 1982 年 4 月 8 日，以色列理工学院的丹尼尔·谢赫特曼首次在电子显微镜下观察到一种"反常"现象：铝锰合金的原子采用一种不重复、非周期性但对称有序的方式排列。而当时人们普遍认为，晶体内的原子都以周期性、不断重复的对称模式排列，这种重复结构是形成晶体所必需的，自然界中不可能存在具有谢赫特曼发现的那种原子排列方式的晶体。随后，科学家在实验室中制造出了越来越多的各种准晶体，并于 2009 年首次发现了纯天然准晶体。准晶体是一种介于晶体和非晶体之间的固体结构，其中的原子采用一种不重复的、非周期性对称有序排列方式，这种原子的排列可描述为"完美的排列，无限但不重复。"目前，准晶体在材料、生物学领域得到了广泛应用。

**2. 晶体结构**

（1）晶格

为了便于研究和描述晶体内部原子排列的规律，通常把每个原子当成固定的刚性小球，这样就可以把晶体结构看成是由刚性小球有规律地堆积而成的，如图 2-1（a）所示。

为了更清楚地表示晶体中原子的排列规律，可以将原子简化为一个质点，并且用假想的线条将各个原子的中心连接起来，这样就形成了一个能够抽象的、用于反映原子排列规律的空间格架，称为晶格，如图 2-1（b）所示。

（2）晶胞

晶体中原子的排列具有周期性特点，可以从中选取一个能够完全反映晶格特征的最小的几何单元来分析晶体中原子的排列规律，这个能够完全反映晶格特征的最小的几何单元称为晶胞。因此，可以认为晶格是由许多大小、形状和位向相同的晶胞在空间重复堆积而成的，如图2-1（c）所示。

晶胞的大小和形状通常用晶胞的棱边长度 $a$、$b$、$c$ 及棱边夹角 $\alpha$、$\beta$、$\gamma$ 表示。其中，晶胞各棱边的尺寸 $a$、$b$、$c$ 称为晶格常数。

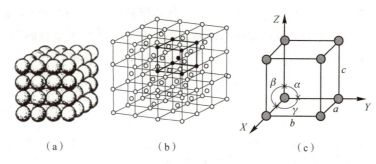

图2-1 晶体中原子排列示意

(a) 原子堆垛模型；(b) 晶格；(c) 晶胞

(3) 晶面和晶向

在晶格中，由原子组成的任一平面称为晶面，由原子组成的任一列的方向称为晶向，如图2-2所示。在晶体内，不同晶面和晶向的原子排列的紧密程度不同，原子间的结合力大小也就不同，从而表现出各向异性。

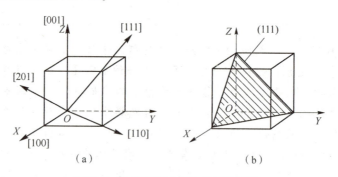

图2-2 立方晶格中晶向和晶面示意

(a) 某晶向及晶向指数；(b) 某晶面及晶面指数

(4) 同素异构

大多数金属结晶后的晶格类型保持不变，如铜、铝、银等金属在固态时无论温度高低，均为面心立方晶格，钨、钼、钒等金属则为体心立方晶格。但有些金属（如铁、钴、锡、锰等）的晶格结构在不同温度和压力下会有所不同。同种固态金属随着温度和压力的改变而改变的晶体结构的现象，称为同素异构转变。所形成的具有不同结构的晶体称同素异构体。在一定条件下，同素异构体可以相互转变，称同素异构转变。最典型的例子是铁，纯铁的同素异构转变过程可以概括如下：

$$\delta\text{-Fe} \xleftrightarrow{1\,394\,℃} \gamma\text{-Fe} \xleftrightarrow{912\,℃} \alpha\text{-Fe}$$

体心立方晶格　　　面心立方晶格　　　体心立方晶格

液态纯铁冷却到 1 538 ℃时，凝固结晶出体心立方晶格的 δ-Fe；继续冷却至 1 394 ℃时，发生同素异构转变，由体心立方晶格的 δ-Fe 转变为面心立方晶格的 γ-Fe，体积膨胀；随着温度下降，冷却至 912 ℃时，又会发生同素异构转变，由面心立方晶格的 γ-Fe 转变为体心立方晶格的 α-Fe，体积收缩；再继续冷却，晶格类型不再发生改变。以上冷却发生的同素异构转变过程可逆，即加热时发生相反的变化。

同素异构转变是各种金属材料能够通过热处理方法改变其内部组织结构，从而改变其性能的理论依据。

> **小资料**
>
> 1912 年，英国斯科特探险队在去南极的途中，因天气十分寒冷，且用于取暖的煤油漏光了，探险队员全部冻死在南极冰原。原来装煤油的铁桶是用锡焊接的，而锡却莫名其妙地化为了灰尘。这是什么原因呢？
>
> 锡（Sn）是一种白色的低熔点金属，有灰锡、白锡和脆锡三种同素异构体。在室温和高于室温的条件下，最稳定的形态是四方晶系的白锡，它富有塑性。当温度在 -13.2 ℃以下时，锡发生同素异构转变，形成具有金刚石形立方晶系的灰锡。灰锡的塑性极差，易碎裂成粉末。因此，一旦温度下降到 0 ℃以下，银白色的金属锡会逐渐转化成另外一种同素异构体——不具有金属特性的灰锡粉末。这个过程也被称为"锡疫"。这个灰锡既是生成物又是催化剂，能加速白锡的转化，只要有一点灰锡存在就能使反应迅速进行，白锡就失去光泽，变成暗灰色，最后碎裂成粉末。更严重的是，未染上"锡疫"的锡板一旦和有"锡疫"的锡板接触，也会产生灰色的斑点而逐渐腐烂掉。在锡中加入锑或铋可以抑制灰锡的产生。
>
> 可通过互联网进行搜索，了解"锡纽扣在严寒中变成粉末"的故事。

## 2.1.2 常见的金属晶格类型

目前，元素周期表一共有 118 种元素，其中 80 多种是金属，占 2/3 以上。而这 80 多种金属的晶体结构大多属于三种典型的晶体结构，即体心立方晶格、面心立方晶格和密排六方晶格。

### 1. 体心立方晶格

体心立方晶格的晶胞是一个立方体，原子分布在立方体的 8 个顶角和中心上，如图 2-3 所示。属于这种晶格类型的金属有 α-Fe、β-Ti、Cr、W、Mo、V、Nb 等，晶格常数 $a=b=c$，晶轴间夹角 $\alpha=\beta=\gamma=90°$。这类晶格的金属一般有较高的熔点、相当高的强度和良好的塑性。

### 2. 面心立方晶格

面心立方晶格的晶胞也是一个立方体，原子分布在晶胞的 8 个顶角上和 6 个面的中心，如图 2-4 所示。其晶格常数 $a=b=c$，晶轴间夹角 $\alpha=\beta=\gamma=90°$。具有面心立方晶格的金属有 γ-Fe、Al、Cu、Ag、Au、Pb、Ni、Pb、β-Co 等。这类晶格的金属往往具有很好的塑性。

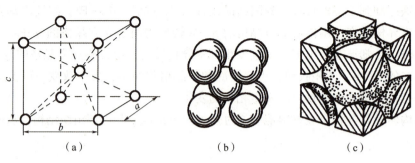

图 2-3　体心立方晶格晶胞
(a) 晶胞模型；(b) 刚球模型；(c) 晶胞原子个数

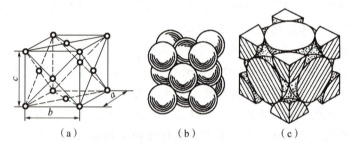

图 2-4　面心立方晶格晶胞
(a) 晶胞模型；(b) 刚球模型；(c) 晶胞原子个数

### 3. 密排六方晶格

密排六方晶格的晶胞是一个六方柱体，柱体高度与边长不相等。原子分布在六方柱体的 12 个顶角和上、下两个正六边形底面的中心，同时在六方柱体上、下两个正六边形底面之间还有 3 个原子，此三原子与分布在上下底面上的原子相切，如图 2-5 所示。需要用两个晶格常数表示，一个是正六边形的边长 $a$，另一个是柱体的高 $c$。具有密排六方晶格的金属有 Mg、Zn、Be、Cd、α-Ti 等。这类晶格的金属具有一定强度，但塑性较差。

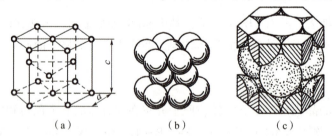

图 2-5　密排六方晶格晶胞
(a) 晶胞模型；(b) 刚球模型；(c) 晶胞原子个数

> **小资料**
>
> 一种晶体结构的特征除用晶格常数和晶轴间夹角表示以外，还必须用晶胞中的原子个数、原子半径和致密度等几何参数来反映。表 2-2 列出了三种常见金属晶格的结构特点。

表 2-2　三种常见金属晶格的结构特点

| 晶格类型 | 晶胞中的原子个数 | 原子半径 | 致密度 | 常见金属 |
| --- | --- | --- | --- | --- |
| 体心立方晶格 | 2 | $\frac{\sqrt{3}}{4}a$ | 0.68（原子体积占68%，间隙体积占32%） | Cr、W、Mo、V、α-Fe |
| 面心立方晶格 | 4 | $\frac{\sqrt{2}}{4}a$ | 0.74（原子体积占74%，间隙体积占26%） | Cu、Ni、Au、Ag、γ-Fe |
| 密排六方晶格 | 6 | $\frac{1}{2}a$ | 0.74（原子体积占74%，间隙体积占26%） | Mg、Zn、Cd |

可以看出，在这三种常见的晶格类型中，原子排列最致密的是面心立方晶格和密排六方晶格，而体心立方晶格的致密度小一些。当金属从一种晶格转变为另一种晶格时，其体积和紧密程度会发生变化。若体积的变化受到约束，则会在金属内部产生内应力，导致工件变形或开裂。

## 2.2　实际金属的晶体结构

**情景导入**

大理石的维纳斯雕像为法国卢浮宫三大镇馆之宝之一。尤其令人惊奇的是她的双臂虽然已经残断，但那雕刻得栩栩如生的身躯仍然给人以完美之感，以至于后世的雕刻家们在竞相制作复原双臂的复制品后，都为有一种画蛇添足的感觉而叹息。实际金属的晶体结构也有异曲同工之妙，正是由于多晶体结构、少量原子偏离各自的平衡位置形成晶体缺陷，才造就了金属材料丰富多彩的性能变化。因此，完整不一定精彩，缺憾也是一种美！

### 2.2.1　金属的多晶体结构

原子排列方向完全一致的晶体称为单晶体，如图 2-6（a）所示。在单晶体中，所有晶胞位向都相同，故单晶体具有各向异性。但单晶体金属材料基本上是不存在的，除非专门制作。

多晶体是由许多外形不规则的晶粒所组成的，工业上实际应用的金属材料几乎都是多晶体，如图 2-6（b）所示。同一晶粒内部原子排列的位向是一致的，但晶粒与晶粒之间存在着位向上的差别。每一个晶粒相当于一个单晶体。晶粒与晶粒之间的界面称为晶界。

在多晶体中，虽然每个晶粒都是各向异性的，但它们是任意分布的，使多晶体的性能在各个方向相互补充和抵消，体现的是位向不同的晶粒的平均性能，所以多晶体材料宏观上表现为各向同性,即认为实际金属材料是各向同性的。多晶体如图2-6(c)所示。

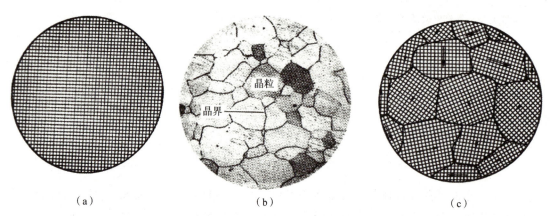

图2-6 多晶体中晶粒位向示意
(a)单晶体;(b)纯铁的显微组织;(c)多晶体

## 2.2.2 晶体缺陷

实际应用的金属,其内部原子的排列并不像理想晶体那样完整和规则,受结晶条件、压力加工、原子的热运动、辐照等因素的影响,原子排列受到破坏,会有一些原子偏离规则排列的不完整性区域,这就是晶体缺陷。

根据晶体缺陷的几何特征,可分为点缺陷、线缺陷和面缺陷三大类。

### 1. 点缺陷

点缺陷是指长、宽、高三个尺寸方向上都很小的缺陷,最常见的点缺陷有空位、间隙原子和置换原子,如图2-7所示。

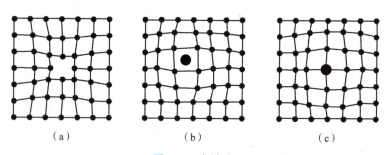

图2-7 点缺陷
(a)空位;(b)间隙原子;(c)置换原子

空位是指在晶格节点处的位置应被原子占据而未被占据,产生空缺;间隙原子是指原子占据了晶格的间隙位置,通常是金属中含有的一些小的杂质原子;置换原子是指外来原子占据了晶格节点的位置。点缺陷的位置不是固定不变的,如空位或间隙原子运动也是化学热处理原子扩散的重要方式。

点缺陷常温下使晶格产生畸变(即晶格收缩或扩张),提高了材料的强度、硬度和电阻值，降低了其塑性和韧性等；高温会给原子扩散提供途径，对金属材料的热处理极为重要。

**2. 线缺陷**

线缺陷是指晶体中在两个方向上的尺寸很小，在第三个方向上的尺寸很大，呈线状分布的缺陷，主要是各种类型的位错。位错是一种更重要的晶体缺陷，是指晶体中某处有一列或若干列原子产生有规律的错排现象。位错有很多种类型，通常分为两种：刃型位错和螺型位错，如图2-8所示。

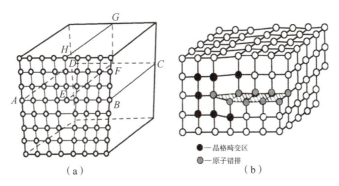

图2-8　位错结构示意

（a）刃型位错；（b）螺型位错

其中，最简单的是刃型位错，晶体的某一个晶面的上、下两部分的原子面产生错排，好像沿着某方位的晶面插入了一个多余的半排原子面（也可以看作是少了半排原子面），使上、下原子面不能对齐，犹如插入刀刃一般，故称为刃型位错。螺型位错是晶体上、下两部分原子面间相对移动了一个原子间距，出现了一个上、下原子面不吻合的过渡区，次过渡区原子排列呈螺旋形。

位错的特点是易动，它的存在会产生严重的晶格畸变，对金属的塑性变形、强度、断裂、扩散、相变、腐蚀等力学、物理化学性能都起着重要作用。图2-9所示为金属强度与位错密度的关系。当位错密度很小时，金属强度很高；当位错密度中等时，金属强度降低；当位错密度较大时，随着位错密度的增加，金属强度明显提高。金属材料的塑性变形与位错的移动有关，冷变形加工后金属出现了强度提高的现象（加工硬化），就是位错增加所致。

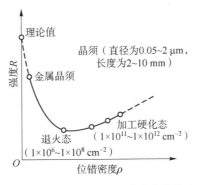

图2-9　金属强度与位错密度的关系

> **小资料**
>
> ### 金属强度与位错的关系
>
> 实际金属的强度比理想金属晶体约低一半，其原因就是实际金属中存在着缺陷，特别是位错的易动性使晶体易于变形，以至局部断裂。如果金属中不含位错，那么它将有极高的强度，如图2-9所示。目前采用一些特殊的方法制造出的晶须（几乎不含位错的结构完整的小晶体），其变形抗力很高，如直径为1.6 μm的铁晶须，其抗拉强度比工业上应用的退火纯铁高40多倍。因为不含位错的晶须不易发生塑性变形，所以强度很高；而工业纯铁中含有位错，运动阻力小，易发生塑性变形，所以强度很低。但是，如果采用冷塑性变形等方法使金属中的位错密度提高，运动阻力加大，则金属的强度也可以随之提高。因此，当大量缺陷存在时，缺陷彼此之间相互作用，发生相互干扰，阻碍原子往某一方向运动，反而使金属强度提高。

### 3. 面缺陷

面缺陷是指晶体中在两个方向上的尺寸很大，在第三个方向上的尺寸很小，呈面状分布的缺陷。常见的面缺陷是晶界和亚晶界。

实际金属材料一般为多晶体材料，其相邻两晶粒的位向不同（位向差大多为30°~40°），必须从一个晶粒位向逐步过渡到另一个晶粒位向。两个晶粒之间的晶界（过渡层）就属于面缺陷，如图2-10所示。

即使在一个晶粒内部，原子排列的位向也不完全一致，存在着许多尺寸很小、位向差很小的小晶块（位向差一般是几十分到2°），它们相互嵌镶成一颗晶粒，这些小晶块称为亚结构（或亚晶粒、嵌镶块）。两相邻亚结构间的边界称为亚晶界，是由一系列刃型位错构成的角度特别小的晶界，在亚结构内部，原子的排列位向是一致的，如图2-11所示。

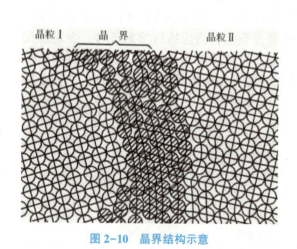

图2-10 晶界结构示意　　　　图2-11 亚晶界结构示意

晶界和亚晶界处的晶格会产生畸变，能量高于晶粒内部。因此，晶界的存在对金属的性能产生重要影响：晶界提高了强度，晶粒越细，则晶界越多，金属材料的强度、硬度越高；

晶界处的熔点较低；相变时晶界处往往优先形成新相；晶界容易腐蚀。亚晶界对金属性能的影响与晶界相似。

综上所述，实际金属晶体一般不是单晶体，而是多晶体，且存在许多晶体缺陷，晶体缺陷对金属物理性能、化学性能和力学性能有很大影响，故研究晶体缺陷具有重要的实际意义。

## 2.3 合金的晶体结构

**情景导入**

众所周知，熔点最高的金属是钨（W），熔点最低的金属是汞（Hg），硬度最大的金属是铬（Cr），密度最大的金属是锇（Os），密度最小的金属是锂（Li），地壳中含量最多的金属是铝（Al），人类冶炼最多的金属是铁（Fe），导热、导电性最好的金属是银（Ag），人体内最多的金属元素是钙（Ca）。婚姻中，24K金更是代表着男女之间纯真、永恒的爱情。每K的含量为4.166%，那么24K = 24×4.166% = 99.984%，即含金量约为99.99%。可是，各种工程应用中是否也青睐纯金属呢？

纯金属因具有优良的导电性、导热性，在实际生活中得到了一定的应用，但纯金属的强度、硬度等力学性能一般比较差，很难满足工程结构或零部件的要求，且价格较高。因此，在工业上广泛应用的大多数金属材料是合金。

### 2.3.1 合金的基本概念

#### 1. 合金

合金是指由金属元素与其他元素（金属元素或非金属元素）结合而形成的具有金属特性的物质。

#### 2. 组元

组成合金的最基本的、独立的单元称为组元。绝大多数情况下，组元是构成合金的化学元素。但也有将化合物作为组元的，其条件是化合物在所研究的范围内，既不分解也不发生任何化学反应。根据组元的数量，合金可分为二元合金、三元合金和多元合金。例如：普通黄铜是由铜和锌两种元素组成的二元合金；硬铝是由铝、铜、镁三种元素组成的三元合金。

选定 组组元，以不同的配比制出组元相同、成分不同的一系列合金，称为合金系，如Fe-C二元合金系、Al-Cu-Mg三元合金系。

#### 3. 相

所谓相，是指合金中的化学成分、结构和原子聚集状态、性质均相同，并以界面互相分开的、均匀的组成部分。相是物质微观结构中的一个组成部分，只要化学成分、结构、性质有一方面不同，则为不同的相。例如：水和冰虽然化学成分相同，但是由于结构和性质不同，则为不同的相，水是液相，冰是固相；石墨、金刚石和石墨烯也是如此，它们只不过是三个不同的固相。一种物质可以有许多相，同样，许多物质也可以组成一个相，如盐水、糖水、空气等。

【想一想】

水在 0 ℃、20 ℃、100 ℃ 时，分别由几相组成？

**4. 组织**

合金中不同形状、大小、数量和分布的一种或多种相组合而成的综合体称为组织。通常，将用肉眼或放大镜看到的组织称为宏观组织或低倍组织；而将用金相观察方法看到的微观形貌称为显微组织。

一种合金的力学性能不仅取决于它的化学成分，更取决于它的显微组织。通过对金属的热处理可以在不改变其化学成分的前提下改变其显微组织，从而达到调整金属材料力学性能的目的。根据合金中各组元间相互作用不同，固态合金中的相可分为固溶体和金属化合物两类。

## 2.3.2 固溶体

**1. 固溶体的结构及其分类**

溶质溶解到溶剂中形成一个均匀系统，这个系统由于能够溶解溶质，因而称为溶体。当其外在形态是液体时，我们称为液溶体，习惯称为溶液。当这个系统的外在形态是气态时，称为气溶体；显然，如果外在形态是固体，则称为固溶体。

在合金中，若组元间在液态下能够互相溶解，在固态下仍能彼此溶解且形成均匀的相，则称其为固溶体，一般用 α、β、γ 等符号表示。

与溶液一样，固溶体也有溶质和溶剂，固溶体中含量多的组元称为溶剂或溶剂金属，含量少的组元称为溶质或溶质元素。无论溶质原来是什么晶格类型，固溶体的晶体结构始终保持溶剂的晶体结构。例如：单相青铜中的 α 相就是 Sn 在 Cu 中的固溶体，其中 Cu 是溶剂，$S_n$ 是溶质，它具有面心立方晶格的晶体结构。

根据溶质原子在溶剂晶格中所占的位置不同，固溶体分为置换固溶体和间隙固溶体两类。

（1）置换固溶体

溶质原子以置换、替代的方式占据了部分溶剂晶格类型原子所处的位置而形成的固溶体，称为置换固溶体，如图 2-12（a）、图 2-12（b）所示。原子尺寸差别较小的金属元素彼此之间一般能形成置换固溶体，如 Cu-Ni、Cu-Zn 等。

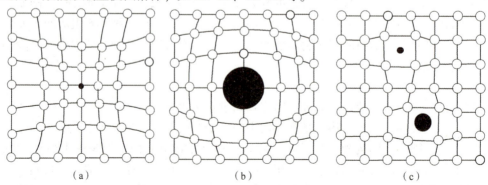

图 2-12　固溶体的分类

（a）置换固溶体（溶质原子小于溶剂原子）；（b）置换固溶体（溶质原子大于溶剂原子）；（c）间隙固溶体

### (2) 间隙固溶体

间隙固溶体是指溶质原子不占据溶剂晶格的正常结点位置，而是填充在溶剂晶格的某些间隙位置所形成的固溶体，如图2-12（c）所示。由于溶剂晶格间隙有限，且间隙尺寸很小，故间隙固溶体能溶解的溶质原子通常是半径小于 0.1 nm 的一些非金属原子，且数量是有限的，如 C、N 溶于 Fe 中形成的固溶体均是间隙固溶体。

按溶解度的不同，固溶体又可分为有限固溶体和无限固溶体。由于溶剂晶格的间隙有限，溶解度有限，因此间隙固溶体都是有限固溶体。而置换固溶体组元间的晶格类型、原子半径和原子结构决定了溶质在溶剂中的溶解度，只有当两组元晶格类型相同、原子半径相差很小时，才可以无限互溶，形成无限置换固溶体；大多数置换固溶体则是有限固溶体，且溶解度随着温度的升高而增加。

**2. 固溶体的性能**

固溶体形成后，虽然保持着溶剂原子的晶格类型，但溶质原子的溶入，将会使溶剂原子的晶格常数发生变化，从而使溶剂原子的晶格发生扭曲变形，这种现象称为晶格畸变。

固溶体中的晶格畸变增大了金属材料的塑性变形抗力，提高了其强度、硬度，而使其塑性、韧性下降。这种通过溶入溶质元素形成固溶体，而使金属材料的强度、硬度升高的强化方法称为固溶强化。固溶强化是提高金属材料力学性能的重要方法之一。一般而言，间隙固溶强化的效果比置换固溶强化的效果强烈得多，其强化作用甚至可差 1~2 个数量级，钢中碳原子的固溶强化就是典型的例子。

实践表明，只要适当控制固溶体中溶质的含量，就可在显著提高金属材料强度、硬度的同时，使材料保持较高的塑性和韧性。因此，对综合力学性能要求较高的金属材料，都是以固溶体为基体的合金。但是，单纯通过固溶强化常常满足不了对结构材料的要求，因而在固溶强化的基础上，还要应用其他的强化方式。

## 2.3.3 金属化合物

**1. 金属化合物的结构及其分类**

金属化合物是指合金中溶质的含量超过其溶解度时，合金组元之间会发生相互作用而生成的具有金属性质的一种新相，其晶格类型和性能不同于合金中的任一组成元素，一般可用分子式来表示，但通常不符合化合价规律，如钢中的 $Fe_3C$、黄铜中的 $CuZn$、铜铝合金中的 $CuAl_2$ 等。

根据形成条件及结构特点的不同，金属化合物可分为正常价化合物、电子化合物、间隙相和间隙化合物。

正常价化合物遵循一般化合物的原子规律，成分固定，具有很高的硬度和脆性，如果能够弥散分布于固溶体中，可以起到强化相的作用。例如：铝镁硅合金中的强化相 $Mg_2Si$ 就是正常价化合物。

电子化合物是按照一定价电子数与原子数的比值，即电子浓度，形成的具有某种晶体结构的化合物。其成分在一定范围内变化，也具有很高的硬度和脆性，是合金尤其是有色合金中的重要强化相。例如：黄铜中的 $CuZn$、$Cu_5Zn_8$ 就是电子化合物。

间隙相是由原子半径较小的非金属与金属原子形成的简单晶体结构的化合物，且非金属原子半径与金属原子半径之比小于 0.59。间隙相具有极高的硬度和熔点，是合金钢、硬质合金、高温陶瓷材料的重要组成相。注意：间隙相和间隙固溶体是完全不同的相，间隙相是金属化合物，晶体结构不同于其组元，而间隙固溶体是固溶体，保持着溶剂的晶格类型，二者不能混淆。

间隙化合物是由原子半径较小的非金属与金属原子形成的复杂晶体结构的化合物，且非金属原子半径与金属原子半径之比大于 0.59。其具有很高的硬度和熔点，是合金中的强化相，如铁碳合金中的 $Fe_3C$。

### 2. 金属化合物的性能

金属化合物的熔点高，且硬而脆，很少单独使用。它是合金中的重要强化相，其作用与金属化合物的形状、大小、数量及分布有关。当金属化合物呈细小颗粒状均匀分布在固溶体基体上时，将会使合金的强度、硬度和耐磨性得到明显的提高，这种现象称为第二相强化，也称为弥散强化。

合金的相结构对其性能有很大的影响，表 2-3 归纳了合金相结构的特点与作用。

表 2-3　合金相结构的特点与作用

| 类别 | 分类 | 特点 | 作用 |
| --- | --- | --- | --- |
| 固溶体 | 置换固溶体、间隙固溶体 | 强度比纯组元高，塑性、韧性好 | 基本相，提高塑性和韧性 |
| 金属化合物 | 正常价化合物、电子化合物、间隙相、间隙化合物 | 熔点高，硬度高，脆性大 | 强化相，提高强度、硬度和耐磨性 |

## 2.3.4　合金的组织类型

合金的组织类型一般分为两种，即单相固溶体型和机械混合物型。单相固溶体是指合金的组织全部由一种固溶体相组成，如单相黄铜、奥氏体锰钢等。机械混合物是合金的各组元在固态下既不互相溶解，又不形成化合物，而是按一定质量比混合存在的结构形式。机械混合物中各组元的原子保持各自原来的晶格类型结晶，在显微镜下可区分出各组元的晶粒。

在机械混合物的一般组织中，固溶体相的数量多，作为基体存在；而金属化合物的数量较少，以一定的形态分布于基体中。它可能是纯金属、固溶体或化合物各自的混合物，也可能是它们之间的混合物。

大多数合金的组织都属于机械混合物型，通过调整固溶体中溶质的含量和金属化合物的数量、大小、形态及分布状况，可以使合金的力学性能在较大范围内变动，以满足工程上不同的使用要求。

## 本章小结

1. 金属是晶体，晶体的基本概念：空间点阵、晶格和晶胞。
2. 体心立方晶格、面心立方晶格和密排六方晶格是金属的三种典型晶格结构，其结构特点如表 2-2 所示。
3. 同素异构转变是金属热处理的理论基础，纯铁有同素异构现象。
4. 点缺陷、线缺陷和面缺陷存在于实际晶体中，并对金属材料的性能有很大影响。

5. 工业上广泛应用的大多数金属材料是合金，相是组成合金的基本单元，组织则是合金中各种相的综合体。合金的组织类型一般分为单相固溶体型和机械混合物型两种。

6. 固态合金的相结构分为固溶体和金属化合物两种，固溶体的种类和金属化合物的数量、大小、形态及分布状况对合金的性能有重要影响。

练习题

参考答案

# 第 3 章　金属的结晶

【知识目标】

1. 熟悉纯金属结晶的概念、结晶的条件和结晶的过程。
2. 了解晶粒度的概念和表示方法,掌握金属的晶粒尺寸控制途径。
3. 掌握合金的结晶规律,理解平衡结晶和非平衡结晶对结晶组织的影响。
4. 掌握二元合金相图的特征,熟悉相图的使用方法。

【能力目标】

1. 在教师指导下,能分析并总结盐溶液的结晶过程。
2. 能采用合适的途径控制晶粒大小,充分理解生活中有关金属结晶的现象。
3. 具有分析和使用简单二元合金相图的能力。

## 3.1　纯金属的结晶

**情景导入**

众所周知,水的理论结冰温度为0℃,但在实际情况中,水在0℃时并不结冰,只有温度再下降到0℃以下的某一温度时才开始结冰。雾凇俗称树挂,非冰非雪,是一种附着于地面物体(如树枝、电线)迎风面上的白色或乳白色不透明冰层。过冷水滴(温度低于0℃)碰撞到同样低于冻结温度的物体时,才会形成雾凇。雾凇的形成需要气温很低,而且水蒸气很充足,同时具备这两个形成雾凇的极重要而又相互矛盾的自然条件更是难得。想一想,纯金属的结晶是否和雾凇的形成有着异曲同工之妙呢?

金属制品一般要经过熔化和浇注等工序,即经历由液态转变为固态的凝固过程。由于固态金属是晶体,所以将金属的凝固称为结晶。金属结晶时形成的组织将极大地影响金属的可加工性(铸锻焊等)和使用性能。因此,研究和控制金属的结晶过程是为了掌握结晶的基本规律,以获得所需要的组织与性能。

## 3.1.1 结晶的一般规律

### 1. 冷却曲线

液态金属的冷却曲线是用热分析法来测量绘制的,即把金属熔化,放入一个散热缓慢的容器中,让金属液体以极其缓慢的速度冷却。在冷却过程中,每隔一定时间测量一次温度,从而绘出其温度-时间变化曲线,该曲线称为冷却曲线。热分析法装置及冷却曲线如图3-1所示。

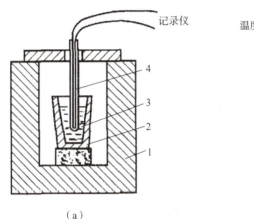
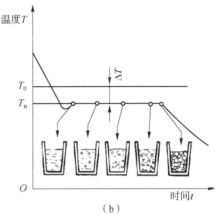

1—电炉;2—坩埚;3—金属液;4—热电偶。

**图 3-1 热分析法装置及冷却曲线**
(a)热分析法装置示意;(b)冷却曲线

由冷却曲线可见,液态金属的温度随时间的推移不断下降,随后出现一个温度平台(水平线),这是由于液态金属进行结晶时内部释放出来的热量(称为结晶潜热)补偿了冷却时散失的热量,从而使温度保持不变;平台的持续时间就是金属结晶所经历的时间。当液态金属全部凝固、结晶潜热不再释放时,其温度又随时间的推移而下降。

【想一想】

1)俗语"下雪不冷化雪冷",这是为什么呢?

2)20世纪80年代,国际上出现了一种运动保健用品:能暖和滑雪运动员冻僵的手,或者使肌肉损伤的运动员得到热敷。这种塑料包装的热袋使用时的结晶过程明显,现象神奇,并能循环使用,因此国内同类产品称之为"魔力热袋""智力热袋"。那么,它的发热原理是什么呢?

### 2. 过冷现象

如图3-1(b)所示,在冷却曲线中,纯金属的理论结晶温度为$T_0$(金属的熔点),实际结晶温度为$T_n$。在实际生产中,金属的冷却不可能极其缓慢,当液态金属冷却到理论结晶温度$T_0$时并不结晶,而是冷却到$T_0$以下某一温度$T_n$时才开始结晶,这种现象称为过冷,二者的温度之差称为过冷度,用$\Delta T$表示,即$\Delta T = T_0 - T_n$。

研究表示,同一金属的过冷度$\Delta T$不是一个恒定值,它与金属的冷却速度等因素有关。同一种金属熔液,冷却速度越快,过冷度越大,实际结晶温度越低。

总之，金属结晶必须在一定的过冷度下进行，过冷是结晶的必要条件，但不是充分条件，要进行结晶，还要满足动力学条件，如原子的易动和扩散等。

【试一试】

> 用烧杯分别取 50 mL 自来水和蒸馏水，测定它们的结晶温度，比较二者的过冷度是否相同，并分析其中的原因。

## 3.1.2 结晶的一般过程

### 1. 形核与长大

金属的结晶总是先在金属熔液中产生一些极微小的晶体，这些微小的晶体称为晶核。然后，原子不断向晶核聚集，使晶核长大。同时，不断有新的晶核产生和长大，直至每个晶核长大到彼此接触，液态金属全部凝固为止。在结晶完成后，每个晶核成长为一个外形不规则的晶粒，如图 3-2 所示。因此，液态金属的结晶过程是一个不断形成晶核和晶核不断长大的过程。

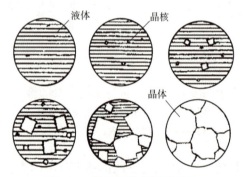

图 3-2 纯金属结晶过程示意

晶核的形成方式有两种：自发形核和非自发形核。在一定的过冷度条件下，仅依靠自身的原子按照一定的晶体结构排列形成的晶核称为自发晶核，这种形核现象很少。通常，金属熔液中总是存在着各种未熔化的微粒杂质，也可能是有意加入的微粒，在实际结晶过程中，依附于这些杂质表面很容易形核。

### 2. 晶核的长大方式

晶核的长大方式有平面长大和树枝状长大两种。在冷却速度较慢的情况下，纯金属晶体以其表面向前平行推移的方式长大，这种长大方式在实际金属结晶中比较少见。

在冷却速度较快的情况下，特别是存在杂质时，金属晶体往往以树枝状方式长大。由于液固界面前沿的液体中过冷度较大，晶体优先沿过冷度较大方向生长出空间骨架，这种骨架如同树干，称为一次晶轴。在一次晶轴伸长和变粗的同时，其上会出现很多凸出尖端，它们长大成为枝干，称为二次晶轴。二次晶轴生长到一定程度后，又在它上面长出三次晶轴，如此不断地成长和分枝，形成如树枝状的骨架，称为树枝晶。实际金属结晶时，晶核一般以树枝状方式长大，如图 3-3 所示。

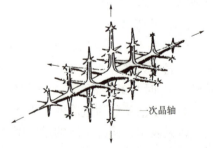

图 3-3 晶核树枝状方式长大示意

> **小资料**
>
> 结晶必须具备一定条件才能够进行。
> 热力学条件：有一定的过冷度。
> 结构条件：相起伏或结构起伏。
> 能量条件：能量起伏。
> 形核条件：晶胚尺寸大于临界晶核。

### 3. 晶粒大小的控制

细小晶粒的金属材料具有更好的力学性能，晶粒越细小，晶界就越多，金属材料的强度、硬度就越高，塑性、韧性越好。用细化晶粒提高金属材料性能的方法称为细晶强化，它是提高金属材料力学性能的重要途径之一。

从结晶过程可知，凡是能促进形核、抑制长大的因素，都能细化晶粒。因此，细化晶粒的方法有以下几种。

（1）增大过冷度

金属结晶后所得到的晶粒大小，主要取决于结晶过程中的形核率 $N$ 与长大速度 $G$ 的比值 $N/G$。形核率是指单位时间内在单位体积液体内所形成的晶核数目，长大速度是指晶核在单位时间内生长的线速度。它们都随过冷度的增大而增大，但增大的速率是不同的，如图3-4所示。增大过冷度达到一定值以上时，形核率的增长率要大于长大速度的增长率，能得到比较细小的晶粒组织。这种方式比较适用于小件或薄件。

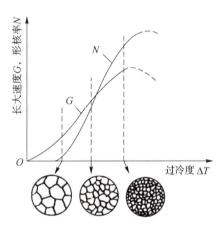

图3-4 形核率和长大速度与过冷度的关系

**【想一想】**

实际生产中，通常采用散热快的金属铸型代替砂型铸造，这样为什么可以提高铸件的力学性能？

（2）变质处理

当铸件的尺寸比较大时，提高冷却速度来细化晶粒效果并不理想，而且冷却速度过大会导致内应力增大，从而导致变形甚至开裂。因此，在实际生产中，有目的地向金属熔液中加入某些物质，在金属熔液中形成大量分散的人工晶核，以细化晶粒和改善组织，这种方法称为变质处理。加入的这种物质称为变质剂或孕育剂。例如：在铁熔液中加入石墨粉或硅钙合金以细化组织，在铝硅合金熔液中加入微量的钠盐，抑制硅晶体的生长速度，都可显著提高合金的强度及塑性。

（3）振动、搅动

对即将凝固的金属采用机械、超声波、电磁等方法进行振动或搅动，使金属熔液中粗大的树枝晶破碎，来增加晶核数目，从而达到细化晶粒的目的。

## 3.2 合金的结晶与相图

> **情景导入**
>
> 工业上广泛使用的钢铁材料（主要是由铁和碳组成的合金）、黄铜（铜锌合金）等都是合金。合金与组成它们的纯金属相比，不仅具有更好的力学性能及一些特殊性能（耐蚀性、耐热性等），而且可以通过调节元素的组成比例来获得一系列性能不同的合金，从而满足生产上的要求。

合金的结晶如同纯金属，仍为形核和长大两个过程，但由于合金成分中含有两个以上的组元，且各合金的成分不同，合金组织在室温或高温下可以是一种或几种晶体结构，既可以是单相，也可以是两相甚至多相共存，因此合金结晶后的组织形成及变化规律要比纯金属复杂得多。

合金的性能取决于组织，而组织又首先取决于合金中的相。不同的相可以构成不同的组织。在两相或多相合金的组织中，数量较多的相称为基本相（大多数是以金属或合金为溶剂的固溶体），其余的相可以是合金的另一组元为基体形成的固溶体或另一组元的纯金属，还可以是合金各组元形成的化合物或化合物的固溶体。组成工业合金的元素（组元）性能不同及在合金中的含量不同，便会形成不同的相，从而使合金具有不同的组织和性能。例如普通黄铜中，若 Zn 含量为 30%，Cu 含量为 70%，Zn 原子全部溶于 Cu 中，此时合金组织为单相的 α 固溶体；而当 Zn 含量大于 40% 时，合金的组织则由 α 固溶体和金属化合物 β 相（CuZn）组成。

工业上的合金组织，大多数是以固溶体为基体的，而金属化合物是作为强化相出现的，所以金属化合物所占的数量一般是不多的。例如在含碳量为 0.8% 的碳钢中，$Fe_3C$ 约占 12%（相对含量），而 45 钢中，$Fe_3C$ 只占 7%，但它对钢的组织和性能的影响却是很大的。为了满足工业上对合金性能的要求，可以通过各种工艺改变强化相（金属化合物）的形状、数量、大小及分布状态等来改变合金的组织，从而改变合金的性能。

因此，在结晶过程中用单一的冷却曲线难以说明合金的结晶过程。为了研究合金在结晶过程中各种组织的形成和变化规律，掌握合金的性能与其成分、组织的关系，必须借助合金相图这一重要工具。

相图是表示在平衡状态（极其缓慢加热或冷却）下合金系中各种合金状态与温度、成分之间关系的图形，因此又称合金状态图或平衡图。通过相图可以了解任何成分的合金在任何温度下存在几个相，每个相的成分是多少，在什么温度发生结晶和相变等。在生产实践中，合金相图可作为正确制订铸造、锻压、焊接及热处理工艺的重要依据。注意：在非平衡状态（即较快地加热或冷却）下，相图中的特性点或线是要发生偏离的。

### 3.2.1 二元合金相图

**1. 二元合金相图的表示方法**

由两个组元组成的合金相图称为二元合金相图。二元合金相图是以温度和成分为坐标的平面图形。以横坐标表示成分，纵坐标表示温度。横坐标两端点之间的线段代表该合金系中不同成分的合金，合金成分一般用质量分数表示。如图 3-5 所示，$A$、$B$ 两点表示组成合金的两个组元，$C$ 点的成分代表 $A$ 含量为 60%、$B$ 含量为 40% 的合金。

在成分和温度坐标平面上的任意一点的坐标值表示一种合金的成分和温度。图 3-5 中的 $E$ 点表示合金的成分与 $C$ 点相同，温度为 500 ℃。

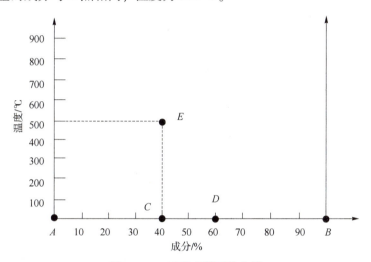

图 3-5　二元合金相图的坐标

### 2. 二元合金相图的建立

目前所用的相图主要是通过试验方法建立的，首先配制一系列成分不同的合金，然后测定合金系中各种合金的相变临界点（温度），把这些点标在温度-成分坐标图上，把相同意义的点连接成线，这些线就在坐标图中划分出一些区域（称为相区），将各相区所存在相的名称标出，即完成相图的建立。

测定材料临界点常用的方法有热分析法、膨胀法、电阻法、金相法、X 射线结构分析法等。相图的精确测定须通过多种方法配合得到。

下面以 Cu-Ni 合金相图的测定为例，介绍相图的测定方法和步骤：
1）配制一系列不同成分的 Cu-Ni 合金；
2）熔化每种成分的合金，然后测定各组合金的冷却曲线，如图 3-6（a）所示；
3）找出冷却曲线上的开始结晶温度和终了结晶温度；
4）将各组合金的成分、开始结晶温度和终了结晶温度标注在温度-成分坐标图中；
5）将各组合金的开始结晶温度和终了结晶温度用光滑曲线连接起来；
6）把合金不同温度所处的状态标注到相应区域，就得到了如图 3-6（b）所示的 Cu-Ni 合金相图。

在图 3-6（b）中有两条曲线，上面的曲线为液相线，代表各种成分的 Cu-Ni 合金在冷却过程中开始结晶的温度；下面的曲线为固相线，代表各种成分的 Cu-Ni 合金在冷却过程中结晶终了的温度。液相线和固相线将整个相图分为三个区域：液相线以上的液相区（L）、固相线以下的固相区（α），液相线与固相线之间的固液共存两相区（L+α）。

二元合金相图的类型较多，有匀晶相图、共晶相图、包晶相图、共析相图和具有稳定化合物的二元合金相图等。本书主要介绍匀晶相图和共晶相图。

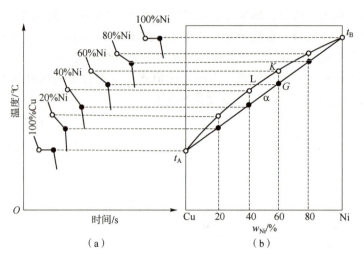

图 3-6 Cu-Ni 合金相图的绘制
(a) 冷却曲线；(b) Cu-Ni 合金相图

> **小资料**
>
> 白铜是以镍为主要添加元素的铜基合金，呈银白色，有金属光泽，故名白铜。铜镍之间彼此可无限固溶，从而形成连续固溶体。当把镍熔入红铜，含量超过 16% 以上时，产生的合金色泽就变得洁白如银，镍含量越高，颜色越白。白铜中镍的含量一般为 25%。我国湘西、黔东南等苗寨旅游景区出售的许多苗银饰品的成分以白铜为主，它们经过传统手工制作成型，再通过电镀银、加蜡、上色等工艺处理，颇具特色。区分白铜与藏银、苗银的方法就是，正常比例下，后两者相对白，从表色上看更接近白银。不过，现代工艺下的铝白铜却与藏银、苗银颜色不相上下，甚至更白，只是硬度高些，密度低些。使用藏银、苗银的地区目前还没有使用纯白铜甚至铝白铜的习惯。

## 3.2.2 二元匀晶相图

合金的两组元在液态和固态下均无限互溶时所构成的相图称为二元匀晶相图。几乎所有的二元相图都包含有匀晶转变部分，因此匀晶相图是学习二元相图的基础。具有这类相图的二元合金系有 Cu-Ni、Cu-Au、Au-Ag、W-Mo 及 Fe-Ni 等。现以 Cu-Ni 合金为例分析二元匀晶相图。

**1. 合金的平衡结晶过程**

平衡结晶是指合金在极缓慢的冷却条件下进行的结晶过程，在此条件下得到的组织称为平衡组织。

无论什么成分的 Cu-Ni 合金的结晶过程都是相似的，因为 Cu 和 Ni 两组元在固态下能以任何比例形成 α 单相固溶体。现以 Ni 含量为 70% 的 Cu-Ni 合金为例，分析其平衡结晶过程，如图 3-7 所示。

此合金温度在 1 点以上是为单一液相 L，当液态合金温度缓冷到温度 1 点时，开始从液相中结晶出 α 固溶体。这种从液相中结晶出单一固相的转变称为匀晶转变或匀晶反应。随

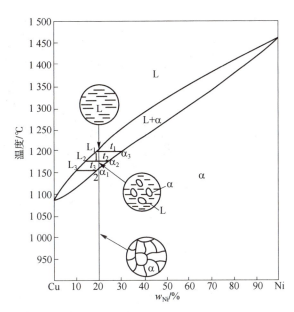

图 3-7　Cu-Ni 合金的平衡结晶过程

温度继续下降，液相的量不断减少，固相 α 的量不断增加。温度在 1 点和 2 点之间时，此合金是液相 L 和固相 α 的混合相。当合金冷却到固相线上的温度 2 点时，液相 L 消失，结晶结束，全部转变为 α 相。温度继续下降，合金组织不再发生变化。最终获得与原合金成分相同的 α 固溶体。

在结晶过程中，剩余液相和固相的量和成分不断发生变化。但液相成分始终沿着液相线变化，即由 $L_1$ 变化至 $L_3$；而固相成分始终沿着固相线变化，即由 $α_1$ 变化至 $α_3$。由此可见，液、固相线不仅是相区分界线，也是结晶时两相的成分变化线。

**2. 枝晶偏析**

固溶体合金的结晶只有在充分缓慢冷却的条件下才能得到成分均匀的固溶体组织。但在实际生产中，冷却速度较快，合金不可能完全按上述平衡过程结晶。由于冷却速度快，原子扩散过程落后于结晶过程，合金化学成分来不及均匀化，因此每一温度下的固相平均成分将会偏离相图上固相线所示的平衡成分。这种偏离平衡条件的结晶称为不平衡结晶，其所得到的组织称为不平衡组织。

不平衡结晶会使晶粒内部的成分不均匀，先结晶的晶粒心部与后结晶的晶粒表面的成分不同，由于它是在一个晶粒内的成分不均匀现象，因此称之为晶内偏析。固溶体结晶通常是以树枝状方式长大的。在快冷条件下，先结晶出的树枝晶轴，其高熔点元素的含量较多，而后结晶的分枝及枝间空隙则含低熔点组元较多，这种树枝晶中的成分不均匀现象，称为枝晶偏析。枝晶偏析也是晶内偏析。

图 3-8 所示为铸造 Cu-Ni 合金的枝晶偏析组织，先结晶出的耐腐蚀且富镍的枝干呈白亮色，后结晶的易腐蚀并富铜的枝间呈暗黑色。

偏析的程度取决于结晶时的冷却速度、原子的扩散能力及相图中液、固相线之间的距离等因素。原子扩散能力越弱，偏析越严重；液、固相线之间的水平和垂直距离越大，偏析越严重；其他条件不发生变化时，冷却速度越大，实际结晶温度越低，液、固相线间距大，偏析越严重。

图 3-8　Cu-Ni 合金的枝晶偏析组织

枝晶偏析会降低合金的力学性能（如塑性和韧性）、耐蚀性及可加工性等。生产上可通过均匀化退火（扩散退火）来消除枝晶偏析，即将铸件加热到固相线以下 100～200 ℃ 长时间保温使原子充分扩散，使成分均匀化。

## 3.2.3　二元共晶相图

合金的两组元在液态下能完全互溶，在固态时有限互溶或不溶，并发生共晶反应（共晶转变）的相图称为二元共晶相图。具有这类相图的合金系主要有 Pb-Sn、Pu-Sb、Pb-Bi、Ag-Cu、Al-Si 等。下面以 Pb-Sn 合金相图为例进行分析。

**1. 相图分析**

Pb-Sn 合金相图如图 3-9 所示。其中，$A$ 点和 $B$ 点分别为纯 Pb 的熔点（327 ℃）和纯 Sn 的熔点（232 ℃）。$AEB$ 线为液相线，$AMENB$ 线为固相线。$MF$ 线是 Sn 在 Pb 中的溶解度曲线，$NG$ 线为 Pb 在 Sn 中的溶解度曲线（即饱和浓度曲线），称为固溶线。从图中可以看出，固溶体的溶解度随温度降低而下降。

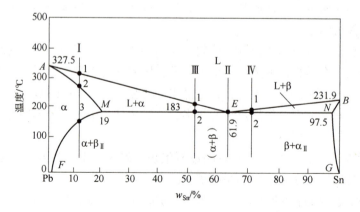

图 3-9　Pb-Sn 合金相图（共晶转变）

相图中有三个单相区,即 L、α(Sn 为溶质,Pb 为溶剂的固溶体)和 β(Pb 为溶质,Sn 为溶剂的固溶体)相区;三个两相区,即 L+α、L+β 和 α+β;一个三相平衡区(FMN 线),即 L+α+β。

液相线 AEB 与固相线 AMENB 的交点 E 对应的温度为 183 ℃,当温度低于 183 ℃时,E 点对应的液相($L_E$)将同时结晶出成分为 M 点的 α 固溶体($α_M$)和成分为 N 点的 β 固溶体($β_N$)的混合物。这种一定成分的液相,在一定温度下同时结晶出成分不同的两种固相的现象,称为共晶转变。共晶转变的产物为两个固相的机械混合物,称为共晶组织或共晶体。发生共晶反应时有三相平衡共存,且在恒温下进行。该转变可用下式表示:

$$L_E \xrightleftharpoons{183℃} α_M + β_N$$

在图 3-9 中,MEN 线称为共晶线,E 点称为共晶成分点,E 点的温度($t_E$)称为共晶温度,E 点所对应成分的合金一般称为共晶合金,成分位于 M 点至 E 点之间的合金称为亚共晶合金;成分位于 E 点至 N 点之间的合金称为过共晶合金。

共晶相图的特点是共晶线 MEN 联系着 L、α、β 三个单相区,其中 L 相区在中间,位于液相线 AEB 之上;AMF 区域为 α 固相区,BNG 区域为 β 固相区,都位于共晶线两端,共晶线上的 M、E、N 三个点分别是三个单相的成分点。共晶线下方的 FMENG 区域为 α+β 两相区。

### 2. 典型合金平衡结晶过程

(1) 共晶合金的平衡结晶过程

图 3-9 中,Ⅱ合金是含有 61.9%Sn 的共晶合金。该合金在 E 点(183 ℃)以上为液相,冷却到 E 点时发生共晶转变,同时结晶出成分为 M 点的 $α_M$ 和成分为 N 点的 $β_N$,此两相组成的组织为 $(α+β)_{共晶体}$。共晶合金像纯金属一样具有固定的熔点,其冷却曲线如图 3-10 所示。

从成分均匀的液相 L 同时结晶出两个成分结构差异很大的固相 $α_M$ 和 $β_N$,一定需要有元素的充分扩散。假设首先析出富铅的 α 相晶核,随着它的长大,必然导致其周围液体贫铅而富锡,从而有利于 β 相的形核,而 β 相的长大又促进了 α 相的形核。就这样,两相间形核,互相促进,在结晶过程全部结束时,就使合金获得了较细的两相机械混合物(即共晶体)。Pb-Sn 共晶合金的显微组织如图 3-11 所示。

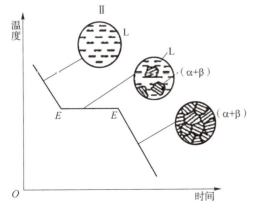

图 3-10 共晶合金的冷却曲线

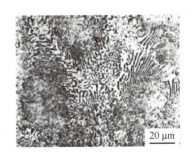

图 3-11 Pb-Sn 共晶合金的显微组织

共晶组织中两相的分布形态有层片状、点状、放射状、针状、螺旋状等。晶体的生长形态与液-固界面的结构有关,金属界面通常为粗糙界面,亚金属和非金属界面通常为光滑界面。因此,金属-金属型的两相共晶组织大多为层片状或棒状,金属-非金属型的两相共晶组织大多为树枝状、针片状或骨骼状等。

（2）亚共晶合金的平衡结晶过程

以亚共晶（Ⅲ）合金为例,其冷却曲线如图 3-12 所示。Ⅲ合金温度在 1 点以上为液相 L,当合金降温到 1 点时,开始结晶形成初生 α 固溶体。随温度缓慢下降,液相 L 不断向 α 固溶体转变,α 固溶体成分沿 AM 线变化,其数量不断增多;液相 L 成分沿 AM 线变化,其数量不断减少。当缓慢降温到 2 点时,合金由 M 点成分的初生 α 相和 E 点共晶成分的液相组成。然后保持恒温,即 2-2′线,具有 E 点成分的剩余液相发生共晶反应,直至全部转变为共晶组织。

共晶转变结束后,随温度下降,由于固溶体的溶解度降低,将从初生 α 和共晶 α 中不断析出 $β_Ⅱ$ 固溶体,从共晶组织 β 中不断析出 $α_Ⅱ$ 固溶体。但在显微镜下,只能观察到从初生 α 固溶体中析出的 β,而共晶组织 β 中析出的 $α_Ⅱ$ 和 $β_Ⅱ$ 会附着在共晶 α 和 β 相上长大,一般无法区分,故室温下该合金的组织为 α+$β_Ⅱ$+(α+β)$_{共晶体}$,如图 3-13 所示。图中黑色树枝晶为初生 α 固溶体,初生 α 固溶体内的白色小颗粒是 β,黑白相间的为 (α+β)$_{共晶体}$ 组织。

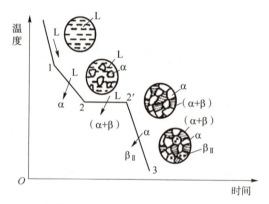

图 3-12 亚共晶合金的冷却曲线

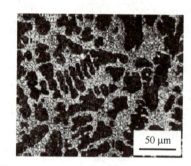

图 3-13 Pb-Sn 亚共晶合金的显微组织

成分在 ME 之间的所有亚共晶合金的平衡结晶过程与Ⅲ合金相同,其室温组织都为 α+$β_Ⅱ$+(α+β)$_{共晶体}$,而相组成仍然都是 α 和 β,只是组织组成物的成分和组成相的相对量不同。当 Sn 含量增大时（即成分越靠近共晶点 E）,组织相对量的变化是:α 和 $β_Ⅱ$ 的量减少,(α+β)$_{共晶体}$ 的含量增加。相组成相对量的变化是:α 相的量减少,β 相的量增加。

（3）过共晶合金的平衡结晶过程

过共晶（Ⅳ）合金的冷却曲线如图 3-14 所示。Ⅳ合金的平衡结晶过程与亚共晶合金相似,不同的是初生相为 β,次生相为 α,所以其室温组织为 β+$α_Ⅱ$+(α+β)$_{共晶体}$,相组成仍然是 α 和 β。Pb-Sn 过共晶合金的显微组织如图 3-15 所示,图中卵形白亮色为初生 β 固溶体,黑白相间的为 (α+β) 共晶组织,初生 β 固溶体内的黑色小颗粒是次生 α 固溶体。

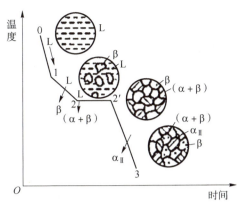

图 3-14 过共晶合金的冷却曲线

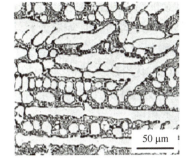

图 3-15 Pb-Sn 过共晶合金的显微组织

成分在 EN 之间的所有过共晶合金的平衡结晶过程与Ⅳ合金相同，其室温组织都为 β+α+(α+β)$_{共晶体}$，只是组织组成物的成分和组成相的相对量不同。当 Sn 含量减少时（即成分越靠近共晶点 E），组织相对量的变化是：β 和 α$_Ⅱ$ 的量减少，(α+β)$_{共晶体}$ 的含量增加。相组成相对量的变化是：α 相的量增加，β 相的量减少。

> **小资料**
>
> 西班牙人乌罗阿和武德分别于 1935 年和 1941 年发现了铂主要以游离态和合金形式存在。因此，为了纪念武德，人们将这种特殊的合金命名为武德合金。武德合金用 50% 铋（Bi）、25% 铅（Pb）、12.5% 锡（Sn）和 12.5% 镉（Cd）制成，熔点是 70 ℃，比所有标准条件下为固态的金属的熔点都低，如表 3-1 所示。武德合金主要用于制作电路熔断器、自动灭火和防爆安全装置等。把熔断器安装在电闸盒中，如果电路中发生短路或超载，电流过大，导线便会发热，当温度升高到 70 ℃ 时，熔断器熔断，保护了电气设备，防止了火灾的发生。
>
> 表 3-1 武德合金熔点比较
>
> | 类型 | 纯金属 | | | | 合金 | |
> | --- | --- | --- | --- | --- | --- | --- |
> | 名称 | 铅 | 镉 | 铋 | 锡 | 焊锡合金 | 武德合金 |
> | 熔点/℃ | 327 | 321 | 271 | 231 | 187 | 70 |

## 3.2.4 其他相图

**1. 包晶相图**

两组元液态完全互溶、固态有限互溶，并发生包晶转变的合金的相图称为包晶相图，如 Ag-Sn、Pt-Ag、Sn-Sb 等合金系的相图。

一定成分的液相和一定成分的固相在一定的温度下生成一定成分的固相的转变称为包晶转变。

### 2. 共析相图

共析转变是指一种固相在恒温下转变为另外两种固相的转变。共析相图与共晶相图相似，其合金的结晶过程也完全类似；不同的是共晶转变是由一种液相转变成两种固相，而共析转变是由一种固相同时转变为另外两种固相。

### 3. 具有稳定化合物的二元合金相图

所谓稳定化合物，是指熔化前既不分解也不产生任何化学反应的化合物。稳定化合物可以看成一个独立组元，把整个相图分成若干个相图。按二元共晶相图分析方法就可以很容易地分析此类相图。

## 3.3 合金性能与相图的关系

> **情景导入**
>
> 蒙乃尔400是一种单相固溶体Ni-Cu合金，约含63%的镍、28%的铜和少量铁、锰、碳、硅。它是一种用量最大、用途最广、综合性能极佳的耐蚀合金，广泛用于制作化工及核工业中的蒸发器、热交换器、储罐、泵、搅拌桨轴和阀门（杆）等。
>
> 蒙乃尔400在很多种介质环境，如从轻微的氧化性介质环境、中性环境、适宜的还原性环境下都有良好的耐蚀性能，其理论依据就是Cu-Ni相图。在20世纪初，人们就试图以高含量的铜镍矿石来冶炼合金，如今的蒙乃尔400中镍铜含量的比例还和当初的矿石相似。和商业纯镍一样，蒙乃尔400在退火状态下的强度很低，因为这个原因，此材料常常要求回火处理，以提高其强度。

合金的性能取决于它的成分和组织，相图可反映出不同成分合金在不同温度下的平衡组织，具有平衡组织的合金的性能与相图之间存在着一定的对应关系，组成相的本质及其相对量和分布状况也将影响合金的性能。

### 3.3.1 合金的使用性能与相图的关系

通过二元相图分析可以看出，二元合金室温平衡组织主要有两种类型：单相固溶体和两相混合物。图3-16表明了固溶体合金的使用性能与相图的关系。

#### 1. 单相固溶体的性能与合金成分呈曲线关系

当合金形成单相固溶体时，溶质含量越高，合金的强度、硬度越高，而电导率下降，呈透镜形曲线变化，并在某一成分出现极大值或极小值，如图3-16（a）所示。

#### 2. 两相混合物的性能与合金成分呈曲线关系

两相混合物可分为两种情况。当合金组织为普通混合物时，合金的性能随合金的化学成分而改变，在两相性能之间呈直线变化，如图3-16（b）所示，其性能是两相性能值的算术平均值。当形成共晶或共析的机械混合物时，其性能还与两组成相的细密程度有关；组织越细，强度、硬度显著提高，且偏离直线关系出现高峰，如图3-16（b）所示虚线。

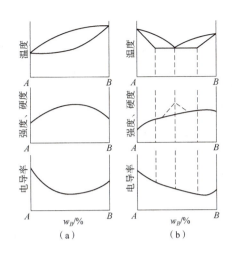

**图 3-16　固溶体合金的使用性能与相图的关系**
(a) 单相固溶体；(b) 两相混合物

## 3.3.2　合金的工艺性能与相图的关系

如图 3-17 所示，单相固溶体合金的流动性不如纯金属和共晶合金的流动性好。液相线与固相线间隔越大，即结晶温度范围越大，树枝晶越易粗大，且先结晶出的树枝晶阻碍未结晶液体的流动，从而降低其流动性，导致分散缩孔增多，故合金不致密；同时偏析严重，对浇注和铸造质量不利。而共晶合金的熔点低，并且是恒温结晶，熔液的流动性好，凝固后容易形成集中缩孔，故合金致密，铸造性优良。因此，铸造合金常选共晶或接近共晶的成分。例如：发动机活塞常采用的 $w_{Si}=11\%\sim13\%$ 的铝硅铸造合金就是共晶合金。

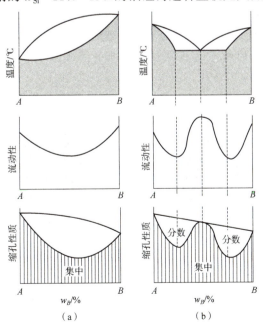

**图 3-17　合金铸造性与相图的关系**
(a) 单相固溶体；(b) 机械混合物

单相固溶体合金具有较好的塑性，变形抗力小，变形较均匀，故压力加工性能良好，但切削加工性能差。而两相混合物的塑性不如单相固溶体合金好，特别是当其中含有硬脆相，且呈网状分布在另一相的晶界上时，其塑性更差。当合金中含有低熔点共晶体时，热压力加工性能更差，因为在加热过程中，低熔点共晶体将被熔化且沿晶界分布，导致在压力加工时易发生断裂，这种现象被称为热脆。因此，需要压力加工的合金通常取单相固溶体或接近单相固溶体或只含少量第二相的合金。

形成两相混合物的合金的切削加工性能通常优于单相固溶体合金。

相图中的单相合金不能进行热处理，只有相图中存在同素异构转变、共析转变、固溶度变化的合金才能进行热处理。

## 本章小结

1. 金属的实际结晶温度恒低于其理论结晶温度（熔点），这种现象称为过冷，其差值为过冷度。过冷与金属的性质、纯度及冷却速度等许多因素有关，是结晶的必要条件。同一种金属熔液，结晶时冷却速度越快，则过冷度越大，实际结晶温度越低。

2. 金属的结晶包含形核与晶核长大两个基本过程，形核方式有自发形核和非自发形核两种，晶体长大方式多为树枝状长大。

3. 金属晶粒的大小对金属材料的性能产生重要的影响，一般在常温下，晶粒越细，金属材料的强度、硬度越高，塑性、韧性越好，细晶强化是提高金属材料力学性能的重要途径之一。金属晶粒大小的控制主要是控制形核率和长大速度。所有能促进形核、增大形核率、抑制长大速度的因素，都能使结晶后的晶粒数目增多，使晶粒细化。具体操作中，使金属液快速冷却、变质处理、振动、搅拌，均可细化铸造金属的晶粒并改善其力学性能。

4. 最基本的二元合金相图有匀晶相图、共晶相图，相图是分析合金结晶的有力工具。

5. 合金平衡结晶过程是在极缓慢的冷却速度下进行的，得到的组织称为平衡组织。而实际生产条件下，合金的结晶过程往往是发生不平衡结晶，其结果是使组织出现偏析现象。

6. 通过相图可以分析不同成分合金室温时的组成相和平衡组织，而合金组成相的本质及其相对量、分布状况又将影响合金的性能。

练习题

参考答案

# 第 4 章　铁碳合金相图

【知识目标】

1. 掌握典型 $Fe-Fe_3C$ 合金的基本相、组织及它们的性能特点。
2. 掌握 $Fe-Fe_3C$ 相图特征点、特征线的含义及区域组织分析。
3. 掌握典型铁碳合金的平衡结晶过程及 $Fe-Fe_3C$ 相图的应用。

【能力目标】

1. 能正确使用特征金相显微镜观察金属材料的显微组织。
2. 在教师指导下，能对铁碳合金进行金相观察和金相组织分析。
3. 能运用 $Fe-Fe_3C$ 相图解释生活和工程中的相关问题。

## 4.1　铁碳合金的基本相

**情景导入**

既然相图是研究合金的有力工具，那么钢铁材料的相图是什么样的呢？在实际使用中钢铁材料又有哪些作用呢？

钢铁是现代工业中应用最广泛的金属材料，虽然钢铁的品种繁多、成分各不相同，但基本组元是铁与碳两种元素，故统称为铁碳合金。铁碳合金的结晶过程比较复杂，对于钢铁材料的应用有重要的指导作用。因此，为了掌握钢铁材料的组织、性能及其在生产中的合理使用，首先必须研究铁碳合金相图。

铁与碳在液态下可以无限互溶。在固态下，碳可以有限溶解在铁的晶格中形成固溶体，也可与铁发生化学反应形成 $Fe_3C$、$Fe_2C$、$FeC$ 等一系列化合物。稳定的化合物可以作为一个独立的组元。因此，铁碳相图可以视为由 $Fe-Fe_3C$、$Fe_3C-Fe_2C$、$Fe_2C-FeC$ 等一系列二元相图组成。因为含碳量 $w_C>6.69\%$ 的铁碳合金脆性大，没有实用价值，所以实际生产中应用的铁碳合金其碳的质量分数均在 6.69% 以下。$Fe_3C$（$w_C=6.69\%$）是一种稳定的化合物，可以作为一个独立的组元看待，因此，我们所说的铁碳相图实际上是铁-渗碳体（Fe-Fe₃C）相图。

Fe 和 Fe₃C 是 Fe-Fe₃C 相图的两个基本组元。在固态下，铁与碳的相结构会形成固溶体和金属化合物两类。固溶体有铁素体、奥氏体，金属化合物有渗碳体，这些基本相的性能各异，其数量、形态、分布直接决定了铁碳合金的组织和性能。

工业纯铁的含铁量 $w_{Fe}$ = 99.8% ~ 99.9%，含有 0.1% ~ 0.2% 的杂质，其中主要是碳。纯铁的力学性能因其纯度和晶粒大小的不同而差别很大。纯铁的塑性和韧性很好，但强度很低，很少用作结构材料。纯铁的主要用途是利用它所具有的铁磁性。

## 4.1.1 铁素体

碳溶解在 α-Fe 中形成的间隙固溶体称为铁素体，用符号 F 表示。铁素体保持了 α-Fe 的体心立方晶格，如图 4-1（a）所示。

由于 α-Fe 是体心立方晶格，其晶格的间隙很小，故溶碳能力极差。在 727 ℃ 时的最大溶碳量为 0.021 8%。随着温度下降，其溶碳量逐渐减少，在 600 ℃ 时的溶碳量仅为 0.005 7%；在室温时的溶碳量仅为 0.000 8%，因此，其室温时的力学性能几乎与纯铁相同，强度、硬度不高，但具有良好的塑性和韧性。

铁素体在 770 ℃ 以下具有铁磁性，在 770 ℃ 以上失去铁磁性。

在显微镜下可以看到铁素体为明亮的多边形晶粒，如图 4-1（b）所示。

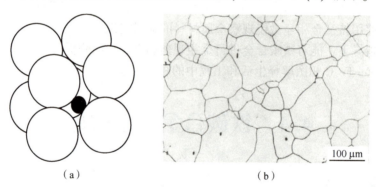

(a) (b)

图 4-1 铁素体的晶体结构和显微组织

(a) 晶体结构；(b) 显微组织

## 4.1.2 奥氏体

碳溶解在 γ-Fe 中形成的间隙固溶体称为奥氏体，用符号 A 表示。奥氏体保持着 γ-Fe 的面心立方晶格，如图 4-2（a）所示。一般情况下，奥氏体只有在高温下才能稳定存在。

由于面心立方晶格的间隙较大，故 γ-Fe 的溶碳能力较 α-Fe 大。在 1 148 ℃ 时，γ-Fe 的溶碳量最大为 2.11%；随着温度下降溶碳量逐渐减少，在 727 ℃ 时为 0.77%。

奥氏体的显微组织如图 4-2（b）所示，其晶粒呈多边形，与铁素体的显微组织近似，但晶粒界面较铁素体平直，且晶粒内常有孪晶出现。奥氏体的性能与其溶碳量及晶粒大小有关。一般，奥氏体的硬度为 170 ~ 220 HBW，断后伸长率为 40% ~ 50%，所以奥氏体的硬度较低而塑性较高，易于进行压力加工。因此，在锻造、轧制时，常将钢加热到奥氏体状态，以提高其塑性，所谓"趁热打铁"就是这个道理。与铁素体不同，奥氏体不具有铁磁性。

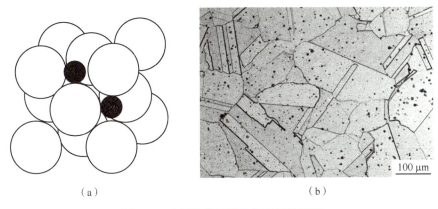

图 4-2　奥氏体的晶体结构和显微组织

（a）晶体结构；（b）显微组织

【试一试】

大部分手表外壳都是用奥氏体不锈钢制造的。找一块磁铁，观察你的手表外壳能否被磁铁吸引。如果能，最好让你的手表离磁场远些。

### 4.1.3　渗碳体

渗碳体为铁和碳形成的金属化合物，是具有复杂的晶格结构的间隙化合物，一般用化学式 $Fe_3C$ 表示，$Fe_3C$ 的晶体结构如图 4-3 所示。渗碳体中碳的质量分数为 6.69%，熔点为 1 227 ℃，无同素异构转变，但在 230 ℃ 以下具有弱铁磁性，在 230 ℃ 以上铁磁性消失。

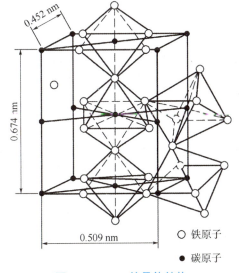

图 4-3　$Fe_3C$ 的晶体结构

渗碳体的硬度很高,约为 800 HBW,塑性极低,伸长率接近于 0,是一种硬而脆的相。渗碳体在铁碳合金中可以呈片状、球状、网状或板条状。渗碳体是碳钢中主要的强化相,其形态和分布对钢的性能影响很大。同时,渗碳体在一定条件下会发生分解,形成石墨状的自由碳。

综上所述,在铁碳合金中有三种相:铁素体、奥氏体和渗碳体。因为奥氏体一般仅存在于高温区,所以室温下只有两种相:铁素体和渗碳体。由于铁素体中碳的质量分数非常小,因此碳在铁碳合金中主要以渗碳体的形式存在。铁碳合金基本相的种类和性能如表 4-1 所示。

表 4-1 铁碳合金基本相的种类和性能

| 名称 | 符号 | $R_m$/MPa | 硬度 | $A$/% | $KV$/J |
| --- | --- | --- | --- | --- | --- |
| 渗碳体 | $Fe_3C$ | 30 | 800 HV | ≈0 | ≈0 |
| 铁素体 | F | 230 | 80 HBW | 50 | 160 |
| 奥氏体 | A | 400 | 220 HBW | 50 | — |

## 4.2 铁碳相图分析

**情景导入**

1887 年,法国金相学家奥斯蒙德发现了铁的同素异构转变;1899 年,美国冶金学家罗伯茨·奥斯汀最早测绘出铁碳合金相图,距今已有 100 多年了,但仍在不断地完善,在不同的书籍中,相图的数据可能不尽相同,这是正常的,不过它为现代热处理初步奠定了理论基础。凡从事金属材料及热处理专业的人员都将铁碳相图视为解决技术问题的必备工具。

铁碳合金相图是表示在极其缓慢冷却(或加热)的条件下,不同成分的铁碳合金在不同的温度下,所具有的组织状态的图形。它反映平衡条件下铁碳合金的成分、温度与组织之间的关系,以及某一成分的铁碳合金当其温度变化时,组织状态的变化规律。因此,它是制订钢铁铸造、锻压、焊接、热处理等热加工工艺的重要依据。

铁碳合金相图的纵坐标代表温度,横坐标代表铁碳合金的成分,常用碳的质量分数($w_C$)表示。横坐标左端原点代表纯铁($w_C=0$),右端末点代表 $w_C=6.69\%$ 的 $Fe_3C$,此时的合金全部为渗碳体,渗碳体就可以看成铁碳合金的一个组元。铁碳合金相图上的特征点和特征线,国内外一般使用统一的符号表示。铁碳合金相图如图 4-4 所示。

为了便于研究和分析,我们将铁碳合金相图的左上角简化,得到简化后的 $Fe-Fe_3C$ 相图($0<w_C<6.69\%$),如图 4-5 所示。

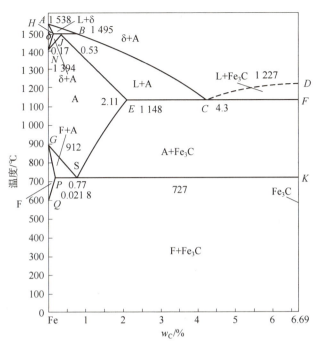

图 4-4 铁碳合金相图

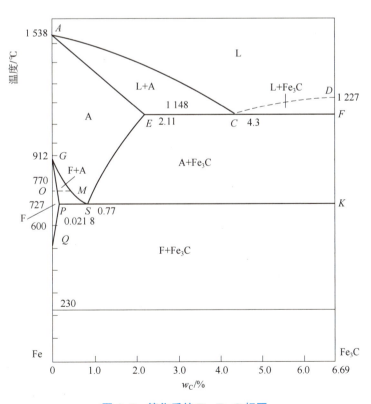

图 4-5 简化后的 Fe-Fe₃C 相图

## 4.2.1 特性点

Fe-Fe$_3$C 相图中特性点的符号是国际通用的,不能随意更改。Fe-Fe$_3$C 相图中各特性点的温度、碳的质量分数及含义如表 4-2 所示。

表 4-2 Fe-Fe$_3$C 相图中的特性点

| 特性点 | 温度/℃ | $w_C$/% | 含义 |
|---|---|---|---|
| A | 1 538 | 0 | 纯铁的熔点 |
| C | 1 148 | 4.3 | 共晶点 |
| D | 1 227 | 6.69 | 渗碳体的熔点 |
| E | 1 148 | 2.11 | 碳在奥氏体(γ-Fe)中的最大溶解度 |
| F | 1 148 | 6.69 | 渗碳体的成分 |
| G | 912 | 0 | 铁的同素异构转变温度,也称 $A_3$ 点 |
| K | 727 | 6.69 | 渗碳体的成分 |
| P | 727 | 0.021 8 | 碳在铁素体(α-Fe)中的最大溶解度 |
| S | 727 | 0.77 | 共析点,也称 $A_1$ 点 |
| Q | 600 | 0.005 7 | 铁在铁素体中的溶解度 |

## 4.2.2 特性线

简化后的 Fe-Fe$_3$C 相图上有两条重要的水平线:共晶转变线(ECF)和共析转变线(PSK)。因此,简化后的 Fe-Fe$_3$C 相图可看作由共晶转变(液态结晶)和共析转变(固态相变)两部分组成。

**1. 共晶转变线(ECF 水平线)**

ECF 水平线是共晶转变线,1 148 ℃为共晶温度,C 点为共晶点。即具有共晶成分($w_C$ = 4.3%)的液相 L 在 1 148 ℃恒温下,同时结晶出奥氏体与渗碳体的混合物,即

$$L_{4.3} \rightarrow (A_{2.11} + Fe_3C)$$

共晶转变后所获得的共晶体(A+Fe$_3$C)称为莱氏体,用 L$_d$ 表示,莱氏体中的奥氏体和渗碳体分别称为共晶奥氏体和共晶渗碳体。凡是碳的质量分数超过 2.11% 的铁碳合金,在 ECF 线上均发生共晶转变。

当温度降至 727 ℃时,奥氏体转变为珠光体,则共晶体(P+Fe$_3$C)称为低温莱氏体,用符号 L'$_d$ 表示。它的碳的质量分数为 4.3%,性能接近渗碳体,硬度为 700 HBW,是一种硬而脆的组织。

**2. 共析转变线(PSK 水平线)**

727 ℃的 PSK 水平线是共析转变线(用 $A_1$ 表示),727 ℃为共析温度,S 点为共析点。

即具有共析成分（$w_C = 0.77\%$）的奥氏体在 727 ℃ 恒温下，同时析出 $w_C = 0.0218\%$ 的铁素体与渗碳体的细密混合物，即

$$A_{0.77} \rightarrow (F_{0.0218} + Fe_3C)$$

共析转变的产物（$F + Fe_3C$）称为珠光体，用符号 P 表示，其金相磨面具有珍珠般的光泽。凡碳的质量分数大于 0.0218% 的铁碳合金，在 PSK 水平线上均发生共析转变。珠光体的性能介于两组成相性能之间。共析转变与共晶转变很相似，都是恒温下由一相转变成两相混合物，区别在于共析转变是从固相发生转变，而共晶转变是从液相发生转变。由于原子在固态下扩散较困难，故共晶体比共析体更细密。

珠光体一般是铁素体与渗碳体薄层片相间的机械混合物，力学性能介于铁素体和渗碳体之间，具有较高的强度和硬度（$R_m = 770$ MPa，硬度为 180 HBW），具有一定的塑性和韧性（断后伸长率 $A = 20\% \sim 35\%$，冲击吸收能量 $K = 24 \sim 32$ J），是一种综合力学性能较好的组织。由于珠光体中渗碳体的数量较铁素体少，因此珠光体中较厚的片是铁素体（白），较薄的片是渗碳体（黑），片层排列方向相同的领域称为一个珠光体团，如图 4-6（a）所示。当放大倍数较高时，可以清晰地看到珠光体中平行排列分布的薄片渗碳体，如图 4-6（b）所示。

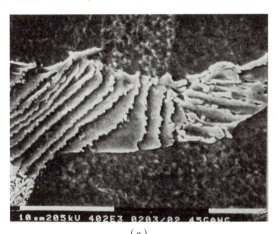
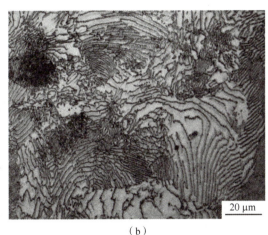

（a）　　　　　　　　　　　　　　（b）

图 4-6　珠光体的显微组织

（a）光学显微镜观察结果；（b）扫描电镜观察结果

### 3. 其他重要的特性线

1）液相线（ACD 线）。此线以上任何成分的铁碳合金都处于液态（L），液态合金缓慢冷却至 AC 线开始析出奥氏体，缓慢冷却至 CD 线开始析出渗碳体。此处析出的渗碳体称为一次渗碳体（$Fe_3C_I$）。

2）固相线（AECF 线）。合金结晶终了温度，此线以下合金均为固相，当加热至此线开始熔化。其中，AE 线代表奥氏体结晶终了线，ECF 线为共晶转变线。

3）ES 线，又称 $A_{cm}$ 线，是碳在奥氏体中的溶解度曲线。随着温度变化，奥氏体的溶碳量将沿着 ES 线变化。奥氏体的最大溶碳量位于 1 148 ℃，可溶碳 2.11%，到 727 ℃ 时仅为 0.77%。凡是碳的质量分数在 0.77% 以上的铁碳合金，从 1 148 ℃ 冷却至 727 ℃ 的过程中，都将从奥氏体中析出渗碳体，称为二次渗碳体（$Fe_3C_{II}$）。缓慢加热时，ES 线就是二次渗碳体溶入奥氏体的终止线。

4) GS 线，又称 $A_3$ 线，是奥氏体和铁素体的相互转变线。它是碳的质量分数小于 0.77% 的铁碳合金缓慢冷却时从奥氏体中析出铁素体的开始线，也是缓慢加热时，铁素体转变为奥氏体的终止线。

5) PQ 线，是碳在铁素体中的溶解度曲线。铁碳合金由 727 ℃ 冷却至室温时，溶解度发生变化，从铁素体中析出渗碳体，这种渗碳体称为三次渗碳体（$Fe_3C_{Ⅲ}$）。铁素体的最大溶碳量是在 727 ℃ 时的 0.021 8%，而在 600 ℃ 时降为 0.005 7%，室温时几乎为 0。

此外，Fe-$Fe_3C$ 相图上有两条磁性转变线。MO 水平虚线（770 ℃）是铁素体磁性转变温度线，用 $A_2$ 表示。230 ℃ 水平虚线是渗碳体的磁性转变温度线，用 $A_0$ 表示。

> **小资料**
>
> 铁碳合金相图中的特性线如表 4-3 所示。
>
> 表 4-3 铁碳合金相图中的特性线
>
> | 特性线 | 特性线的含义 |
> | --- | --- |
> | ACD | 液相线 |
> | AECF | 固相线 |
> | ECF | $L_{4.3} \rightarrow A_{2.11} + Fe_3C$，共晶转变线，1 148 ℃ |
> | PSK | $A_{0.77} \rightarrow F_{0.021\,8} + Fe_3C$，共析转变线（$A_1$ 线），727 ℃ |
> | GS | 冷却时奥氏体向铁素体转变开始温度线（$A_3$ 线） |
> | ES | 碳在奥氏体中的溶解度曲线（$A_{cm}$ 线） |
> | PQ | 碳在铁素体中的溶解度曲线 |
> | MO | 铁素体的磁性转变温度线（$A_2$ 线），770 ℃ |
> | 230 ℃ 水平虚线 | 渗碳体的磁性转变温度线（$A_0$ 线） |
>
> 在上述铁碳合金的基本组织中，铁素体、奥氏体为固溶体，渗碳体为化合物，这三者为基本相，也可称为单相组织；而珠光体与莱氏体则不是相，是由基本相混合组成的不同状态的组织。在后面的热处理部分将陆续学习到的马氏体、索氏体、托氏体等也都属于组织，而不是相。

## 4.2.3 相区

简化后的 Fe-$Fe_3C$ 相图中有四个单相区：ACD 以上——液相区（L）；AESG——奥氏体相区（A）；GPQ——铁素体相区（F）；DFK——渗碳体（$Fe_3C$）相区。

相图中有五个两相区，这些两相区分别存在于相邻的两个单相区之间，它们是 L+A、L+$Fe_3C$、A+F、A+$Fe_3C$、F+$Fe_3C$。

此外，相图中共晶转变线 ECF 及共析转变线 PSK 可分别看作三相共存的"特区"。

简化后的 Fe-$Fe_3C$ 相图中各相区的相组分如表 4-4 所示。

表4-4 简化后的$Fe-Fe_3C$相图中各相区的相组分

| 相区范围 | 相组分 | 相区范围 | 相组分 |
| --- | --- | --- | --- |
| ACD 以上 | L | GSP | A+F |
| AESG | A | ESKF | $A+Fe_3C$ |
| GPQ | F | PSK 以下 | $F+Fe_3C$ |
| AECA | L+A | ECF | $L+A+Fe_3C$ |
| DCFD | $L+Fe_3C$ | PSK | $A+F+Fe_3C$ |

**【试一试】**

在互联网上搜索"铁碳相图版青花瓷",或者选一首你最喜欢或熟悉的歌曲,将歌词改为以铁碳相图为主题的内容,借助歌曲理解和掌握铁碳相图的内容。

**小资料**

在实际生产生活中,常有"生铁"和"熟铁"的习惯叫法,那么二者有什么不同呢?生铁和熟铁都是铁碳合金,其区别在于碳的质量分数不同,$w_C<0.2\%$的称为熟铁,$w_C>2.11\%$的称为生铁。

## 4.3 典型铁碳合金的结晶过程及组织

**情景导入**

铁碳合金中碳的质量分数决定了其组织,而组织又决定了其性能。因此,对铁碳合金进行金相分析,是研究其成分和性能的重要方法。那么,铁碳合金的组织是怎样形成的?有什么特点?又有什么样的变化规律呢?

根据碳含量及室温组织的不同,铁碳合金可分为工业纯铁、钢和白口铸铁三类,如表4-5所示。

表4-5 铁碳合金碳含量及室温组织表

| 合金类别 | 工业纯铁 | 钢 | | | 白口铸铁 | | |
| --- | --- | --- | --- | --- | --- | --- | --- |
| | | 亚共析钢 | 共析钢 | 过共析钢 | 亚共晶白口铸铁 | 共晶白口铸铁 | 过共晶白口铸铁 |
| 碳的质量分数/% | ≤0.0218 | 0.0218~0.77 | 0.77 | 0.77~2.11 | 2.11~4.3 | 4.3 | 4.3~6.69 |
| 室温组织 | F | F+P | P | $P+Fe_3C_{II}$ | $P+Fe_3C_{II}+L_d'$ | $L_d'$ | $L_d'+Fe_3C_I$ |
| | 铁素体 | 铁素体和珠光体 | 珠光体 | 珠光体和二次渗碳体 | 珠光体、二次渗碳体和低温莱氏体 | 低温莱氏体 | 低温莱氏体和一次渗碳体 |

下面分别对典型铁碳合金在相图中的结晶过程及室温组织转变过程进行分析,图4-7所示为典型铁碳合金在相图中的位置。

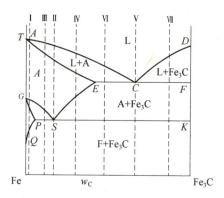

图4-7 典型铁碳合金在相图中的位置

## 4.3.1 工业纯铁

以碳的质量分数$w_C$=0.010%的合金Ⅰ(工业纯铁)为例分析其平衡结晶过程,如图4-8所示。

合金在1点以上全部为液相(L),当冷却至1点温度时,开始从液相中结晶出奥氏体(A),随温度的下降,析出的奥氏体量逐渐增多,其成分沿$AE$线变化,而剩余液相逐渐减少且成分沿$AC$线变化。当缓慢冷却至2点温度时,液相全部结晶为奥氏体。2~3点温度范围内为单一的奥氏体。当缓慢冷却至3点温度时,开始发生同素异构转变γ→α,从奥氏体中析出铁素体,随温度降低,铁素体量不断增多。当温度达到4点时,奥氏体全部转变为铁素体。铁素体冷却到5点时,铁素体中的溶碳量达到饱和。温度冷却到5点以下时,将从铁素体中析出$Fe_3C_Ⅲ$。在缓慢冷却的条件下,这种渗碳体常沿铁素体晶界呈片状析出。因此,工业纯铁的室温平衡组织为铁素体和沿铁素体晶界分布的片状三次渗碳体($F+Fe_3C_Ⅲ$)。图4-9所示为工业纯铁的显微组织,图中晶界处有极少量的$Fe_3C_Ⅲ$。

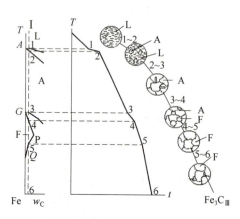

图4-8 工业纯铁平衡结晶过程示意

图4-9 工业纯铁的显微组织

## 4.3.2 共析钢

合金Ⅱ为共析钢（$w_C = 0.77\%$），其平衡结晶过程及组织转变如图4-10所示。在3（S）点以上，共析钢的结晶过程与工业纯铁相同，其组织为单一的奥氏体。当继续冷却至S点时（727 ℃），发生共析转变，由奥氏体同时结晶出成分为P点的铁素体和成分为K点的共析渗碳体，即珠光体（交替重叠的层片状两相组织）。温度继续下降，铁素体成分将沿PQ线变化，析出极少量的三次渗碳体（$Fe_3C_{Ⅲ}$），并且依附于共析渗碳体长大，其对钢的影响不大，可以忽略不计。3点以下直至室温，其组织均为珠光体。珠光体是铁碳合金中的重要组织，其性能介于铁素体与渗碳体之间，强韧性较好。珠光体中的渗碳体在球化退火条件下也可呈粒状，这种珠光体称为粒状珠光体。

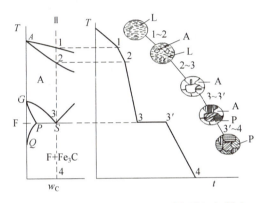

图4-10　共析钢的平衡结晶过程及组织转变

## 4.3.3 亚共析钢

以$w_C = 0.45\%$合金Ⅲ（亚共析钢）为例分析其平衡结晶过程及组织转变，如图4-11所示。

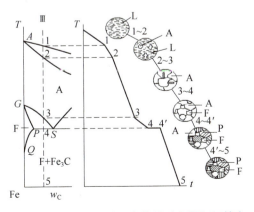

图4-11　亚共析钢的平衡结晶过程及组织转变

合金Ⅲ在3点以上的冷却过程与共析钢相似。当冷却至3点时，开始在奥氏体晶界上析出铁素体（称为先共析铁素体），随着温度下降，铁素体量不断增多，其成分沿 GP 线变化，而奥氏体量逐渐减少，其成分沿 GS 线向共析成分接近。当缓慢冷却至 PSK 线的4点时，剩余的奥氏体发生共析转变（$w_C = 0.77\%$），变成珠光体。此时，钢的组织由先共析铁素体和珠光体组成。温度继续下降，先共析铁素体中析出三次渗碳体，但其数量极少，可忽略不计。因此，亚共析钢室温组织仍是铁素体与珠光体。

所有亚共析钢的结晶过程都与合金Ⅲ相似，其室温组织都是铁素体与珠光体。但随碳含量的增加，铁素体量逐渐减少，珠光体量逐渐增多，如图4-12所示。

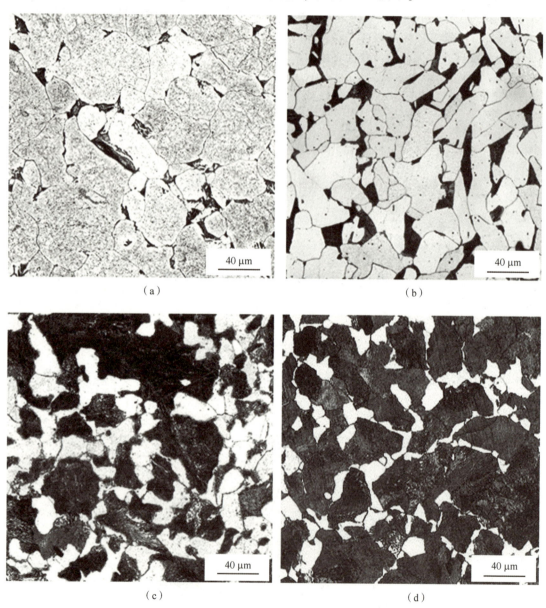

图4-12　不同成分亚共析钢的室温平衡组织

(a) $w_C = 0.08\%$；(b) $w_C = 0.20\%$；(c) $w_C = 0.45\%$；(d) $w_C = 0.65\%$

## 4.3.4 过共析钢

图4-7中的合金Ⅳ为$w_C=1.2\%$的过共析钢,其平衡结晶过程及组织转变如图4-13所示。

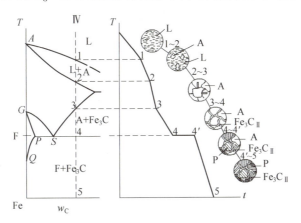

**图4-13 过共析钢的平衡结晶过程及组织转变**

过共析钢开始阶段的结晶过程与合金Ⅱ、Ⅲ相似。当温度降至3点时,随着温度的下降,碳在奥氏体中的溶解度下降,将沿着奥氏体晶界析出二次渗碳体($Fe_3C_Ⅱ$),以网状形式分布于奥氏体晶界处。温度继续下降,二次渗碳体不断增多,而奥氏体量逐渐减少,其成分沿$ES$线向共析成分接近。当温度降至$PSK$线(727℃)的4点时,达到共析成分($w_C=0.77\%$)的剩余奥氏体发生共析转变,转变为珠光体。温度再继续下降,其组织基本不发生变化,故其室温组织是珠光体与网状二次渗碳体。

$w_C=1.2\%$的过共析钢的显微组织如图4-14所示,图中呈黑白相间的片状组织为珠光体,白色网状组织为二次渗碳体。二次渗碳体以网状分布在晶界上,将明显降低钢的强度和韧性。因此,在使用过共析钢之前,应采用热处理方法消除网状二次渗碳体。

**图4-14 $w_C=1.2\%$的过共析钢的显微组织**

所有过共析钢的冷却过程都与合金Ⅳ相似,其室温组织是珠光体与网状二次渗碳体。但随碳含量的增加,珠光体量逐渐减少,二次渗碳体量逐渐增多。当碳的质量分数达到2.11%时,二次渗碳体量达到最大值,其相对量为22.6%。

### 4.3.5 共晶白口铸铁

图4-7中的合金Ⅴ为$w_C = 4.3\%$的共晶白口铸铁,其平衡结晶过程及组织转变如图4-15所示。

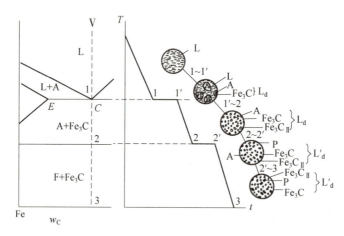

图4-15 共晶白口铸铁的平衡结晶过程及组织转变

合金Ⅴ沿合金线自高温缓慢冷却时,温度在1点以上时全部为液相(L),当缓慢冷却至1点(C点)温度(1 148 ℃)时,发生共晶转变,同时结晶出成分为E点的奥氏体和成分为F点的渗碳体,此时组织以共晶渗碳体为基体,上面分布着奥氏体,称之为高温莱氏体$L_d$。继续冷却,共晶渗碳体不发生变化,从共晶奥氏体中不断析出二次渗碳体($Fe_3C_Ⅱ$),二次渗碳体量不断增多,而共晶奥氏体的含碳量沿ES线逐渐减少,其成分向共析成分接近。当冷却至2点(727 ℃)时,达到共析成分($w_C = 0.77\%$)的剩余共晶奥氏体发生共析反应,转变为珠光体。莱氏体的分布状态不变,但莱氏体的组成变为珠光体和渗碳体,这种组织称为低温莱氏体或变态莱氏体,用符号$L'_d$表示。继续冷却至2点以下,组织不再发生变化。因此,共晶白口铸铁的室温组织是低温莱氏体,如图4-16所示,图中黑色麻点和黑色条状物为珠光体,白色基体为渗碳体(二次渗碳体依附于共晶渗碳体上,在显微镜上分辨不出来)。因为渗碳体是低温莱氏体的基体相,所以低温莱氏体的硬度高但塑性很差。

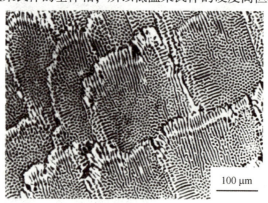

图4-16 共晶白口铸铁的室温平衡组织

## 4.3.6 亚共晶白口铸铁

图 4-7 中的合金 Ⅵ 为 $w_C = 3.0\%$ 的亚共晶白口铸铁,其平衡结晶过程及组织转变如图 4-17 所示。

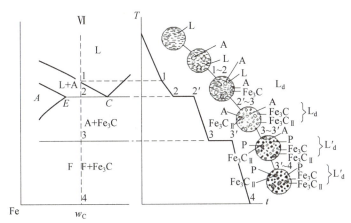

图 4-17 亚共晶白口铸铁的平衡结晶过程及组织转变

该合金温度在 1 点以上时全部为液相（L），温度缓慢冷却至 1 点时，从液相中开始结晶出初生奥氏体。随温度的继续下降，不断有树枝状奥氏体析出，奥氏体量逐渐增多，其成分沿 $AE$ 线变化，而剩余液相逐渐减少，其成分沿 $AC$ 线变化，向共晶成分接近。当冷却至 2 点温度（1 148 ℃）时，剩余液相成分达到共晶成分（$w_C = 4.3\%$）而发生共晶转变，形成高温莱氏体 $L_d$，此时组织为树枝状奥氏体和高温莱氏体。继续冷却，奥氏体中开始析出二次渗碳体（$Fe_3C_{II}$），其成分沿 $ES$ 线向共析成分接近。随温度降低，二次渗碳体量不断增多，而共晶奥氏体量逐渐减少。当冷却至 3 点时，达到共析成分（$w_C = 0.77\%$）的奥氏体发生共析反应，转变为珠光体。因此，亚共晶白口铸铁的室温组织是由珠光体、二次渗碳体和低温莱氏体组成，其显微组织如图 4-18 所示，图中呈树枝状分布的黑色块是由初生奥氏体转变成的珠光体，黑白相间的基体为低温莱氏体，珠光体周围的白色网状物为二次渗碳体。

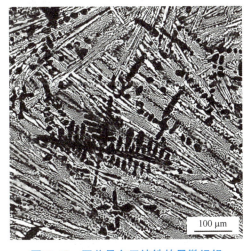

图 4-18 亚共晶白口铸铁的显微组织

所有亚共晶白口铸铁的冷却过程都与合金Ⅵ相似，其室温组织都是珠光体、二次渗碳体和低温莱氏体。但随碳含量的增加，低温莱氏体量逐渐增多，其他量逐渐减少。

### 4.3.7 过共晶白口铸铁

图4-7中的合金Ⅶ为 $w_C = 5.0\%$ 的过共晶白口铸铁，其平衡结晶过程及组织转变如图4-19所示。

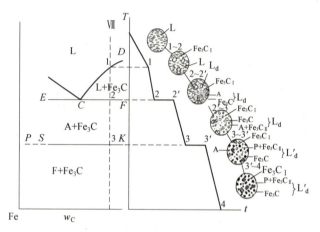

图4-19 过共晶白口铸铁的平衡结晶过程及组织转变

该合金温度在1点以上时全部为液相（L），温度缓慢冷却至1点时，从液相中开始结晶出板条状的一次渗碳体，此一次渗碳体将保留至室温。在1~2点继续缓慢冷却，一次渗碳体量逐渐增多，剩余液相逐渐减少，其成分沿 $DC$ 线变化，向共晶成分接近。当继续冷却至2点温度（1 148 ℃）时，剩余液相成分达到共晶成分而发生共晶转变，形成高温莱氏体 $L_d$，再继续冷却至727 ℃时，发生共析转变，形成低温莱氏体 $L'_d$。因此，其室温组织是低温莱氏体 $L'_d$ 和一次渗碳体，其显微组织如图4-20所示，图中白色条状物为一次渗碳体，黑白相间的基体为低温莱氏体。所有过共晶白口铸铁的冷却过程都与合金Ⅶ相似，其室温组织是低温莱氏体 $L'_d$ 和一次渗碳体。但随碳含量的增加，一次渗碳体量逐渐增多，低温莱氏体 $L'_d$ 量逐渐减少。

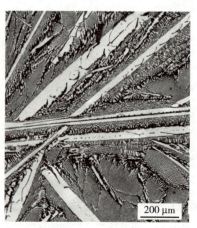

图4-20 过共晶白口铸铁的显微组织

铁碳合金的平衡组织力学性能如表4-6所示。

表4-6 铁碳合金的平衡组织力学性能

| 平衡组织 | 力学性能特点 |
|---|---|
| 铁素体 | 软韧相,强度、硬度较低,塑性、韧性较好。$R_m = 230$ MPa,$A = 50\%$,硬度为$50 \sim 80$ HBS |
| 奥氏体 | 硬度不高,易于塑性变形。$R_m = 400 \sim 800$ MPa,$A = 40\% \sim 50\%$,硬度为$170 \sim 220$ HBS |
| 渗碳体 | 硬脆相,硬度达800 HBW,脆性大,韧性和塑性几乎为0 |
| 珠光体 | 强度、硬度较高,塑性、韧性较低。$R_m = 750 \sim 900$ MPa,$A = 20\% \sim 25\%$,$\alpha_K = 24 \sim 32$ J/cm$^2$,硬度为$180 \sim 280$ HBS |
| 莱氏体 | 硬度很高,脆性大 |

若将上述典型铁碳合金结晶过程中的组织变化填入相图,则得到按组织组分填写的铁碳合金相图,如图4-21所示。

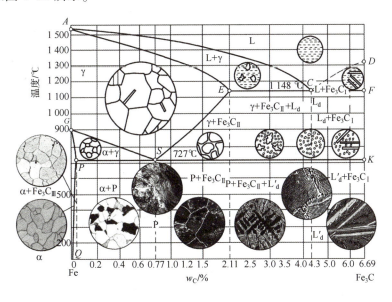

图4-21 按组织组分填写的铁碳合金相图

## 4.4 铁碳合金相图的应用

**情景导入**

日常生活中常用的金属物品哪些使用钢?哪些使用铸铁?依据是什么呢?

### 4.4.1 含碳量对平衡组织的影响

通过对典型铁碳合金的结晶过程分析可知,随着含碳量的增加,铁碳合金的室温组织的变化顺序如下：

$$F \to F+P \to P \to P+ Fe_3C_{II} \to P+ Fe_3C_{II} +L'_d \to L'_d \to L'_d+Fe_3C_I \to Fe_3C_I$$

珠光体是铁素体和渗碳体的机械混合物，低温莱氏体是珠光体、渗碳体的混合物。珠光体和低温莱氏体的组成都是铁素体和渗碳体，虽然不同成分的铁碳合金的室温组织不同，但这些室温组织都是由铁素体和渗碳体这两个基本相所组成的。只不过随着含碳量的增加，铁素体的相对含量逐渐减少，渗碳体的相对含量逐渐增多，同时渗碳体的形态、大小和分布也有所不同，致使不同成分铁碳合金的室温组织及性能也不同。例如：低温莱氏体中共晶渗碳体的形状和大小都比珠光体中的渗碳体要粗大得多。

铁碳合金相图表明了铁碳合金的成分、温度、组织之间的相互关系及变化规律。在一定温度下，铁碳合金的成分决定了合金的组织，从而决定了平衡条件下合金的性能。因此，含碳量对铁碳合金的组织和性能有着重大的影响。随着含碳量的增加，铁碳合金在室温时的显微组织有明显不同，各组织的相对数量也随之变化。铁碳合金组织与含碳量存在一定对应关系，如图 4-22 所示。

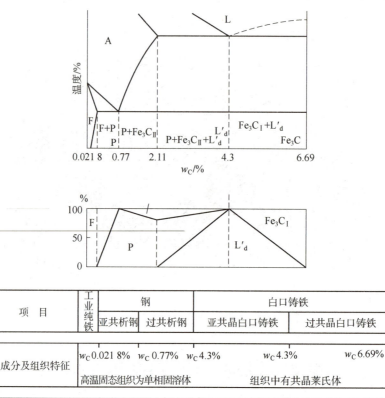

图 4-22 铁碳合金的组织与成分的关系

## 4.4.2 含碳量对力学性能的影响

含碳量对铁碳合金力学性能的影响如图 4-23 所示。随着含碳量的增加，铁素体的相对含量逐渐减少，渗碳体的相对含量逐渐增多。铁素体是软韧相（强、硬度低，塑性好），而渗碳体是硬脆相（硬度和脆性大，耐磨性好），渗碳体以细片状分散地分布在铁素体的基体上，在组成珠光体时起了强化作用，因此珠光体有较高的强度和硬度。而当渗碳体以网状分布在晶界时，会削弱珠光体组织之间的联系，使塑性、韧性急剧下降，强度也随之降低。

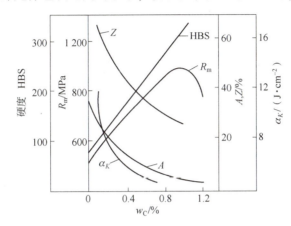

图 4-23　含碳量对铁碳合金力学性能的影响

铁碳合金的强度主要取决于珠光体的含量。合金中的珠光体量越多，其强度与硬度越高，而塑性、韧性越低。

在工业纯铁中，碳的质量分数小于 0.021 8%，其组织全部或大部分为铁素体，强度低，工业上很少使用。

在亚共析钢中，随着碳含量的增加，珠光体逐渐增多，强度、硬度升高，而塑性、韧性下降。当含碳量达到 0.77% 时，组织的性能完全为珠光体的性能。在过共析钢中，当含碳量接近 0.9% 时，强度达到最大，随着含碳量继续增加，析出脆性的二次渗碳体使钢的强度和韧性降低。

硬度对组织或组成相的形态不十分敏感，其大小主要取决于组成相的数量和硬度。因此，随着含碳量的增加，渗碳体增多，铁素体减少，故铁碳合金的硬度升高，塑性下降。

而冲击韧性对组织十分敏感。随着含碳量的增加，脆性的渗碳体增多，当析出网状的二次渗碳体时，韧性急剧下降。总体来看，韧性比塑性下降得快。

为了保证工业用钢具有足够的强度、塑性和韧性，合金中渗碳体相的数量不应过多，碳钢的含碳量一般不超过 1.3%。

## 4.4.3 铁碳合金相图的应用

铁碳合金相图反映了平衡状态下合金的不同成分、温度、组织与性能之间的变化规律，因此，铁碳合金相图在实际生产中具有重要的指导意义，主要为钢铁材料的选用和热加工工艺的制订（铸、锻、焊、热处理等）提供重要的理论依据。

**1. 在选材方面的应用**

在设计和生产中，通常需要根据机器或工程构件的不同性能要求选择钢材（钢号）。根据铁碳合金相图可知，铁碳合金随着碳含量的不同，其平衡组织不同，从而导致其力学性能也不同。

纯铁的强度低，不适合用来作结构材料，可作软材料使用，如用作电磁铁的铁芯等。一般来说，大多数机件和工程构件主要选用低碳钢和中碳钢，低碳钢（$w_C<0.25\%$）通常用于要求塑性、韧性好而强度不高的机件；中碳钢（$w_C=0.25\%\sim0.60\%$）通常用于要求强度、硬度、塑性和韧性都较高的机件，还可以通过热处理进一步提高其性能；高碳钢（$w_C>0.60\%$）通常用于制造硬度较高、耐磨性较好的各种工具钢。

白口铸铁（$w_C>2.11\%$）因组织中含有大量硬而脆的渗碳体，具有很高的硬度和脆性，故难以切削加工，也不能锻造，应用较少。但白口铸铁具有优良的耐磨性和铸造性，适合用来制作要求耐磨、不受冲击、形状复杂的铸件，如货车轮、球磨机的磨球、冷轧辊、拔丝模等。

**2. 在热加工方面的应用**

（1）在铸造方面的应用

在铸造生产中，接近共晶成分的铸铁得到了广泛的应用。根据铁碳合金相图，可以找出不同成分的钢铁的熔点，为铸造工艺提供基本数据，以便确定合金的浇注温度，浇注温度通常在液相线以上 50~100 ℃ 范围内。

金属的流动性、收缩性及偏析倾向等铸造性能也与含碳量有关。其中，含碳量对流动性的影响最大。随着含碳量的增加，钢的结晶温度间隔增大，流动性应该变差。但随着含碳量的增加，液相线温度降低，所以当浇注温度相同时，含碳量高的钢，其钢液温度与液相线温度之差较大，即过热度较大，对钢液的流动性有利。总的来说，钢液的流动性随含碳量的增加而提高。浇注温度越高，流动性越好。

亚共晶白口铸铁随着含碳量的增加，结晶温度间隔缩小，流动性提高。过共晶白口铸铁随着含碳量的增加，流动性变差。共晶白口铸铁的结晶温度是最低的（1 148 ℃），并且是在恒温下凝固，流动性最好，分散缩孔小，偏析小，即铸造性最好。

碳钢也可以铸造，但其熔点高、结晶温度范围大，且在结晶过程中容易形成树枝晶，阻碍后续液体流动，使流动性变差，容易形成分散缩孔和偏析，导致铸造性变差。含碳量为 0.15%~0.6% 的铸钢，其凝固温度区间较小，铸造性较好。总的来说，铸钢在熔炼和铸造工艺方面比铸铁复杂。

（2）在热锻、热轧方面的应用

含碳量也影响钢的可锻性。低碳钢的可锻性较好，随着含碳量的增加，可锻性逐渐变差。此外，单相合金比多相合金具有更佳的压力加工性能，这是因为多相合金中各相的晶体结构和位向不同，加上晶界的作用，使变形抗力提高。

钢的室温组织是由铁素体和渗碳体两相组成的混合物，其塑性较差，变形困难。碳钢的高温区是单相奥氏体时，具有较低的硬度、较好的塑性和较小的变形抗力，易于成型。因此，碳钢的轧制或锻造等热压力加工温度通常选在相图中的高温奥氏体区，如图 4-24 所示。但是，开始轧制或锻造的温度不能过高，以免钢材氧化严重导致脱碳，甚至发生奥氏体晶界部分熔化的现象，使工件报废；而终止轧制或锻造的温度也不能过低，以免产生裂纹。

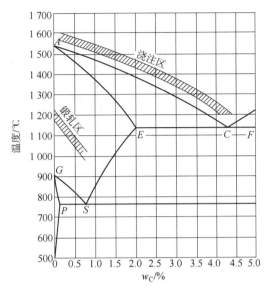

图 4-24 Fe-Fe₃C 相图与铸、锻工艺的关系

白口铸铁无论在低温还是高温，其组织中都有硬而脆的渗碳体组织，所以不能锻造。

(3) 在焊接方面的应用

铁碳合金相图也可以为焊接及焊后热处理工艺提供依据。随着含碳量的增加，硬而脆的渗碳体量逐渐增多，导致合金的脆性增加，塑性下降，焊接性下降，即焊接性随着含碳量的升高而下降。因此，低碳钢的焊接性较好，铸铁的焊接性较差。

另外，在焊接过程中，高温熔融的焊缝与母材各区域的距离不同，导致各个区域受到焊缝热影响的程度不同。我们可以根据铁碳合金相图来分析不同温度的各个区域在随后的冷却过程中，可能会出现的组织和性能变化情况，进而采取措施保证焊接质量。此外，一些焊接缺陷往往采用焊后热处理的方法来改善。

(4) 在切削加工方面的应用

钢的含碳量对切削加工性能有一定的影响。

低碳钢（$w_C$<0.25%）中的铁素体较多，硬度低，塑性和韧性好，切削加工时产生的切削热较大，容易粘刀，且不易断屑和排屑，影响表面粗糙度，故可加工性较差。高碳钢（$w_C$>0.60%）中渗碳体较多，硬度较高，磨损刀具严重，切削加工性能也差。中碳钢（$w_C$=0.25%~0.60%）中的铁素体与渗碳体的比例适当，硬度和塑性也比较适中，其切削加工性能较好。

一般认为，钢的硬度大致为 250 HBW 时切削加工性能较好。另外，钢的可加工性可通过热处理方法进行调整，相关内容将在本书第 5 章中进行介绍。

(5) 在热处理方面的应用

热处理是通过加热、保温和冷却过程来改善和提高钢材性能的一种工艺方法。根据铁碳合金相图，我们可以知道哪种成分的铁碳合金可以进行热处理，可以确定各种热处理操作（退火、正火、淬火等）的加热温度。

必须说明的是,铁碳合金相图是在非常缓慢的加热和冷却条件下测定的,是接近平衡状态的结果。实际使用铁碳合金相图时,要考虑多种合金元素、杂质及在生产中实际的冷却和加热速度较快时的影响,因此需要同时借助其他理论知识和相关手册。热处理与 Fe-Fe$_3$C 相图的关系及相关知识将在后续章节(第5章)中学习。

合金钢是在普通碳素钢基础上添加适量的一种或多种合金元素而构成的铁碳合金。根据添加元素的不同,并采取适当的加工工艺,可获得高强度、高韧性、耐磨、耐腐蚀、耐低温、耐高温、无磁性等材料,如不锈钢。因此,只要考虑到合金元素对铁碳合金相图的影响规律,就可以扩大铁碳合金相图的应用范围。

## 本章小结

1. 钢和铸铁广泛应用在工业上,所以铁碳合金相图是最重要的二元合金相图,本章内容也是"金属材料及热处理"课程的重点,更是学习后续其他专业课程的基础。

2. 铁碳合金中的基本组成相有铁素体、奥氏体、渗碳体;基本组织有铁素体、珠光体和莱氏体。

3. 默画 Fe-Fe$_3$C 相图,并理解图中点、线、区的含义。

4. 不同成分的铁碳合金结晶过程不同,室温平衡组织也不同。总结典型成分铁碳合金的平衡组织相,以及三种钢室温平衡组织的特点。

5. 铁碳合金的组织和性能与成分的密切关系,钢的力学性能与其成分、组织的关系。

练习题

参考答案

# 第 5 章 钢的热处理

**【知识目标】**

1. 掌握金属材料热处理的基本概念。
2. 掌握钢的加热转变和冷却转变的基本类型及其组织转变过程。
3. 掌握常用热处理工艺及其应用。

**【能力目标】**

1. 在教师指导下，能正确使用热处理设备。
2. 在教师指导下，能正确完成热处理试验。
3. 在教师指导下，能正确观察和分析金属试样热处理后的显微组织。

## 5.1 概 述

**情景导入**

> 中国第一艘航母辽宁舰从一堆废铁到国之利器的过程中，用到了许多金属材料，其中航母甲板对钢材的要求非常高，既要有高强度，经受得住大型舰载机着舰时的冲击，还要有很高的韧性。什么是甲板钢？美国和俄罗斯为什么拒绝与我们分享这一技术？在中国，甲板钢是怎样生产出来的？

金属材料一直是工程结构材料的主体，但是随着材料科学与技术的不断发展，金属材料在工程领域的主体地位正面临着严峻的挑战。如何通过新的原理和技术进一步实现金属材料的强化，同时又能使其不损失或少损失塑性和韧性，是金属材料热处理原理和工艺研究的重要课题。

热处理是一种重要的金属热加工工艺，是指通过加热、保温和冷却固态金属的方法来改变其内部组织结构，以获得所需性能的工艺。热处理工艺曲线如图 5-1 所示。

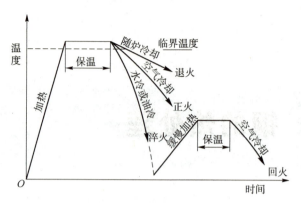

图 5-1 热处理工艺曲线

热处理不仅可以改善组织、大幅度提高金属材料的力学性能、充分发挥材料性能的潜力、提高或改善工件的使用性能和加工工艺性，而且能提高加工质量、延长零件的使用寿命、节约材料、降低成本等。

工业用的大多数零件和工程构件，都需要通过热处理来提高质量和性能。据统计，60%～70%的机床工业零件，70%～80%的汽车、拖拉机零件要经过热处理，100%的工具、模具和滚动轴承要进行热处理。总之，重要零件都需进行适当热处理后才能使用。

与铸、锻、焊及切削等加工工艺相比，热处理不改变工件的形状和尺寸，而是通过改变工件内部的组织，或者改变工件表面的化学成分及组织，来提高或改善工件的使用性能。只有固态下能够发生相变的金属材料，才能进行热处理。

## 5.2 钢在加热时的组织转变

**情景导入**

对于热处理中的"热"字，顾名思义就是热处理时必须先将工件加热！那么，为什么要加热？用什么方式加热？加热到多少摄氏度合适呢？

钢的热处理原理主要是研究钢在加热、保温和冷却过程中发生了哪些组织转变，转变规律是什么，以及这些组织对性能有什么影响。

### 5.2.1 加热目的与临界温度

加热是各种热处理的第一道工序，在多数情况下，热处理需要先加热到临界点以上温度得到全部或部分奥氏体组织（称为奥氏体化），然后采用适当的冷却方法，使奥氏体组织发生转变，从而使钢获得所需要的组织和性能。

热处理时，钢的加热过程就是奥氏体化过程。钢热处理后的组织和性能，除了受冷却条件影响外，还与加热时所形成的奥氏体成分、均匀程度及其晶粒度有关。

钢奥氏体化时应加热到多少摄氏度？由铁碳相图可知，$A_1$（$PSK$ 线）、$A_3$（$GS$ 线）、$A_{cm}$（$ES$ 线）是钢在平衡状态下发生组织转变的临界点。而在实际生产中，加热速度和冷却速度比较快，相变是在不平衡条件下进行的，其相变点与相图中的相变温度有一定的偏移，因此临界点也会发生变化。

由于过热和过冷现象的影响，实际加热时相变临界点的温度比平衡状态时要高一些，相对应的临界点分别用 $A_{c1}$、$A_{c3}$、$A_{ccm}$ 表示；实际冷却时相变临界点的温度比平衡状态时温度更低，相对应的临界点分别用 $A_{r1}$、$A_{r3}$、$A_{rcm}$ 表示。加热或冷却速度越快，这种现象越严重。图 5-2 所示为加热和冷却速度对碳钢临界温度的影响。

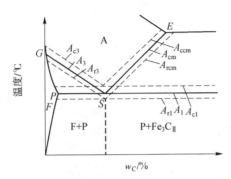

图 5-2　加热和冷却速度对碳钢临界温度的影响

因此，共析钢热处理时奥氏体化的最低温度是 $A_{c1}$，即加热到 $A_{c1}$ 温度以上时，钢的原始组织将转变为奥氏体。亚共析钢的室温组织为铁素体和珠光体，当加热到 $A_{c1}$ 线以上时珠光体转变为奥氏体，还有未转变的铁素体，要获得全部奥氏体组织，必须将亚共析钢加热到 $A_{c3}$ 线以上。过共析钢在室温下的组织为渗碳体和珠光体，当加热到 $A_1$ 线以上时珠光体转变为奥氏体，还有残余渗碳体，要获得全部奥氏体组织，必须加热到 $A_{cm}$ 线以上。

## 5.2.2　加热方法

热处理加热一般是放进热处理炉进行加热，加热方法有很多，最早是采用木炭和煤作为热源，进而应用液体和气体燃料等，利用这些热源可以直接加热，也可以通过熔融的盐或金属，以及浮动粒子进行间接加热。

电加热是最常用的加热方法，因为它的加热温度易于控制，且无环境污染，热利用率高。

金属加热时，工件暴露在空气中，常常发生氧化、脱碳（即钢铁零件表面碳含量降低），这对于热处理后零件的表面性能有很不利的影响。因此，金属应在可控气氛、保护气氛、熔融盐或真空中加热，也可用涂料或包装方法进行保护加热。图 5-3 所示为常用热处理加热设备。

## 5.2.3　奥氏体的形成

奥氏体化也是形核和长大的过程，下面以共析钢为例来说明奥氏体的转变过程。奥氏体

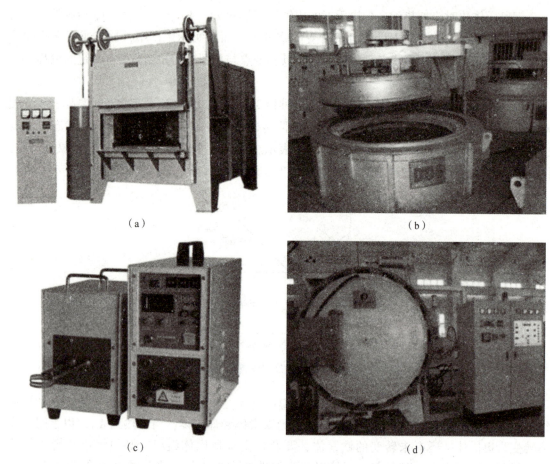

图 5-3　常用热处理加热设备

（a）箱式电阻炉；（b）井式电阻炉；（c）小型高频感应加热装置；（d）真空加热炉

的形成过程一般分为四个阶段：奥氏体的形核、奥氏体的长大、残留渗碳体的溶解和奥氏体成分的均匀化，如图 5-4 所示。

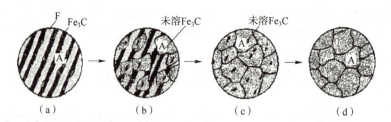

图 5-4　共析钢中奥氏体的形成过程

（a）奥氏体的形核；（b）奥氏体的长大；（c）残留渗碳体的溶解；（d）奥氏体成分的均匀化

### 1. 奥氏体的形核

共析钢室温组织为珠光体（铁素体和渗碳体的机械混合物），加热至 $A_1$ 线以上就可以完全奥氏体化。奥氏体的形成必须有两个过程：晶格（铁素体和渗碳体）的改组和铁、碳原子的扩散。

形核需要一定的成分起伏、结构起伏、能量起伏。相界面处碳浓度处于铁素体和渗碳体的过渡处，浓度起伏较大；同时，相界面处的原子是以铁素体和渗碳体两种晶格的过渡结构排列的；此外，相界面处位错密度较高、晶格畸变大，处于能量较高的状态，所以奥氏体优先在铁素体和渗碳体的相界面上形核。

#### 2. 奥氏体的长大

形核后，奥氏体便开始长大，奥氏体的相界面向着铁素体和渗碳体这两个方向同时推移而长大。长大过程主要是依靠铁、碳原子的扩散使铁素体不断地向奥氏体转变，渗碳体不断溶入奥氏体进行的。

#### 3. 残留渗碳体的溶解

由于渗碳体的晶体结构和质量分数与奥氏体差别较大，渗碳体向奥氏体中溶解的速度比铁素体向奥氏体转变的速度要慢。当铁素体向奥氏体同素异构转变完成后，还有部分渗碳体尚未溶解，因此还需要一段时间继续向奥氏体溶解，直至全部渗碳体溶解完成。

#### 4. 奥氏体成分的均匀化

当残留渗碳体全部溶解完时，奥氏体的成分是不均匀的。原铁素体存在的地方比原渗碳体存在的地方含碳量低，需要继续经过足够长的保温时间，使碳原子充分扩散形成均匀的奥氏体。

### 5.2.4 奥氏体晶粒度及其控制

钢中奥氏体的晶粒大小将直接影响热处理冷却后的组织和性能。如果奥氏体晶粒粗大，则其转变产物的晶粒也会粗大，使热处理后钢的强度与韧性降低，并容易导致工件的变形和开裂。因此，热处理加热时总希望得到细小均匀的奥氏体晶粒。

#### 1. 奥氏体晶粒大小的表示方法

奥氏体晶粒大小的表示方法有三种，即晶粒的平均直径（$d$）、单位面积内的晶粒数目（$n$）和晶粒度等级（$N$）。

按照国家标准，钢的奥氏体晶粒度分为 8 级，其中 1~4 级为粗晶粒，5~8 级为细晶粒，超过 8 级为超细晶粒。它是将在一定加热条件下获得的奥氏体晶粒放大 100 倍后与标准晶粒度图比较得到的，如图 5-5 所示。

晶粒度等级（$N$）与晶粒数目有如下关系：

$$n = 2^{N-1}$$

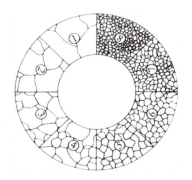

图 5-5 奥氏体标准晶粒度

式中，$n$ 表示放大 100 倍时，1 in² （6.45 cm²）上的晶粒数。$n$ 越大，晶粒越细，晶粒度等级越高。

#### 2. 奥氏体晶粒大小的控制

1）合理制订加热规范。加热温度越高、保温时间越长，奥氏体晶粒越粗大。因此，为了获得细小的奥氏体晶粒，热处理时必须制订合理的加热规范，如在保证奥氏体成分均匀的情况下，选择尽量低的奥氏体化温度；或者快速加热到较高的温度，经短暂保温形成奥氏体，使其来不及长大而冷却得到细小的晶粒。

2）选择奥氏体晶粒长大倾向小的钢种。钢中加入钛、钒、铌、锆、铝等元素时，在热处理加热时奥氏体晶粒的长大倾向小，有利于得到细小的奥氏体晶粒。因为这些元素在钢中可以与碳、氮形成碳化物、氮化物，弥散分布在晶界上，能阻碍晶粒长大，而锰（中碳时）和磷会促进晶粒长大。

> **小资料**
>
> 在实际生产中，常以一定的加热速度将工件连续加热到 $A_{c1}$ 温度以上，并保温一定时间。保温的目的是使工件受热均匀、奥氏体转变充分，并防止出现氧化、脱碳等。保温时间与介质的选择、工件材质和尺寸有直接关系。一般，工件越大，导热性越差，保温时间越长。

## 5.3 过冷奥氏体等温冷却转变

> **情景导入**
>
> 钢加热是为了获得细小、均匀的奥氏体，但奥氏体化并不是热处理的最终目的。因为大多数工件都是在室温工作，高温最终要冷却下来，所以冷却是热处理的最终工序。冷却也是热处理的关键工序。

在冷却过程中，奥氏体将发生转变，其转变产物决定了钢热处理后的组织和性能。研究不同冷却条件下钢中奥氏体组织的转变规律，对于正确制订热处理工艺，获得预期的性能具有重要的意义。

钢经过加热获得奥氏体组织后，不同冷却速度可使钢获得不同的力学性能。例如：45钢奥氏体化后，用不同的冷却方式，则转变成了不同的组织产物，如表5-1所示。因此，为了控制钢热处理后的性能，必须研究奥氏体在冷却时的转变规律。

表5-1　45钢加热到840 ℃奥氏体化后，不同冷却速度时的力学性能

| 冷却方式 | 下屈服强度 $R_{eL}$/MPa | 抗拉强度 $R_m$/MPa | 断后伸长率 $A$/% | 断面收缩率 $Z$/% | 硬度 HRC |
| --- | --- | --- | --- | --- | --- |
| 随炉冷却 | 280 | 530 | 32.5 | 49.3 | 15~18 |
| 空冷 | 340 | 670~720 | 15~18 | 45~50 | 18~24 |
| 油冷 | 620 | 900 | 18~20 | 50~55 | 40~50 |
| 水冷 | 720 | 1 100 | 7~8 | 12~14 | 52~60 |

实际热处理的冷却速度大多较快（除了退火），冷却过程为非平衡过程，因此不能根据铁碳合金相图来分析组织转变。其转变产物随转变温度和冷却速度不同而不同，性能也有很大的差别。

常用的冷却方式有两种：等温冷却和连续冷却。等温冷却是将奥氏体化后的钢由高温迅速冷却到临界温度 $A_{r1}$ 以下某一温度，保温一段时间，进行等温转变，然后冷却到室温，如等温退火、等温淬火等，如图 5-6 中的曲线 1 所示。连续冷却是将奥氏体化后的钢，从高温连续冷却到室温，使奥氏体在一个温度范围内发生连续转变，如水冷、油冷、空冷、炉冷等，如图 5-6 中的曲线 2 所示。

在热处理中，需要在等温冷却和连续冷却条件下测绘过冷奥氏体转变图，用以说明过冷奥氏体在不同冷却条件下的转变规律。

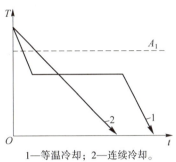

1—等温冷却；2—连续冷却。

图 5-6　两种冷却方式示意

温度在 $A_1$ 线以上时，奥氏体是稳定的。当温度降至 $A_1$ 线以下时，奥氏体处于不稳定状态，经过一定时间的孕育，会发生组织转变。这种在临界点以下尚未转变的、处于不稳定状态的奥氏体称为过冷奥氏体。钢在冷却时的转变实质上是过冷奥氏体的转变。现以共析钢为例研究等温冷却和连续冷却转变曲线。

## 5.3.1　过冷奥氏体的等温冷却转变曲线

过冷奥氏体等温冷却转变曲线是用试验方法测定的，选取一组共析钢制成的薄片试样，将试样加热到 $A_1$ 线以上，保温，待组织全部奥氏体化后，将试样急冷至 $A_1$ 线以下不同温度的恒温盐浴槽中，进行等温组织转变，等温时间不同，转变产物量就不同。一般将奥氏体转变量为 1%～3% 所需的时间定为转变开始时间，而把转变量为 98% 所需的时间定为转变终了时间，如图 5-7 所示。过冷奥氏体等温冷却转变曲线是温度（Temperature）、时间（Time）、转变（Transformation）的曲线，因此称为 TTT 曲线或 TTT 图，因曲线的形状像字母 C，所以又称 C 曲线。

过冷奥氏体的等温冷却转变曲线综合反映了奥氏体急速冷却到临界点 $A_1$ 以下，在不同温度下的保温过程中，转变量与转变时间的关系。图中横坐标表示转变时间，纵坐标表示转变温度。水平虚线 $A_1$ 表示钢的临界点温度（723 ℃），$A_1$ 线以上奥氏体稳定存在，$A_1$ 线以下是不稳定状态的过冷奥氏体。

$M_s$ 线至 $M_f$ 线之间的区域是马氏体转变区，$M_s$ 线是马氏体转变开始温度，$M_f$ 线是马氏体转变终了温度（共析钢为 −50 ℃，图中未画出）。过冷奥氏体冷却至 $M_s$ 线以下将发生马氏体转变。

$A_1$ 线和 $M_s$ 线之间有两条等温冷却转变曲线，左侧曲线是过冷奥氏体的转变开始线，称为转变开始线，右侧曲线是过冷奥氏体的转变终了线称为转变终了线。转变终了线之间的区域为过冷奥氏体转变区，在该区域过冷奥氏体向珠光体或贝氏体转变。转变终了线右侧区域为转变产物区。

从共析钢过冷奥氏体等温冷却转变曲线可明显看出，在 $A_1$ 线以下、$M_s$ 线以上及纵坐标

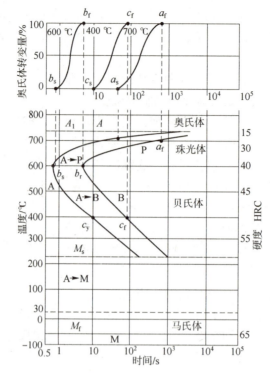

图 5-7 共析钢过冷奥氏体等温冷却转变曲线

与转变开始线之间的区域为过冷奥氏体区，该区域不发生转变，处于亚稳定状态。过冷奥氏体发生转变前所经历的时间称为孕育期。不同的等温温度，孕育期长短也不同，从不足 1 s 至长达几小时。孕育期越长，过冷奥氏体越稳定，反之则越不稳定。

对于共析钢，过冷奥氏体在 550 ℃ 左右孕育期最短，即过冷奥氏体最不稳定，转变速度最快，它是等温冷却转变曲线最突出的部位，称为等温冷却转变曲线的"鼻尖"，"鼻尖"位置对钢的热处理工艺性能有重要影响。在高于或低于"鼻尖"温度时，孕育期变长，即过冷奥氏体的稳定性增加，转变速度较慢。转变终了线与纵坐标之间的水平距离则表示在不同温度下转变完成所需要的总时间。

> **小资料**
>
> 含碳量对等温冷却转变曲线是有影响的。正常条件下，当碳的质量分数小于 0.77% 时，随着含碳量的增加，等温冷却转变曲线将右移；当碳的质量分数大于 0.77% 时，随着含碳量的增加，等温冷却转变曲线将左移。故碳钢中以共析钢过冷奥氏体最稳定。
>
> 此外，含碳量还影响等温冷却转变曲线的形状，如图 5-8 所示。从图中可以看出，亚共析钢和过共析钢等温冷却转变曲线"鼻尖"上部区域比共析钢多了一条曲线。这条线表明在"鼻尖"上方，有一部分过冷奥氏体在转变为珠光体之前，已经开始发生相变或析出新相。亚共析钢形成先共析铁素体，过共析钢形成先共析渗碳体。

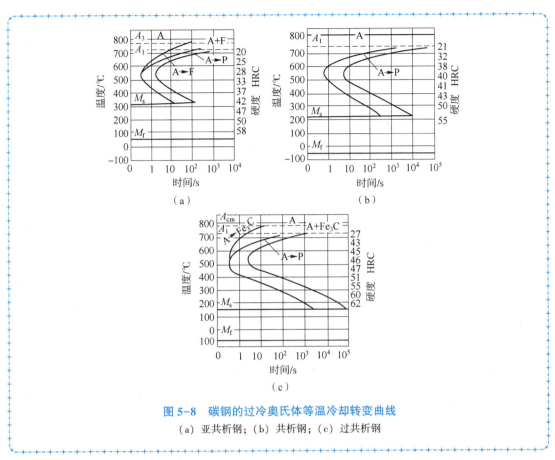

图 5-8 碳钢的过冷奥氏体等温冷却转变曲线
(a) 亚共析钢；(b) 共析钢；(c) 过共析钢

## 5.3.2 过冷奥氏体等温冷却转变产物的组织和性能

在不同的过冷度下，共析钢过冷奥氏体将发生三种不同的转变，即珠光体转变（高温转变）、贝氏体转变（中温转变）和马氏体转变（低温转变），如表 5-2 所示。

表 5-2 共析钢过冷奥氏体的等温冷却转变

| 名称 | 等温冷却转变温度范围 | 组织 | 特点 |
| --- | --- | --- | --- |
| 珠光体转变 | $A_1$ ~ 550 ℃ | 珠光体 | 扩散型相变 |
| 贝氏体转变 | 550 ℃ ~ $M_s$（230 ℃） | 贝氏体 | 半扩散型相变 |
| 马氏体转变 | $M_s$（230 ℃）以下 | 马氏体 | 无扩散型相变 |

**1. 珠光体转变**

共析钢过冷奥氏体在 $A_1$ ~ 550 ℃ 的温度范围内会发生奥氏体向珠光体（用符号 P 表示）的转变，因转变温度较高，故也称高温转变，由于在转变过程中既有碳原子的扩散又有铁原子的扩散，因此又称为全扩散型相变转变。

过冷奥氏体转变为珠光体的过程也是一个形核和长大的过程，形成的珠光体组织是铁素体与渗碳体的机械混合物,渗碳体以层片状分布在铁素体基体上。

珠光体组织的层片间距离会随着等温温度的降低而减小,因此根据层片间距的不同,珠光体又可分为三种,即珠光体、索氏体和托氏体,如表5-3所示。

表5-3 珠光体类型组织的形态和性能

| 组织 | 符号 | 形成温度 | 层片间距/μm | 硬度 HRC |
|---|---|---|---|---|
| 珠光体 | P | $A_1$~650 ℃ | >0.4(较粗) | 5~27 |
| 索氏体 | S | 650~600 ℃ | 0.4~0.2(较细) | 27~33 |
| 托氏体 | T | 600~550 ℃ | <0.2(极细) | 33~43 |

P、S、T三种组织都属于珠光体,其差别只是层片间距大小不同。珠光体层片间距的大小与形成温度密切相关,而层片间距对其性能有很大的影响。等温冷却转变的温度越低,层片间距就越小,而层片间距越小,则相界面越多,珠光体类型组织的强度和硬度越高,塑性、韧性也会有所增加。

**2. 贝氏体转变**

贝氏体型转变温度在等温转变曲线"鼻尖"以下至$M_s$线(550~230 ℃)之间,属于中温转变。贝氏体是由过饱和碳的铁素体与渗碳体所组成的非层片状的机械混合物,用符号B表示。

和珠光体转变不同,由于其转变温度较低,仅有碳原子能进行很小的位移,即短距离的扩散。而铁原子不能发生扩散,奥氏体向铁素体的点阵转变是靠共格切变进行的。这种转变也称为半扩散型相变转变。

根据形成温度区间和组织形态的不同,贝氏体又分为上贝氏体($B_上$)与下贝氏体($B_下$)。

(1)上贝氏体

上贝氏体的形成温度为550~350 ℃,在光镜下呈羽毛状,如图5-9所示。在电镜下为断续的粗条状渗碳体。上贝氏体中铁素体的亚结构是位错,硬度较高,可达40~45 HRC,但由于其铁素体片较粗,因此强度和韧性都较差,容易引起脆断,基本上没有实用价值。

(2)下贝氏体

下贝氏体的形成温度为350 ℃~$M_s$(230 ℃),在光镜下呈黑色针状或竹叶状,如图5-10所示。在电镜下为细片状碳化物,分布于铁素体针上,并与铁素体针长轴方向呈55°~60°。下贝氏体中铁素体的亚结构是位错,其位错密度比上贝氏体中铁素体要高,且铁素体针细小,无方向性,碳过饱和度大,碳化物分布均匀,弥散度大,位错密度高,因此弥散强化和固溶强化使下贝氏体的硬度高(可达50~60 HRC),韧性好,具有比较优良的综合力学性能,是生产中常用的组织。生产中可对中碳合金钢和高碳合金钢采用"等温淬火"获得下贝氏体组织,这是使钢强韧化的有效途径之一。

图5-9 上贝氏体的显微组织

图5-10 下贝氏体的显微组织

### 3. 马氏体转变

奥氏体以较快的速度冷却到 $M_s$ 以下时,将发生马氏体(用符号 M 表示)转变。由于转变温度较低,过冷度很大,铁、碳原子难以扩散,因此又称为无扩散型相变转变。马氏体转变时只发生 γ-Fe→α-Fe 的晶格改组,即奥氏体中的碳全部保留到 α-Fe 中,故马氏体与奥氏体化学成分完全相同,但是晶格结构不同。马氏体是碳在 α-Fe 中的过饱和固溶体,是单相的亚稳定组织。

马氏体的晶体结构仍为体心立方结构,由于过饱和的碳原子的溶入,使其晶格常数为 $a=b\neq c$,即 $c$ 轴伸长,因此马氏体具有体心正方晶格($a=b\neq c$),$c/a$ 称为马氏体的正方度。马氏体中的碳含量越高,其正方度越大,晶格畸变越严重。马氏体转变是强化钢铁材料的重要途径之一。

马氏体常见的组织形态有板条马氏体和片状马氏体两种。

(1) 板条马氏体

板条马氏体在显微镜下为一束平行排列的细板条,条与条之间尺寸大致相同,以这些板条为单元,结合成定向的、平行排列的板条束,一个奥氏体晶粒中可以形成几个不同取向的板条束(通常是3~5个),如图5-11所示。板条内的亚结构主要是高密度的位错,故又称为位错马氏体;其含碳量较低,所以也称低碳马氏体。板条马氏体具有较好的塑性和韧性。

(a)　　　　　　　　　　(b)

图5-11 板条马氏体

(a) 光学显微组织;(b) 结构示意

（2）片状马氏体

片状马氏体的空间形态为双凸透镜状，形似铁饼。在光学显微镜下看到的仅是其截面形状，呈针状或竹叶状，所以又称为针状马氏体；其含碳量较高，也称为高碳马氏体。马氏体片与片之间不平行，约呈60°，如图5-12所示。在电镜下，其亚结构主要是孪晶，所以又称为孪晶马氏体。

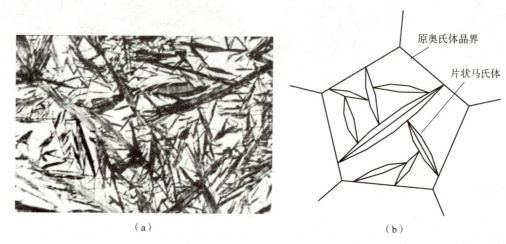

图 5-12　片状马氏体

（a）光学显微组织；（b）结构示意

在生产中正常淬火得到的片状马氏体一般是隐晶马氏体（最大尺寸的马氏体片小到光学显微镜无法分辨）。

马氏体的形态主要取决于其含碳量：

当 $w_C<0.2\%$ 时，几乎全部是板条马氏体；

当 $w_C>1.0\%$ 时，几乎全部是片状马氏体；

当 $0.2\%\leqslant w_C\leqslant 1.0\%$ 时，为板条马氏体+片状马氏体的混合组织。

**4. 马氏体的力学性能**

马氏体力学性能最显著的特点是具有高强度、高硬度。由于马氏体组织中碳过饱和度很大，使晶格发生畸变，产生了强烈的固溶强化，因此其强度大大提高。马氏体的硬度主要取决于含碳量，含碳量越高，马氏体的硬度越高，强度也越高。但当含碳量达到0.6%时，其硬度接近最大值，含碳量继续增加时，硬度变化趋于平缓，为65~67 HRC，如图5-13所示。

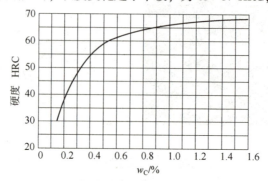

图 5-13　含碳量对马氏体硬度的影响

马氏体具有高硬度、高强度的原因是多方面的，过饱和的碳原子同时在马氏体中存在大量的微细孪晶和位错，它们都会提高塑性变形的抗力，从而产生相变强化。此外，还有时效强化及晶界强化等原因。

马氏体的塑性和韧性主要取决于马氏体的亚结构、含碳量、组织形态。因为高碳马氏体过饱和度大、内应力高和存在孪晶结构，所以其硬而脆，塑性、韧性极差。而低碳马氏体由于过饱和度小、内应力低和存在位错亚结构，则不仅强度高，塑性、韧性也较好，故在生产中，通过热处理来获得低碳板条马氏体，从而显著提高钢的强韧性，这是充分发挥钢材潜力的有效途径。

【试一试】

> 马氏体性能与其碳含量的关系，与气球和气球中的气体量关系类似。我们可以取一个气球，当吹入气体较少时，气球的硬度低、柔性好；随着吹入气体量的增多，气球越来越大，硬度增加，但柔韧性下降；当气体量达到一定值时，气球就会爆裂。

#### 5. 马氏体转变的特点

马氏体转变的主要特点如下。

1）无扩散型相变转变。马氏体转变在较低的温度下进行，铁和碳原子都不能进行扩散，只有点阵作有规则的重构，马氏体与奥氏体化学成分才完全相同。

2）非恒温性。马氏体转变速度极快，奥氏体冷却到 $M_s$ 线以下后无孕育期，瞬时转变为马氏体，其转变的温度区间是 $M_s \sim M_f$。随着温度下降，过冷奥氏体不断转变为马氏体，一旦降温停止，马氏体转变也很快停止。马氏体转变量的增加不是靠已经形成的马氏体片的不断长大，而是靠新的马氏体片的不断生成。因此，马氏体量只取决于转变温度，与保温时间无关，表现出组织转变的非恒温性。

3）不完全性。通常，马氏体转变不能进行到底，当温度下降到 $M_f$ 线后，马氏体转变量未达到100%，但转变不能再进行，此时组织中有一部分奥氏体未转变而保留下来，这些经冷却后未转变的奥氏体称为残留奥氏体，用 $A_r$ 表示。

4）体积膨胀。在钢的组织中，奥氏体的比体积最小，马氏体的比体积最大，因此当奥氏体转变为马氏体后会导致体积膨胀，从而产生内应力，这是钢淬火时容易发生变形和开裂的重要原因。

## 5.4 过冷奥氏体连续冷却转变

在实际的生产中，普遍采用的热处理方式是连续冷却，如炉冷（退火）、空冷（正火）、水冷（淬火）等。因此，研究过冷奥氏体在连续冷却过程中的组织转变规律更具有实际意义。

### 5.4.1 过冷奥氏体连续冷却转变曲线

过冷奥氏体连续冷却转变曲线是通过试验测定的，也称CCT曲线。它是把若干组共析

钢薄片试样加热到 $A_1$ 线以上，保温，使其组织全部奥氏体化，然后将试样分别通过炉冷、空冷、油冷、水冷等以不同的冷却速度连续冷却，通过综合应用热分析法、金相法和膨胀法等方法测得的。它综合反映了过冷奥氏体在连续冷却时的转变温度、时间和转变量之间的关系，如图 5-14 所示。

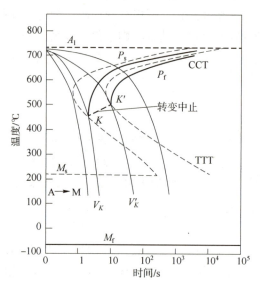

图 5-14　共析钢过冷奥氏体连续冷却转变曲线

## 5.4.2　过冷奥氏体连续冷却转变曲线分析

根据图 5-14 可以看出，共析钢的连续冷却转变曲线中，珠光体转变区由三条曲线构成，$P_s$ 是转变开始线，$P_f$ 是转变终了线，$KK'$ 是转变中止线，当冷却曲线碰到 $KK'$ 线时，过冷奥氏体将中止向珠光体型组织转变，直到 $M_s$ 点以下，才继续转变为马氏体。马氏体转变区则由两条曲线构成：一条是温度上限 $M_s$ 线，另一条是冷却速度下限 $V_K'$ 线。

与过冷奥氏体连续冷却转变曲线"鼻尖"相切的冷却速度称为上临界冷却速度，也称马氏体临界冷却速度，用 $V_K$ 表示。$V_K$ 是保证获得全部马氏体组织（实际还有一小部分残留奥氏体）的最小冷却速度。$V_K$ 越小，过冷奥氏体越稳定，因而即使在较慢的冷却速度下也会得到马氏体，这对淬火操作具有十分重要的意义。

$V_K'$ 则是保证奥氏体在连续冷却过程中全部分解而不发生马氏体转变的最大冷却速度，称为下临界冷却速度。

1）当冷却速度 $V>V_K$ 时，冷却曲线不再与 $P_s$ 线相交，即不发生奥氏体向珠光体的转变，全部过冷到 $M_s$ 温度以下发生马氏体转变。

2）当 $V_K'<V<V_K$ 时，冷却曲线与珠光体转变开始线和转变中止线相交，而不再与转变终了线相交，这时奥氏体只有一部分转变为珠光体。冷却曲线一旦与转变中止线相交就不再发生转变，只有一直冷却到 $M_s$ 线以下才会发生马氏体转变。并且随着冷却速度 $V$ 的增大，珠光体转变量越来越少，而马氏体量越来越多。

3）当冷却速度 $V<V_K'$ 时，共析钢连续冷却转变将得到全部珠光体类型组织。

4）共析钢的连续冷却转变只发生珠光体转变和马氏体转变，不发生贝氏体转变，即共析钢在连续冷却时得不到贝氏体组织。

### 5.4.3 过冷奥氏体连续冷却转变与等温冷却转变的比较

过冷奥氏体连续冷却转变与过冷奥氏体等温冷却转变相比，有以下特点。

1）共析钢的连续冷却转变曲线比等温冷却转变曲线稍靠右、靠下一点，说明连续冷却过程中，奥氏体转变为珠光体的时间更长，温度更低。连续冷却的转变温度均比等温冷却的转变温度低一些，所以连续冷却到进行转变时，需要较长的孕育期。

2）共析钢连续冷却转变曲线只有等温冷却转变曲线的上半部分，而没有下半部分。说明共析钢在连续冷却转变时只发生珠光体转变和马氏体转变，而没有贝氏体转变，因此得不到贝氏体组织。

3）过冷奥氏体的连续冷却转变是在一个温度范围内进行的，在同一冷却速度下，因为转变开始温度高于转变终了温度，所以先后获得的组织粗细不均匀，有时还可获得混合组织。钢的热处理多数是在连续冷却条件下进行的，因此过冷奥氏体连续冷却转变曲线更符合实际情况。

## 5.5 热处理工艺

**情景导入**

> 古代优质锋利的剑称为宝剑，宝剑能削铁如泥。战国时期的"干将""莫邪"等宝剑又是怎样制造出来的呢？首先，要有优质的铁矿石，然后经过千锤百炼，趁热将剑放到水中快速冷却。古代掌握这种炼剑技术的人很少，现在我们知道了这种炼剑技术是进行了热处理——淬火。

### 5.5.1 热处理工艺的分类

钢经过热处理后能充分发挥材料潜能，改善使用性能，提高产品质量，延长使用寿命，节约金属材料，显著提高经济效益。

根据热处理时加热温度、冷却条件，以及对钢结构和性能的要求的不同，热处理可以分为以下两种。

1）整体热处理（俗称"四把火"）：可以分为退火、正火、淬火和回火。

2）表面热处理：可以分为表面淬火和化学热处理。

根据热处理工艺在零件生产工艺流程中的位置和作用不同，热处理也可分为以下两种。

1）预备热处理：消除上道工序的缺陷（如均匀化退火可以消除铸造偏析、去应力退火可以消除锻造后应力、预防白点退火可以消除大件氢等），为下道工序做准备（如完全退火降低中碳钢硬度、正火提高低碳钢硬度，便于机械加工），为最终热处理做组织准备（如调质处理）。

2）最终热处理：使金属达到最终的服役条件，包括适合的硬度、韧性、强度等。最终热处理一般为淬火和回火。

热处理种类有很多，但无论哪一种热处理，都是由加热、保温和冷却三个过程组成的。加热温度、保温时间和冷却速度是热处理的三要素，它们决定了钢热处理后的组织和性能。

### 5.5.2 退火和正火

如图 5-15 所示，机械零件在铸、锻等毛坯生产之后通常需要进行预备热处理，钢的退火和正火通常作为预备热处理工序，以去除内应力和消除缺陷，改善毛坯的可加工性，并为最终热处理做准备。而对于性能要求不高的铸、锻、焊件，退火和正火也可以作为最终热处理。

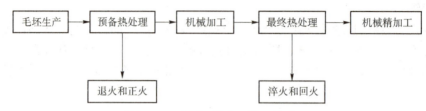

图 5-15　金属工件常见的制造过程

**1. 退火**

退火是将钢加热到适当温度，保温一定时间，然后缓慢冷却的一种热处理工艺。

退火是热处理工艺中应用最广、种类最多的一种，其主要特点是缓慢冷却，一般采取随炉冷却、埋砂冷却等方法。

退火的目的：降低硬度，以利于切削加工（适合切削的硬度为 170~260 HBW）；消除偏析，均匀化学成分；消除内应力，稳定尺寸，防止变形或开裂；细化晶粒，改善组织；改善高碳钢中渗碳体形态和分布，为零件最终热处理做组织准备。

退火是使过冷奥氏体在等温冷却转变曲线的较上部位进行转变，使金属内部组织达到或接近平衡状态，获得以珠光体（P）为主的组织。亚共析钢的转变组织为 F+P，共析钢、过共析钢的转变组织为球状珠光体。

**2. 常用的退火工艺**

常用的退火工艺主要有：完全退火、球化退火、等温退火、去应力退火、均匀化退火和再结晶退火等。各种退火的加热温度范围和工艺曲线如图 5-16 所示。

（1）完全退火

完全退火是将钢件加热至 $A_{c3}$+（30~50 ℃）后，保温一定时间，随炉缓慢冷却，以获得接近平衡组织的热处理工艺。生产中为提高生产率，一般将工件随炉缓慢冷却至 500~600 ℃时出炉空冷。

完全退火的目的：细化晶粒、均匀组织；降低硬度以改善切削加工性能；消除内应力。

完全退火一般用于亚共析钢的铸、锻、焊件。过共析钢不宜进行完全退火，因为过共析钢加热至奥氏体化后缓慢冷却时，二次渗碳体以网状形式沿奥氏体晶界析出，严重削弱了晶粒之间的结合力，导致强度、塑性和韧性大大降低。

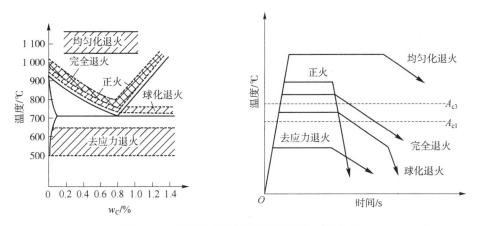

图 5-16 各种退火的加热温度范围和工艺曲线

（2）球化退火

球化退火是将共析钢或过共析钢加热到 $A_{c1}+(10\sim20\ ℃)$，保温较长时间使钢中的渗碳体自发地转变为球状（或粒状），然后随炉缓慢冷却至室温的热处理工艺。球化退火后的显微组织为在铁素体基体上分布着细小均匀的球状渗碳体，称为球化体或粒状珠光体。图 5-17 所示为 T12 钢球化退火后的显微组织。不同的球化退火工艺，球化率也不相同，对钢的强度、硬度、伸长率的影响也不同。实际生产中，我们需要探究不同的钢对应的较好的球化退火工艺来满足使用要求。

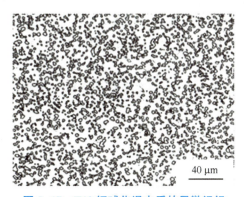

图 5-17 T12 钢球化退火后的显微组织

球化退火的目的：降低硬度，提高塑性，改善切削加工性能，并为淬火做组织准备。

球化退火主要适用于共析钢、过共析钢的锻轧件，如生产中常用于制造刃具、量具、模具等的碳素工具钢及合金工具钢。对于存在网状二次渗碳体的过共析钢，应在球化退火前进行正火，消除网状渗碳体，以利于球化。

（3）等温退火

等温退火是将钢件加热到 $A_{c3}+(30\sim50\ ℃)$ 或 $A_{c1}+(30\sim50\ ℃)$，保温一定时间后，较快地冷却到稍低于 $A_{r1}$ 的某一温度（"鼻尖"温度附近）进行等温转变，以获得珠光体组织，再缓慢冷却的热处理工艺。

等温退火的目的：与完全退火相同，但其转变较易控制，且缩短了退火周期，能获得均匀的组织。等温退火是完全退火、球化退火工艺的改进。

等温退火用于高碳钢、中碳合金钢、合金渗碳钢、合金工具钢和某些高合金钢的大型铸锻件及冲压件等。

（4）去应力退火（低温退火）

去应力退火是将钢件加热至 $A_{c1}$ 以下某一温度（500~650 ℃），保温一定时间后，缓慢冷却至 200~300 ℃ 再出炉空冷的热处理工艺。去应力退火温度低，不改变工件原来的组织，应用广泛。

去应力退火的目的：消除残余内应力。

去应力退火用于由于变形加工、机械加工、铸造、锻造、热处理、焊接等产生内应力的零件。对于一些大型构件，无法装炉退火，可采用火焰加热或感应加热等局部加热方法，对焊缝及热影响区进行局部去应力退火。

（5）均匀化退火（扩散退火）

均匀化退火通常是将合金钢铸锭或铸件加热到 $A_{c3}$ +（150~300 ℃），长时间保温（10 h 以上），然后随炉冷却的热处理工艺。

均匀化退火的目的：使原子充分扩散，消除枝晶偏析，使成分和组织均匀化。

均匀化退火一般用于偏析现象较为严重的合金铸件。均匀化退火的加热温度高，组织粗大，往往还需要进行完全退火或正火来细化晶粒。该工艺能耗大、成本高、氧化脱碳严重，故主要用于质量要求高的优质高合金钢铸锭或铸件。钢厂一般通过在锻轧前加热时适当延长保温时间来达到均匀化退火的目的，很少专门进行均匀化退火。

（6）再结晶退火

再结晶退火是冷变形后的金属加热到再结晶温度以上，保温一定时间，使变形晶粒重新转变为均匀的等轴晶粒的热处理工艺。其加热温度一般比理论再结晶温度高 150~250 ℃（大约 650~700 ℃）。

再结晶退火的目的：消除冷变形加工（冷轧、冷拉、冷冲）产生的畸变组织，消除加工硬化。

### 3. 正火

正火是将钢件加热到 $A_{c3}$ 或 $A_{ccm}$ +（30~50 ℃），保温一定的时间后，在空气中均匀冷却的热处理工艺。

正火的目的如下。

1）改善低碳钢（含碳量小于 0.25%）和低碳合金钢的切削加工性能。低碳钢退火后硬度过低，切削加工时容易粘刀，表面光洁度很差。正火可以细化组织，提高硬度到接近最佳切削加工硬度。

2）作为中碳钢和合金结构钢重要零件的预备热处理，细化组织，消除魏氏组织和带状组织。

3）作为性能要求不高的普通结构件的最终热处理，细化晶粒，均匀组织，提高钢的强度、硬度和韧性。

4）消除过共析钢中的网状二次渗碳体，为球化退火做组织准备。

### 4. 正火与退火的区别

1）正火加热温度较高。

2）正火的冷却速度较快，过冷度稍大。
3）正火后得到的组织较细（索氏体）。
4）正火的力学性能较高。
5）正火操作简单，生产周期短，成本低，因此一般应尽量采用正火。

图5-18所示为常用退火和正火的加热温度和工艺曲线示意。

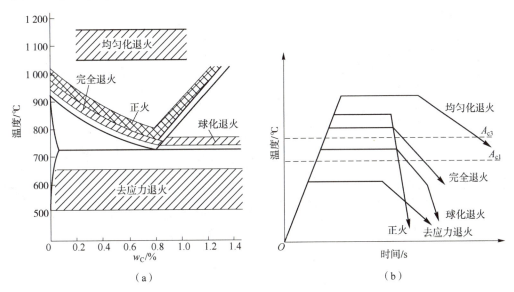

图5-18 常用退火和正火的加热温度和工艺曲线示意
(a) 加热温度；(b) 工艺曲线

**5. 退火与正火的选择**

（1）低碳钢（$w_C < 0.25\%$）

低碳钢通常用正火，因为正火有较快的冷却速度，可以细化晶粒，提高低碳钢的强硬度，从而改善切削加工性能。

（2）中碳钢（$w_C = 0.25\% \sim 0.5\%$）

对含碳量接近上限的中碳钢进行正火处理虽然会使其硬度偏高，但仍然可以进行切削加工，这是因为正火的成本较低，生产效率高。

但对于中碳合金钢，由于合金元素的存在，增加了过冷奥氏体的稳定性，即使在缓慢冷却的情况下仍可得到马氏体或贝氏体组织，若采用正火处理会使其硬度偏高，不利于切削加工，故应采用完全退火。

（3）含碳量较高的碳钢（$w_C > 0.5\%$）

对于 $w_C = 0.5\% \sim 0.75\%$ 的碳钢，要采用退火降低硬度，来改善其切削加工性能。因其含碳量较高，采用正火后的硬度较高，故难以切削加工。

对于 $w_C > 0.75\%$ 的碳钢或工具钢，一般采用球化退火作为预备热处理。若有网状二次渗碳体，需要先进行正火来消除。

因为正火比退火生产周期短，操作简便，工艺成本低，所以在满足钢的使用性能和工艺性能的前提下，应尽可能采用正火。此外，正火可作为大件或不重要工件的最终热处理工艺，而退火一般不作为最终热处理工艺。

### 小资料

当正火加热温度过高或保温时间过长时，会导致奥氏体晶粒粗大，同时冷却速度又较快，则亚共析钢中的先共析铁素体或过共析钢中的渗碳体（$Fe_3C$）将沿奥氏体晶界或在晶粒内部独自呈针状析出，这种组织称为魏氏组织，用符号 W 表示。魏氏组织会降低钢的力学性能，尤其是显著降低钢的塑性和冲击韧性。生产中常采用完全退火或正火消除魏氏组织。钢在锻造、轧制、焊接时也会出现魏氏组织，如图 5-19 所示。

（a）

（b）

图 5-19 钢中的魏氏组织

（a）亚共析钢中的铁素体魏氏组织；（b）过共析钢中的渗碳体魏氏组织

## 5.5.3 淬火

将钢加热到 $A_{c3}$ 或 $A_{c1}$+(30~50 ℃)，保温一定时间后，以适当的速度快速冷却以获得马氏体或下贝氏体的热处理工艺称为淬火。

淬火的目的是获得马氏体或下贝氏体，以提高钢的强度和硬度，是热处理中应用最广的工艺方法，如各种工模具、滚动轴承及飞机零件等都采用淬火工艺。但是，淬火之后必须回火，即先淬火再根据需要配以不同温度回火，以获得所需的力学性能。淬火一般作为最终热处理使用。

为了获得好的淬火效果，就必须确定正确的淬火工艺参数。

**1. 加热温度**

淬火加热温度即钢的奥氏体化温度，选择淬火加热温度的原则是获得均匀细小的奥氏体组织。淬火加热温度主要根据钢的化学成分和相变点来确定，其次也要考虑工件的性能要求、原始组织、形状、尺寸及加热速度等因素，必要时要进行小批量试淬。图 5-20 所示为非合金钢的淬火温度范围。

亚共析钢的淬火加热温度一般为 $A_{c3}$+(30~50 ℃)，可

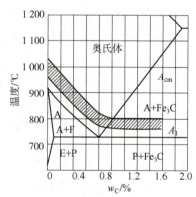

图 5-20 非合金钢的淬火温度范围

得到细小均匀的奥氏体组织,淬火后为均匀细小的马氏体组织。如果加热温度过高,则会得到粗大的奥氏体晶粒,从而得到粗大的马氏体组织,同时会引起钢件变形,使钢的力学性能恶化(特别是使其塑性和韧性降低);如果加热温度过低,则加热时组织为奥氏体+铁素体,淬火后奥氏体转变为马氏体,而铁素体则被保留下来,会使淬火组织出现软点,导致钢的强度和硬度下降。

共析钢和过共析钢的淬火温度为 $A_{c1}$+(30~50 ℃),共析钢和过共析钢加热之前要球化退火,故加热后钢的组织为细小的奥氏体晶粒和未溶解的颗粒状碳化物,淬火后得到的组织为细小针状马氏体(隐晶马氏体)基体上均匀分布着细颗粒状的渗碳体,这种组织具有较高的强度和耐磨性,同时又具有一定的韧性,符合高碳工具钢零件的使用要求。

若加热温度过高,甚至在 $A_{ccm}$ 以上,则促进奥氏体晶粒长大,同时渗碳体溶入奥氏体的数量增多,奥氏体的含碳量增加,使未溶渗碳体颗粒减少,所以淬火组织为粗大马氏体和大量的残留奥氏体,降低了钢的硬度与耐磨性。粗大的马氏体还使淬火内应力增加,极易引起工件的淬火变形和开裂。

若淬火温度过低,则会得到非马氏体组织,钢的硬度将达不到要求。

对于合金钢,由于合金元素对奥氏体化有延缓作用,因此加热温度应适当高一些。

### 2. 保温时间

淬火保温时间是指钢件热透,奥氏体化转变彻底并均匀化所需要的时间,它与钢件的成分、形状和尺寸、加热介质、加热温度等多种因素有关,可根据热处理手册或其他资料来确定。目前在生产中,常根据经验公式估算或通过试验确定合理的保温时间,以保证淬火质量。

### 3. 淬火冷却介质

淬火冷却介质通常根据钢的种类及零件所要求的性能来选。为了得到马氏体组织,淬火冷却速度应大于临界冷却速度 $V_K$,但并不是越快越好。在保证冷却速度大于 $V_K$ 的前提下应尽量缓慢,这主要是为了避免产生较大的淬火内应力,引起工件变形或开裂。

根据钢的等温冷却转变曲线(C 曲线)可知,在"鼻尖"温度附近冷却速度要快,以保证获得全部的马氏体组织;而在"鼻尖"温度下面特别是 $M_s$ 点以下应缓慢冷却,以减轻马氏体转变时的相变应力,减小淬火应力和变形开裂倾向。因此,理想的

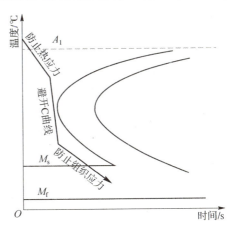

图 5-21 理想的淬火冷却曲线

淬火冷却曲线应如图 5-21 所示。但是到目前为止,还未找到符合这一曲线的理想的淬火冷却介质。

实际生产中常用的淬火冷却介质主要有水、水溶液、油、硝盐浴或碱浴等,其冷却能力如表 5-4 所示。

表 5-4 常用的淬火冷却介质的冷却能力

| 淬火介质 | 冷却能力/(℃·s$^{-1}$) | |
|---|---|---|
| | 650~550 ℃ | 300~200 ℃ |
| 水(18 ℃) | 600 | 270 |

续表

| 淬火介质 | 冷却能力/（℃·s$^{-1}$） | |
| --- | --- | --- |
| | 650~550 ℃ | 300~200 ℃ |
| 水（26 ℃） | 500 | 270 |
| 水（50 ℃） | 100 | 270 |
| 水（74 ℃） | 30 | 200 |
| 10%NaCl 水溶液（18 ℃） | 1 100 | 300 |
| 10%NaOH 水溶液（18 ℃） | 1 200 | 300 |
| 肥皂水 | 30 | 200 |
| 变压器油（50 ℃） | 120 | 25 |
| 菜籽油（50 ℃） | 200 | 35 |

（1）水和水溶液

水是应用最广的淬火冷却介质，它冷却能力较强，成本低，使用安全，不燃烧且无腐蚀。水在650~500 ℃以下范围内冷却速度较大，能保证工件获得马氏体组织，而在300 ℃以下，冷却速度比所要求的快，使工件易产生变形和开裂，这是水作为淬火冷却介质的最大缺点。因此，水主要用于形状简单、截面较大的碳钢件的淬火。

盐水在650~500 ℃范围内的冷却能力比清水强近一倍，这对于保证工件的淬硬来说是十分有利的。温度在300~200 ℃以下范围内，盐水的冷却能力和清水差不多，故同样会导致工件变形甚至开裂。因此，盐水主要用于形状简单而尺寸较大的低、中碳钢工件的淬火。

碱水的冷却能力在650~500 ℃以下范围内比盐水大，在300~200 ℃以下范围内和盐水差不多。但碱水腐蚀性大，主要用于易产生淬火裂纹的工件。

（2）油

淬火用的油几乎全部为矿物油，如机油、变压器油、柴油等。油的冷却能力很弱，在300~200 ℃以下范围内冷却速度比水小，可大大减小工件的变形和开裂。在650~500 ℃以下范围内冷却速度比水小得多，故生产上常用于过冷奥氏体稳定性比较好的合金钢工件的淬火。油作为淬火冷却介质的不足是油质易老化，且用油淬火的钢件需要清洗。

（3）硝盐浴或碱浴

在高温区硝盐浴的冷却能力比油稍弱，碱浴的冷却能力比水弱但比油强。在低温区，硝盐浴和碱浴的冷却能力都比油弱。这类淬火冷却介质的冷却性能是既能保证过冷奥氏体向马氏体转变完全，又能大大减小工件的变形和开裂，因此广泛用于截面不大、形状复杂的碳素工具钢、合金工具钢等，作为分级淬火或等温淬火的冷却介质。

近年来出现了一些新型淬火冷却介质，如专用淬火油、高速淬火油、光亮淬火油、真空淬火油、过饱和硝盐水溶液、高分子聚合物水溶液等，它们的冷却特性优于普通水和油，已在生产中获得广泛应用，如由聚二醇、水和添加剂组成的聚合物水溶液（PAG）等。

> **小资料**
>
> 使用水、油作为淬火冷却介质时，有"冷水热油"之说。即采用水淬时，水温越低，其冷却能力越强，在生产中常采用循环冷却系统，使水温保持在20 ℃左右；而油淬时，特别是开始时应对其适当加热，使其温度达到80 ℃以上为宜，因为油温升高时，其黏度下降，流动性更好，这样冷却能力才能提高。但油温过高易着火，因此一般把油温控制在60~80 ℃。

#### 4. 常用的淬火方法

为了获得所要求的淬火组织和性能，同时又能减小淬火应力，防止工件变形和开裂，需要选择适当的淬火方法。

(1) 单液淬火

单液淬火是将加热至奥氏体状态的工件放入一种淬火冷却介质一直冷却到室温的淬火方法，如通常采用的非合金钢件淬水、合金钢件淬油。

这种方法操作简单，易实现机械化与自动化。但水淬易产生淬火应力，引起工件变形或开裂；油淬容易产生硬度不足等问题。单液淬火适用于形状简单、截面形状没有突变的非合金钢和合金钢工件，其工艺曲线如图5-22中的曲线 *a* 所示。

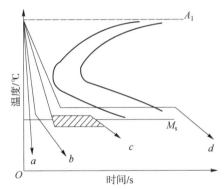

*a*—单液淬火法；*b*—双液淬火法；*c*—分级淬火法；*d*—等温淬火法。

图 5-22　各种淬火方法示意

(2) 双液淬火

双液淬火是将加热奥氏体化后的工件先浸入冷却能力强的介质，在即将发生马氏体转变时立即转入另一种冷却能力较弱的介质冷却，使之在较缓慢的冷却速度下发生马氏体转变的淬火方法。其工艺曲线如图5-22中的曲线 *b* 所示。常用的双液淬火方法有水淬油冷法和油淬空冷法。

双液淬火结合了两种介质的优点，克服了单液淬火的不足，获得了接近理想状态的冷却条件，既能保证获得马氏体组织，又可以减小低温转变时的内应力，防止变形和开裂，主要用于形状复杂的碳钢和合金钢（碳钢件用水淬油冷法，合金钢工件用油淬空冷法）。

但是，这种方法必须准确控制工件从第一种介质转到第二种介质时的温度或时间，在生产中，主要靠经验保证双液淬火的效果。因为转入过早，温度尚处于等温冷却转变曲线"鼻尖"以上温度，取出缓慢冷却时可能发生非马氏体组织转变，达不到淬火目的；如果转入过晚，温度已低于 $M_s$，则已发生马氏体转变，就失去了双液淬火的作用。

> **小资料**
>
> 我们在生产实践中，用水淬油冷法进行双液淬火时，当水中发出"咝"声，到"咝"声微弱时立即取出工件。此外，还可利用手感考察工件在水中的振动，振动开始减弱时立即取出。取出后在空气中冷却。这样做的目的是不用再加热回火，更节能环保，让其自回火（利用冷却的余热进行回火）。
>
> 用油淬空冷法进行双液淬火时，应待油的沸腾减弱，且工件从油中取出时无闪光而只冒青烟，说明冷却时间正好。

（3）分级淬火

分级淬火是工件奥氏体化后，先浸入略高或稍低于 $M_s$ 点的盐浴或碱浴保持适当时间，在工件内外温度趋于均匀且奥氏体未发生分解之前取出，空冷至室温，以获得马氏体的淬火方法，其工艺曲线如图 5-22 中的曲线 c 所示。

这种方法的优点是易于操作，大大降低了淬火应力，防止了工件变形和开裂，硬度比较均匀，而且避免了双液淬火难以准确控制的缺点。但由于盐浴、碱浴的冷却能力较弱，因此只适用于形状较复杂的小工件。

（4）等温淬火

等温淬火是将奥氏体化后的工件快速冷却到下贝氏体转变区间保持等温，使奥氏体转变为下贝氏体的淬火方法，其工艺曲线如图 5-22 中的曲线 d 所示。等温的温度和时间由钢的等温冷却转变曲线确定。

此法的优点是等温淬火内应力很小，能有效地防止工件的变形和开裂；得到的下贝氏体组织的强度、硬度较高，韧性比马氏体好，具有良好的综合力学性能。此法的缺点是需要一定的设备且生产周期较长，常用于薄、细而形状复杂，尺寸要求精确，强韧性要求较高的工件，如各种冷、热冲模，成型刀具和弹簧。

（5）局部淬火

局部淬火是只对工件需要硬化的局部进行淬火的热处理工艺。局部淬火的优点是只对钢件局部进行加热淬火，可避免工件其他部分产生变形与裂纹。

在生产中，淬火常用单液淬火法，在一种介质中连续冷却至室温。这种淬火操作简单，便于实现机械化和自动化，故应用广泛。对于易产生裂纹、变形的钢，可采用先水淬后油淬的双液淬火或分级淬火法。

工件淬入冷却介质时，一般应做到：设法保证工件淬硬、淬深，尽量减小工件畸变，避免开裂，并安全生产。

### 5. 钢的淬透性与淬硬性

（1）淬透性

钢的淬透性是指钢在淬火时获得马氏体层深度的能力，其大小可以用淬透层深度（马氏体层深度）来表示。淬透性是钢的主要热处理性能，是选材和制订热处理工艺的重要依据之一。

淬火时，工件截面上各处的冷却速度是不同的。其表面的冷却速度最大，中心处的冷却速度最小。如果工件表面和中心处的冷却速度都大于此钢的临界冷却速度，则整个截面都能获得马氏体组织，即钢被完全淬透；如果只有工件表面一定厚度的冷却速度大于此钢的临界冷却速度，中心处的冷却速度低于钢的临界冷却速度，淬火冷却后只能获得一定厚度的马氏体组织，而心部获得非马氏体组织，则钢未被淬透。冷却速度与淬透层深度的关系如图5-23所示。

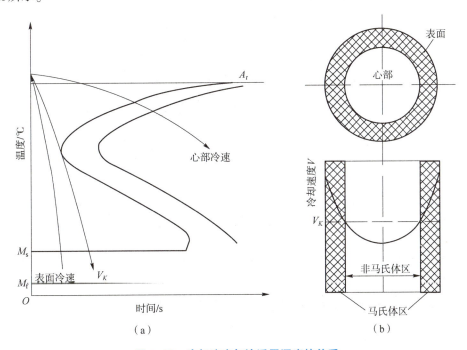

**图 5-23  冷却速度与淬透层深度的关系**
(a) 工件表面、心部的冷却速度；(b) 淬透层深度

为测量方便，淬透性大小用规定条件下的淬透层深度来表示，即由工件表面到半马氏体区（体积分数为50%的马氏体）的深度为淬透层深度，若淬透层深度到达心部，则工件被淬透。在相同的淬火条件下，不同的钢获得淬透层深度的能力也不相同。淬透层深度越深，钢的淬透性越好。

淬透性是钢的固有属性，钢的化学成分和奥氏体化条件是影响其淬透性的基本因素。凡能增加过冷奥氏体稳定性，使等温冷却转变曲线右移，减小钢的临界冷却速度的因素，都能提高钢的淬透性；反之，则会降低淬透性。

（2）淬硬性

钢的淬硬性是指钢在淬火硬化后所能达到的最高硬度值，即钢在淬火时的硬化能力，主要取决于马氏体的含碳量。

淬硬性与淬透性是两个完全不同的概念。淬透性好的钢，其淬硬性不一定高，如碳素工具钢的淬硬性高，但淬透性很低；而一些合金结构钢的淬硬性低，但淬透性很高。

（3）淬透性的测定

测定钢材的淬透性常采用的方法有：末端淬火法或临界淬透直径。

1）末端淬火法：将标准试样加热至奥氏体化后停留30 min，迅速放入专用端淬试验台上对其一端面喷水冷却，然后沿轴线方向测出硬度-距水冷端距离的关系曲线。

末端淬火法又称端淬试验，如图5-24（a）所示。这是目前国内外广泛使用的淬透性试验方法。由于试样被喷水冷却的那一端冷却得最快，越向上冷却得越慢，最上部的冷却速度相当于空冷，这样沿着试样长度方向可获得各种冷却速度的不同组织和性能。冷却完毕后，绘出硬度-距水冷端距离的关系曲线，即所谓的端淬曲线或淬透性曲线，如图5-24（b）所示。淬透性曲线越平缓、下降越慢，钢的淬透性越高；反之越低。

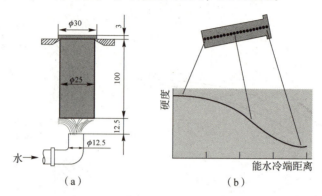

**图5-24 端淬试验测定钢的淬透性**
（a）端淬试验示意；（b）淬透性曲线

2）临界淬透直径：钢在某种介质中冷却时，心部能淬透的最大直径。临界淬透直径用 $D_0$ 表示。冷却能力大的介质比冷却能力小的介质所淬透的直径要大。在同一冷却介质中临界淬透直径越大，其淬透性越好。表5-5列出了常用钢的临界淬透直径。

**表5-5 常用钢的临界淬透直径**

| 牌号 | 临界淬透直径/mm | | 牌号 | 临界淬透直径/mm | |
| --- | --- | --- | --- | --- | --- |
| | 淬水 | 淬油 | | 淬水 | 淬油 |
| 45 | 13~16.5 | 5~9.5 | 35CrMo | 36~42 | 20~28 |
| 60 | 11~17 | 6~12 | 60Si2Mn | 55~62 | 32~46 |
| T10 | 10~15 | <8 | 50CrV | 55~62 | 32~40 |
| 20Cr | 12~19 | 6~12 | 20CrMnTi | 22~35 | 15~24 |
| 40Cr | 30~38 | 19~28 | 30CrMnSi | 40~50 | 32~40 |

（4）淬透性对钢力学性能的影响

钢的淬透性是选材和制订热处理工艺的主要依据，直接影响其热处理后的力学性能。例如：淬透性高的钢，整个截面都被淬透，其力学性能沿截面分布是均匀的，回火后表面和心部的组织和性能均匀一致；淬透性低的钢，由于未能淬透，因此其力学性能沿截面分布是不均匀的，越靠近心部，力学性能越差。工件表面和心部的组织不同，回火后整个截面上的硬度虽然近似一致，但未淬透部分的屈服强度和冲击韧度却显著降低，使零件承载能力降低。

1）对于截面尺寸较大、形状较复杂的重要工件，以及受力较大而要求截面力学性能均匀的零件，受拉伸、压缩及冲击载荷的零件，常要求表面和心部的力学性能一致，因此要求整个截面都被淬透，应选用淬透性好的钢。

2）对于承受弯曲、扭转应力（如多数轴类零件），以及表面要求耐磨并承受冲击力的模具等，由于应力主要分布于表层，淬硬层深度一般为工件半径的1/3~1/2，因此不要求全部淬透,可选用淬透性较差的钢。例如:45钢在水中淬火的临界直径不到 20 mm,但可制造 $\phi40\sim\phi50$ mm 的车床主轴。

3)受交变应力和振动的弹簧,为避免因心部未被淬透,工作时易产生塑性变形而失效,应选用淬透性好的钢。

4)焊接件一般不选用淬透性好的钢,因为淬透性好的钢在焊后空冷时,易在焊缝和热影响区出现淬火组织,造成焊件变形和开裂。

5)工件尺寸越大,其热容越大,在相同的淬火冷却介质中冷却后的淬透层越浅,力学性能越差。这种随工件尺寸增大而使热处理强化效果减弱的现象称为"尺寸效应"。但合金元素含量高、淬透性大的钢,尺寸效应则不明显。此外,大尺寸碳钢的淬透性低,有时用正火代替调质,效果相似且更经济。

## 5.5.4 回火

钢淬火后的组织是马氏体和残留奥氏体。奥氏体转变为马氏体时,工件的体积增大,由于冷却速度较快,因此淬火后工件内常存在内应力。淬火后工件硬而脆,不能满足工件的使用要求,因此不能直接使用,否则会有变形或断裂的危险。淬火后的工件必须进行回火。

**1. 回火的目的**

回火是将淬火后的工件加热到 $A_{c1}$ 以下的某一温度,保温一定时间,再冷却到室温的一种热处理工艺。为了不致产生新的应力,回火冷却一般采取空冷。

回火目的有三个:一是稳定组织,以稳定工件尺寸;二是消除内应力,防止工件变形和开裂;三是调整工件的性能,以满足其使用要求。

**2. 回火时的组织转变**

淬火钢回火时发生的组织转变非常复杂,如图 5-25 所示。

淬火钢在回火升温过程中,其组织依次发生以下四个阶段的转变。

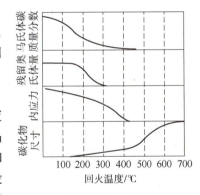

图 5-25 淬火钢回火时的组织变化

(1)马氏体分解(≤200 ℃)

在 200 ℃ 以下时,马氏体中的过饱和碳开始以亚稳定碳化物的形式析出,马氏体的过饱和度减小,同时使晶格畸变程度降低,淬火应力有所减小。这种由马氏体和亚稳定碳化物组成的回火组织称为回火马氏体。此阶段钢的淬火应力减小,韧性改善,但马氏体仍处于过饱和状态,性能变化不大,硬度仍然很高。

(2)残留奥氏体分解(200~300 ℃)

200 ℃ 以上时,马氏体继续分解。残留奥氏体也开始分解,到 300 ℃ 时分解基本结束,转变为下贝氏体。这个阶段转变后的组织主要是回火马氏体。马氏体分解造成了硬度降低,被残留奥氏体分解引起的硬度升高所补偿,故钢的硬度降低并不明显,但淬火应力进一步减小。

(3)碳化物的转变(300~400 ℃)

马氏体快速分解,碳从过饱和的固溶体中继续析出变为铁素体,亚稳定碳化物转变为稳定的细球(粒)状渗碳体,到 400 ℃ 基本结束。此时,由铁素体和球状渗碳体组成的混合物称为回火托氏体（光学显微镜不能把两相区分开）。此阶段钢的内应力基本消除，强度、硬度有所降低，塑性上升。

（4）渗碳体的聚集长大与固溶体的再结晶（>400 ℃）

400 ℃以上时，球状渗碳体聚集长大。当温度高于500 ℃时，形成多边形状铁素体与粗粒状渗碳体的混合组织，称为回火索氏体（光学显微镜能区分出两相）。此过程中钢的强度、硬度不断降低，但韧性却明显改善。

### 3. 回火种类

根据回火温度范围，可将回火分为以下三种。

1）低温回火（150~250 ℃）：回火后的组织为回火马氏体，基本上保持了马氏体的高硬度、高强度及耐磨性，降低了钢的淬火内应力和脆性，常用于各种刃具、量具、模具、滚动轴承、渗碳淬火件和表面淬火件。

2）中温回火（350~500 ℃）：回火后的组织为回火托氏体，具有较高的弹性极限、屈服强度以及一定的韧性，主要用于各种弹性件和某些热作模具。

3）高温回火（500~600 ℃）：回火后的组织为回火索氏体，具有良好的综合力学性能，即在保持较高强度的同时，具有良好的塑性和韧性。通常将淬火与高温回火相结合的热处理称为调质，广泛适用于各种受力复杂的重要结构零件，如轴、连杆、螺栓、齿轮等。也可作为表面淬火、渗氮等的预备热处理。

### 4. 钢的回火脆性

钢的回火组织仅取决于回火温度的高低，与冷却方式无关。在回火过程中，由于钢的组织发生了变化，因此钢的性能也随之发生改变。其总的趋势是随着回火温度的升高，强度、硬度降低，塑性、韧性提高，在600 ℃左右塑性可达到最大值。

回火过程中，冲击韧度不一定总是随回火温度的升高而不断提高。在某些温度范围内回火时，钢的冲击韧度下降的现象称为回火脆性。回火脆性分为低温回火脆性和高温回火脆性。

（1）不可逆回火脆性（第一类回火脆性）

淬火钢在250~350 ℃范围内回火时出现的脆性称为不可逆回火脆性，又称第一类回火脆性，几乎所有的钢都存在这类脆性。目前还没有办法完全消除此类回火脆性，所以通常是避免在250~350 ℃这一温度范围内回火，或者采用等温淬火代替淬火+回火工艺。

（2）可逆回火脆性（第二类回火脆性）

淬火钢在500~650 ℃范围内回火时出现的脆性称为可逆回火脆性，又称第二类回火脆性。这种脆性是可逆的，多发生在含铬、镍、硅、锰等元素的合金钢中。可逆回火脆性与加热、冷却条件有关，在回火时快速冷却可避免这类回火脆性。因此，很多合金结构钢在出现可逆回火脆性时重新加热到650 ℃以上后快速冷却即可消失。

### 5. 合金元素对淬火钢回火转变的影响

合金钢的回火过程与碳钢基本相同，即包括马氏体分解、残留奥氏体转变、碳化物聚集长大及固溶体再结晶等。这些转变都属于全扩散型相变转变，合金元素一般对这些转变有阻碍作用。

（1）提高钢的耐回火性

耐回火性是指钢回火时，抵抗强度和硬度下降的能力。淬火时合金元素溶入马氏体导致原子扩散速度减慢，因而回火过程中马氏体不易分解，碳化物不易析出，析出后也较难聚集长大，因而使合金钢比碳钢具有更高的耐回火性。

较高的耐回火性，一般来说对热处理是有利的，在达到相同硬度的情况下，合金钢的回火温度高于碳钢，回火时间也更长，因此可进一步消除残余内应力，使合金钢具有更高的塑性和韧性；而在同一温度回火时，合金钢则可获得较高的强度和硬度。

（2）某些合金钢在回火时产生二次硬化现象

一般来说，钢的回火温度越高，回火后的硬度越低。但某些合金元素含量高的钢（如高速钢、高铬模具钢等）在一定温度回火后，出现了硬度回升的现象，称为二次硬化。

（3）使钢在回火时产生第二类回火脆性

合金钢在 250~400 ℃ 范围内，出现第一类回火脆性。但某些合金钢在 450~650 ℃ 范围内回火时，又出现第二类回火脆性。

第一类回火脆性只要在 300 ℃ 左右回火就会出现，所以只能尽量避免在此温区回火。而第二类回火脆性主要是在合金结构钢中，特别是含有锰、铬、镍、硅等合金元素时，第二类回火脆性倾向更大。

### 5.5.5 时效处理

金属和合金经过冷、热加工或热处理后，在室温下放置或适当升高温度时常发生力学和物理性能随时间而变化的现象，统称为时效。时效过程中，金属和合金的显微组织并不发生明显变化。常用的时效方法有自然时效和人工时效。

（1）自然时效

自然时效是指经过冷、热加工或热处理的金属材料，在室温下发生性能随时间而变化的现象。自然时效不需要任何设备，不消耗能源即可消除部分内应力，但周期长，应力消除率较低。

（2）人工时效

1) 热时效：随温度不同，$\alpha$-Fe 中的碳的溶解度发生变化，使钢的性能发生改变的过程。

2) 形变时效：钢在冷变形后进行的时效。

3) 振动时效：通过机械振动的方式来消除、降低或均匀工件内应力的一种工艺。

> **小资料**
>
> 回火温度的选择是决定回火后组织与性能的关键因素。生产中可采用下列经验公式确定淬火钢的回火温度。
>
> 中碳钢回火温度＝(80-要求硬度值 HRC)×10
>
> 高碳钢回火温度＝(85-要求硬度值 HRC)×10
>
> 合金钢回火温度＝(90-要求硬度值 HRC)×10
>
> 例如：要求 45 钢回火后硬度为 40~42 HRC，则适宜的回火温度为 [80-(40~42)]℃×10＝380~400 ℃。

## 5.6 表面热处理

> **情景导入**
>
> 有些机械零件如齿轮、曲轴、活塞销等，一般要求其内部强韧而外部耐磨。例如：采用整体淬火-低温回火，虽然能满足表面要求，但不能满足心部要求；例如采用整体淬火-高温回火，则又不能满足表面要求。面对这种"外硬内韧"的性能要求，应该怎么办呢？

在生产中，有很多零件（如齿轮、凸轮、花键轴等）要承受交变载荷、冲击载荷并在摩擦条件下工作，因此对其表面和心部的性能有不同的要求，一般是要求表面硬度高，有较高的耐磨性和疲劳强度；而心部要求有较好的塑性和韧性，防止脆断。

单单依靠选材或进行整体热处理，都不能满足这种"表里不一"的性能要求。这时，可以通过表面热处理来满足这类零件的性能要求。表面热处理是指不改变工件的化学成分，仅为改变工件表面的组织和性能而进行的热处理工艺。常用的表面热处理有表面淬火和表面化学热处理两大类。

表面淬火是最常用的表面热处理方式，它是通过快速加热，仅对工件表层进行的淬火，是只改变工件表层组织而不改变其成分的工艺。根据工件表面加热热源的不同，表面淬火分为很多种，如感应淬火、火焰淬火、激光淬火、电子束淬火等。目前生产中应用最广泛的是感应淬火和火焰淬火。

表面化学热处理是把工件放在一定活性元素的介质中，加热到一定温度，保温适当的时间，使一种或几种元素渗入工件表面然后冷却，从而改变工件表层的化学成分、组织和性能的热处理工艺。

### 5.6.1 表面淬火

**1. 感应加热表面淬火**

感应加热表面淬火（简称感应淬火）是利用电磁感应原理，在工件表面产生密度很高的感应电流，使之迅速加热至奥氏体状态，再快速冷却获得马氏体组织的淬火方法。

感应淬火的原理如图 5-26 所示，当加热感应圈中通过一定频率的交流电时，在其内部和周围将产生与电流变化频率相同的交变磁场。将工件放入加热感应圈，在交变磁场作用下，工件内产生同频率的感应电流，并形成回路，称为"涡流"。因为涡流在工件截面上分布不均匀，由表面至心部呈指数规律衰减，因

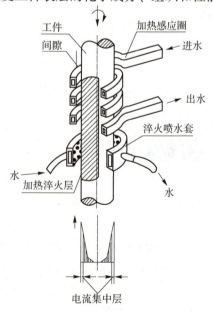

图 5-26 感应淬火的原理

此工件表面的电流大,而中心处电流几乎为0,这种现象称为集肤效应。涡流在工件自身电阻的作用下,将电能转化成热能,使工件表层迅速被加热到淬火温度,而心部温度仍接近于室温,随后喷水快冷,工件表层被淬硬,而心部组织保持不变,使工件外硬内韧,达到表面淬火的目的。

通过加热感应圈的电流频率越高,电流透入深度越小,感应电流的集肤效应越强烈,加热层深度越小,淬火后的淬硬层就越薄。

> **小资料**
>
> 在我们的生活中,电磁炉就是典型利用感应加热的实例。交变电流通过陶瓷面板下方的螺旋状磁感应圈,产生高频交变磁场,磁场内的磁力线穿过不锈钢锅等底部时,在其内部产生交变的感应电流,即涡流,从而使金属锅底迅速发热,达到加热食物的目的。

(1) 感应淬火的分类

感应加热透入工件表层的深度主要取决于电流频率,生产上,根据零件尺寸及硬化层深度的要求选择通入不同的电流频率。按所用电源频率范围的不同,生产中常用的感应淬火有高频、中频、工频感应淬火三种,如表5-6所示。

表5-6 常用感应淬火

| 名称 | 频率/Hz | 淬硬深度/mm | 适用零件 |
| --- | --- | --- | --- |
| 高频感应淬火 | 100 k~1 000 k<br>(常用 200 k~300 k) | 0.5~2 | 要求淬硬层较薄的中小型零件,如小模数齿轮和中、小尺寸轴类零件等 |
| 中频感应淬火 | 500~10 000<br>(常用 2 500~8 000) | 2~10 | 要求淬硬层较深的大、中模数齿轮和较大直径轴类零件等 |
| 工频感应淬火 | 50 | >10~15 | 大直径零件(如轧辊、火车车轮等)的表面淬火和大直径钢件的穿透加热 |

(2) 感应淬火的特点

与普通淬火相比,感应淬火具有以下特点。

1) 加热速度极快(一般只需几秒至几十秒)、时间短。加热温度高,感应淬火温度要比普通淬火高几十摄氏度。

2) 由于加热速度快、时间短,故奥氏体晶粒均匀、细小,淬火后表面获得细晶状马氏体,故工件表层硬度比普通淬火高 2~3 HRC,且脆性较低。

3) 工件表层强度高,马氏体转变时工件体积膨胀,表层产生残余压应力,能部分抵消在动载荷作用下产生的拉应力,可以显著提高其疲劳强度并降低缺口敏感性。

4) 工件表面不易氧化、脱碳,变形也小,淬硬层深度容易控制;生产率高,容易实现局部加热及机械化、自动化,可置于生产流水线中进行程序自动控制。

5) 感应加热设备较贵,维修、调整比较困难,适合批量生产形状简单的零件。

(3) 感应淬火的应用

最适宜采用感应淬火的钢种是中碳钢（如 40 钢、45 钢）和中碳合金钢（如 40Cr、40MnB 等）。含碳量越高，淬硬层的脆性越高，心部的塑性和韧性越低，淬火开裂倾向越大；而含碳量过低，则会降低工件表面的硬度和耐磨性。

在某些情况下，感应淬火也应用于碳素工具钢、低合金工具钢及铸铁工件等。用铸铁制造机床导轨、曲轴、凸轮轴及齿轮等，采用高、中频感应淬火可显著提高其耐磨性及抗疲劳性。但很少采用淬透性高的 Cr 钢、Cr-Ni 钢及 Cr-Ni-Mo 钢进行感应淬火。

表面淬火前的原始组织应为正火态或调质态。表面淬火后应进行低温回火，以降低应力和脆性。

感应淬火零件的加工路线一般为：下料→锻造毛坯→退火或正火→粗加工→调质或正火→精加工→感应淬火→低温回火→磨削。

例如，某机床主轴选用 40Cr 制造，其工艺路线为：

下料→锻造成毛坯→退火或正火→粗加工→调质→精加工→高频感应淬火+低温回火→研磨→入库。

退火或正火：消除锻造应力，均匀成分，细化晶粒，调整硬度，改善切削加工性能，消除带状组织。

调质：使主轴获得良好的综合力学性能；调整表层组织，为感应淬火做组织准备。

感应淬火+低温回火：最终热处理，提高主轴轴颈表面的耐摩擦、耐磨损性能和接触疲劳强度。

## 2. 火焰加热表面淬火

火焰加热表面淬火（简称火焰淬火）是利用乙炔-氧气（或其他可燃气体）的燃烧火焰，将工件表层迅速加热到淬火温度，然后喷水快速冷却，使工件表层硬化（得到马氏体组织）而心部组织不变的工艺方法，如图 5-27 所示。

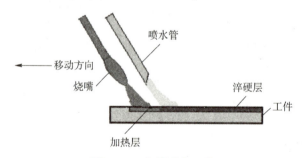

**图 5-27　火焰淬火示意**

工件淬火前应进行调质或正火，以改善心部组织，淬火后需进行低温回火（180～200 ℃），以降低淬火应力并部分恢复表面层的塑性。淬硬层深度一般为 2～8 mm。

火焰淬火设备简单，操作方便、灵活，成本低，工件大小不受限制，尤其是单件小批量生产或须在户外淬火的零件、运输拆卸不方便的巨型零件、淬火面积很大的大型零件、具有立体曲面的淬火零件等。因此，火焰淬火广泛用于重型机械、冶金、矿山、机车、船舶等领域。但火焰加热温度不易控制，零件表面容易发生过热，淬硬性和淬透性不易控制，因而对操作人员的技术水平要求较高。

## 5.6.2 表面化学热处理

表面化学热处理是将工件放在一定的活性介质中加热、保温适当时间，使一种或几种元素渗入工件表层，然后冷却，从而改变工件表面的化学成分、组织和性能的热处理工艺。

表面化学热处理不仅改变了工件组织，而且使工件表层的化学成分也发生了变化。通过化学热处理可以提高工件表层的硬度、耐磨性、疲劳强度等；可以保护工件表面，提高工件表层的物理、化学性能，如耐高温、耐腐蚀等。表面化学热处理按渗入的元素不同，可分为渗碳、渗氮、碳氮共渗、渗硼、渗铝等。

表面化学热处理由分解、吸收和扩散三个基本过程组成。

1）分解：介质在高温下通过化学反应进行分解，释放出待渗元素的活性原子（C、N等）。

2）吸收：活性原子被零件表面吸收和溶解，进入晶格内形成固溶体或化合物。

3）扩散：在一定温度下，活性原子由表面向内部扩散，形成一定厚度的扩散层。

**1. 渗碳**

渗碳是将工件在渗碳介质中加热、保温，使碳原子渗入工件表面的化学热处理工艺。

渗碳的目的：提高工件表面的硬度、耐磨性和疲劳强度，使心部具有较高的强度和良好的韧性。

渗碳钢：低碳钢或低碳合金钢（碳的质量分数为 0.10%~0.25%）。

（1）渗碳后的组织

渗碳后工件表层形成一定的含碳量梯度，由表及里逐渐降低至原始含碳量，表层相当于高碳钢，而心部则是低碳钢。平缓的碳浓度分布可以提高工件的抗弯强度和抗弯疲劳强度。

渗碳层深度一般为 0.5~2 mm，渗碳后工件表面的含碳量最好在 0.8%~1.1% 范围内，表层含碳量过低，则硬度不足、耐磨性差、疲劳强度低；表层含碳量过高，会出现较多的网状或块状渗碳体，则渗碳层变脆，易剥落。

图 5-28 所示为 20 钢渗碳缓慢冷却后的显微组织，从工件表面至心部依次是过共析组织（P+碳化物）、共析组织（P）、亚共析组织的过渡层（P+F）、心部原始组织。

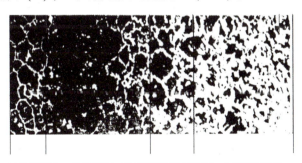

**图 5-28　20 钢渗碳缓慢冷却后的显微组织**

（2）渗碳方法

根据渗碳剂的不同，渗碳方法可分为气体渗碳、液体渗碳、固体渗碳。气体渗碳生产率高,渗碳层质量好,过程容易控制,且易实现机械化与自动化,故生产中常用的是气体渗碳。

气体渗碳法是把工件置于密封的渗碳炉中,通入渗碳剂,加热(900~950 ℃)到完全奥氏体化(奥氏体的溶碳量大),使工件渗碳。渗碳剂可以是煤油、丙酮、甲苯及甲醇等液体在高温下分解而成,也可以是一定成分的含碳气体(天然气、丙烷气等)。渗碳剂分解出 $CO$、$H_2$、$CH_4$ 及少量 $CO_2$、$H_2O$ 等,如图5-29所示。渗碳时间根据渗碳层深度确定。

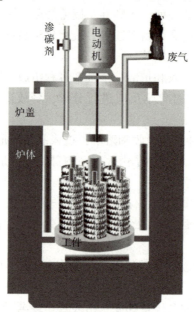

图5-29 气体渗碳法示意

(3) 渗碳后的热处理

渗碳只是提高了工件表层的碳含量,没有提高工件表层的硬度,即没有达到表面强化的目的。渗碳后必须进行淬火,淬火方法主要有直接淬火法、一次淬火法和二次淬火法。淬火后还要进行低温(160~180 ℃)回火,以消除应力和提高韧性。

1) 直接淬火法:工件渗碳后随炉或出炉预冷至稍高于心部成分的 $A_{r3}$ 温度,直接淬火(在水或油中)+低温回火。预冷是为了减小淬火应力和变形。直接淬火工艺简单、成本低、生产率高、氧化脱碳倾向小。但因工件在渗碳温度下长时间保温,奥氏体晶粒粗大,淬火后形成粗大的马氏体,其性能下降,故只适用于过热倾向小的本质细晶粒钢。

2) 一次淬火法:工件渗碳后出炉冷却,再加热淬火+低温回火。此法可细化粗大组织,提高工件的力学性能。淬火温度根据工件的技术要求而定。这种方法适用于组织和性能要求较高的零件,应用广泛。

3) 二次淬火法:工件渗碳冷却后两次加热淬火,第一次加热温度为850~900 ℃,是为了细化晶粒和消除表层的网状碳化物;第二次加热温度为760~820 ℃,是为了使渗层获得细小的片状马氏体和均匀分布的粒状碳化物。淬火后都要进行低温回火。该工艺复杂,多次淬火导致变形较大、成本高、效率低,仅用于要求表面高耐磨性和心部高韧性的零件。

工件渗碳淬火+低温回火后的组织为:高碳回火马氏体、碳化物和少量残留奥氏体,其表层硬度可达 58~64 HRC,具有高的硬度、耐磨性和疲劳强度;心部具有较高的强度和韧性。渗碳主要用于承受较大冲击和表面磨损严重的零件,如发动机变速器齿轮、活塞销、摩擦片等。

渗碳件的加工路线一般为:下料→锻造→正火→粗加工→渗碳→淬火→低温回火→精加工(磨削)→检验。

> **小资料**
>
> 当渗碳零件有不允许高硬度的部位时,如装配孔等,应在设计图样上予以注明。该部位可采取镀铜或涂抗渗涂料的方法来防止渗碳,也可采取多留加工余量的方法,待零件渗碳后在淬火前去掉该部位的渗碳层(即退碳)。

**2. 渗氮**

渗氮是在一定温度下、一定的介质中使活性氮原子渗入工件表层的工艺过程,也称为氮化。

渗氮的目的:提高工件表面的硬度、耐磨性、疲劳强度和耐蚀性。

渗氮钢:常用的渗氮钢一般含有 Cr、Mo、Al 等元素,因为这些元素可以形成各种氮化物,最常用的渗氮钢为 38CrMoAl。Cr、Mo 能提高钢的淬透性,有利于渗氮件获得强而韧的心部组织。

(1)渗氮方法

目前常用的渗氮方法主要有气体渗氮、液体渗氮及离子渗氮等,应用最为广泛的是气体渗氮。

气体渗氮是把已脱脂净化的工件放在密封的炉内加热,并通入氨气,加热至 500~600 ℃,氨气分解出活性氮原子渗入工件表层,并向内部扩散形成一定深度的渗氮层。渗氮时间取决于所需的渗氮层深度。渗氮层深度为 0.40~0.60 mm 时,时间一般为 40~70 h,故气体渗氮的生产周期较长。通常的渗氮温度为 500~580 ℃。这是因为氮在铁素体中有一定的溶解能力,无须加热到高温。在这个温度下,氮原子在钢中扩散速度很慢,所以渗氮所需时间很长,渗氮层也较薄。

(2)渗氮的特点

渗氮的优点:渗氮后零件的表面硬度比渗碳的零件还高,硬度可达 1 000~1 200 HV(相当于 69~72 HRC),耐磨性很好,且表面硬度和耐磨性可保持到 560~600 ℃ 而不降低;渗氮层一般承受压应力,疲劳强度高,疲劳强度可提高 15%~35%;渗氮层还具有耐蚀性(渗氮层是致密的、耐腐蚀的氮化物);渗氮后零件变形很小,一般不再进行其他热处理,最多进行精磨或研磨,但渗氮前必须进行调质处理。

渗氮的缺点:工艺复杂、生产周期长(几十小时甚至上百个小时)、成本高、渗氮层薄而脆,不宜承受集中的重载荷,需要专用的渗氮钢(常用渗氮钢是 38CrMoAl)。

因此,渗氮特别适用于要求精度高、耐磨性好或耐热、耐蚀等零件的最终热处理,如发动机气缸、磨床和镗床主轴、机床的丝杠等精密零件。

渗氮件的加工路线一般为:锻造→正火→粗加工→调质→精加工→去应力退火→粗磨→渗氮→精磨或研磨。

为了克服渗氮周期长的缺点,在渗氮的基础上发展了离子渗氮和碳氮共渗等工艺。

### 3. 离子渗氮

离子渗氮是指在低于 $1×10^5$ Pa（通常是 0.001~0.1 MPa）的渗氮气氛中，利用工件（阴极）和阳极之间产生的辉光放电进行渗氮的工艺。

离子渗氮的优点：速度快，时间短（仅为气体渗氮的 1/5~1/2），渗氮层质量好、脆性小，工件变形小，省电，无公害，操作条件好；对材料适应性强，如碳钢、低合金钢、合金钢、铸铁等均可进行离子渗氮。但是，对于形状复杂或截面相差悬殊的零件，渗氮后难同时达到相同的硬度和渗氮层深度，且设备复杂，操作要求严格。

### 4. 碳氮共渗

所谓碳氮共渗，就是在渗碳和渗氮基础上发展起来的一种化学热处理工艺，即向钢制机械零件表层同时渗入碳原子和氮原子的过程，其主要目的是改变钢制机械零件的硬度、耐磨性、疲劳强度、抗咬合性等。

按渗剂不同，碳氮共渗可分为固体碳氮共渗（常采用黄血盐、碳酸铵、木碳等渗剂）、液体碳氮共渗（以氰盐为主要原料）和气体碳氮共渗（以氨气、煤油、苯、丙烷、三乙醇胺为主要原料），常用的是气体碳氮共渗。

按共渗温度不同，碳氮共渗可分为低温碳氮共渗（500~570 ℃）、中温碳氮共渗（700~880 ℃）和高温碳氮共渗（880~950 ℃）。低温碳氮共渗也称软氮化，中、高温碳氮共渗俗称氰化。目前广泛应用的是中温和低温碳氮共渗。

生产中所说的气体碳氮共渗就是指中温碳氮共渗，常采用的共渗温度为 820~860 ℃，向密封的炉内通入煤油、氨气，保温时间主要取决于要求的渗层深度。零件的渗层深度为 0.3~0.8 mm 时，保温时间一般为 4~6 h。碳氮共渗后表层碳的质量分数为 0.7%~1.0%，氮的质量分数为 0.15%~0.5%。

碳氮共渗后要进行淬火+低温回火。共渗层表面组织为回火马氏体、粒状碳氮化合物和少量残留奥氏体，渗层深度一般为 0.3~0.8 mm。气体碳氮共渗用钢，大多为低碳或中碳的碳钢、低合金钢及合金钢。

气体碳氮共渗与渗碳相比，具有温度低、时间短、变形小、硬度高、耐磨性好、生产率高等优点，主要用于机床和汽车上的各种齿轮、蜗轮和轴类等零件。

由于气体碳氮共渗的渗层深度一般不超过 0.8 mm，因此不能用于承受很高压强和要求厚渗层的零件。目前在生产中，气体碳氮共渗常用来处理汽车和机床上的结构零件，如齿轮、蜗杆、轴类零件等。

几种表面热处理工艺的比较如表 5-7 所示。

表 5-7　表面热处理工艺的比较

| 处理方法 | 表面淬火 | 渗碳 | 渗氮 | 碳氮共渗 |
| --- | --- | --- | --- | --- |
| 处理工艺 | 表面加热淬火+低温回火 | 渗碳+淬火+低温回火 | 渗氮 | 碳氮共渗+淬火+低温回火 |
| 生产周期 | 很短，几秒到几分钟 | 长，3~9 h | 很长，20~50 h | 短，1~2 h |
| 表层深度/mm | 0.5~7 | 0.5~2 | 0.3~0.5 | 0.2~0.5 |
| 硬度　HRC | 58~63 | 58~63 | 65~70（1 000~1 100 HV） | 58~63 |

续表

| 处理方法 | 表面淬火 | 渗碳 | 渗氮 | 碳氮共渗 |
|---|---|---|---|---|
| 耐磨性 | 较好 | 良好 | 最好 | 良好 |
| 疲劳强度 | 良好 | 较好 | 最好 | 良好 |
| 耐蚀性 | 一般 | 一般 | 最好 | 较好 |
| 热处理后变形 | 较小 | 较大 | 最小 | 较小 |
| 应用举例 | 机床齿轮、曲轴 | 汽车齿轮、爪型离合器 | 油泵齿轮、制动器凸轮 | 精密机床主轴、丝杠 |

## 5.7 热处理工序的位置

机械零件的加工都是按一定的工艺路线进行的,合理安排热处理工序的位置,有利于保证零件质量和切削加工性的改善。根据热处理目的和工序位置的不同,热处理可分为预备热处理和最终热处理。

### 5.7.1 预备热处理

预备热处理主要有退火、正火、调质等工艺,主要是为了改善零件力学性能、消除内应力,为最终热处理做准备。

#### 1. 退火、正火

凡经过热加工(锻、轧、铸、焊等)的零件毛坯,都要进行退火或正火处理,以消除毛坯的内应力、细化晶粒、均匀组织、改善切削加工性能,或者为最后热处理做组织准备。其工序位置通常安排在毛坯生产之后、机械加工之前进行。其工艺路线为:毛坯生产(铸、锻、焊等)→退火(或正火)→切削加工。

#### 2. 调质

调质(淬火、高温回火)主要是为了提高零件的综合力学性能,或者为后续的表面淬火做准备。调质有时也可作为最终热处理使用;通常安排在粗加工之后、精加工之前进行,是为了保证淬透性差的钢种表面调质层组织不被切削掉。其工艺路线为:下料→锻造→正火(或退火)→粗加工(留余量)→调质→半精加工(或精加工)。

在生产中,灰铸铁件、铸钢件和某些无特殊要求的锻钢件,经退火、正火或调质后,已能满足使用性能要求,不再进行最终热处理,此时,上述热处理就是最终热处理。

### 5.7.2 最终热处理

最终热处理主要是为了提高零件材料的硬度及耐磨性,决定工件的组织状态、使用性能与寿命,包括淬火、回火、表面淬火、渗碳和渗氮等。进行这类热处理后工件的硬度较高,除磨削加工外很难再用其他切削方法加工。因此，最终热处理工序一般安排在半精加工之后、精加工（磨削）之前进行。

### 1. 整体淬火

整体淬火零件一般在淬火前的切削加工时保留余量，在淬火、回火后进行磨削。其工艺路线为：下料→锻造→退火（或正火）→粗加工、半精加工（留余量）→淬火+回火（低、中温）→精加工（磨削）。

### 2. 表面淬火

表面淬火的零件变形及氧化、脱碳均较小，故所留余量小或不留余量。为提高表面淬火零件的心部性能，在淬火前需进行调质或正火。其工艺路线为：下料→锻造→退火（或正火）→粗加工→调质→半精加工（留余量）→表面淬火、低温回火→精加工（磨削）。

### 3. 渗碳淬火

其工艺路线为：下料→锻造→正火→粗、半精加工→渗碳→淬火、低温回火→精加工（磨削）。

### 4. 渗氮

由于渗氮温度低、变形小、渗氮层薄而硬，渗氮后一般不再切削加工，因此渗氮工序安排在最后进行。为保证渗氮件心部有良好的综合力学性能，在粗加工和半精加工之间进行调质。为防止切削加工产生的残余内应力使渗氮件变形，渗氮前应进行去应力退火。其工艺路线为：下料→锻造→退火→粗加工→调质→半精加工→去应力退火→粗磨→渗氮→精磨、研磨或抛光。

零件选用的毛坯和工艺过程不同，热处理工序安排也会有所不同，因此工序位置的安排必须根据实际生产情况进行调整。例如：大批量生产的工件，如果工件性能要求不高，则其原料可不经热处理而直接进行切削加工。

实例：一卧式车床主轴（见图5-30）为传递力的重要零件，承受一般载荷。材料为45钢，热处理要求为：整体调质处理，硬度为220~250 HBW；轴颈及锥孔表面淬火，硬度为50~52 HRC。现确定加工工艺路线，并指出其中热处理各工序的作用。

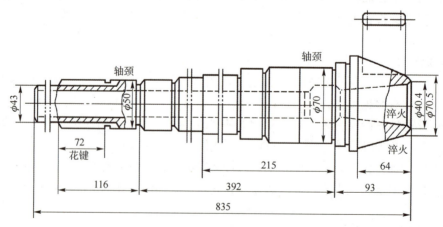

图5-30 卧式车床主轴简图

1）工艺路线为：下料→锻造→正火→粗加工→调质→半精加工→轴颈处高频感应淬火+低温回火→精加工（磨削）。

2) 各热处理工序的作用。

正火：预备热处理，其目的是消除锻件内应力，细化晶粒，改善切削加工性能。

调质：获得回火索氏体，提高主轴的综合力学性能，为表面淬火做组织准备。

轴颈及锥孔处高频感应淬火+低温回火：最终热处理。高频感应淬火是为了使表面得到高的硬度、耐磨性和疲劳强度；低温回火是为了消除淬火应力，防止磨削时产生裂纹，并保持高硬度和耐磨性。

## 5.8 热处理缺陷

**情景导入**

热处理后的零件容易出现变形、开裂等质量问题，是热处理工艺不合理或操作不当造成的，但还有一些质量问题是由于零件结构设计、选材、材料缺陷、其他冷热加工缺陷等造成的。因此，热处理人员应掌握出现各种热处理质量问题的原因，保证产品质量，并能打赢"质量官司"，以证"清白"。

热处理生产中，工件要进行加热和冷却两个过程，若加热过程存在控制不良、淬火操作不当或其他原因，则非常容易出现热处理缺陷，甚至一些其他冷、热加工过程造成的隐性缺陷，有些缺陷是可以挽救的，有些严重缺陷将使零件报废。因此，了解常见热处理缺陷及其预防是很重要的。

常见热处理缺陷分为加热缺陷和淬火缺陷两类。

### 5.8.1 加热缺陷

**1. 欠热**

欠热又称加热不足，是加热温度偏低或保温时间过短导致的奥氏体化不充分、第二相溶解不充分、缺陷（偏析、铁素体或魏氏组织、网状碳化物）不能消除的现象。欠热可通过退火或正火来矫正。

**2. 过热**

过热是指由于加热温度偏高使奥氏体晶粒粗大的现象。过热得到粗大的马氏体，导致零件性能变脆，降低钢的力学性能，热处理后变形加大，甚至可能导致开裂而使工件报废。过热可通过退火或正火来矫正。

**3. 过烧**

过烧指的是由于加热温度太高，奥氏体晶界氧化甚至熔化的现象。过烧使零件报废，无法挽救。

**4. 氧化**

氧化是指在空气或氧化性介质（如 $O_2$、$CO_2$、$H_2O$ 等）中加热时，工件表面形成氧化物的过程。氧化导致工件尺寸变小，表面变粗糙，硬度下降。加热温度越高，保温时间越长，氧化现象也就越严重。

**5. 脱碳**

脱碳是指加热时工件表层的碳被氧化而导致表层的含碳量降低的现象。脱碳会造成钢淬火后表层硬度下降,疲劳强度下降,耐磨性降低,易造成表面开裂。脱碳一般比氧化更容易发生,尤其是碳含量高的钢,且加热时间越长,脱碳现象越严重。

防止欠热、过热或过烧的主要措施是严格控制加热温度和加热时间,定期校正测温仪表。防止氧化、脱碳可采用盐浴炉中加热、保护气氛加热、真空加热、可控气氛加热、流态床加热及在工件表面进行涂层保护等方法。

## 5.8.2 淬火缺陷

**1. 淬火变形和裂纹**

工件在进行热处理时,尺寸和形状发生变化的现象称为变形。引起变形的主要原因是淬火应力,包括热应力和组织应力两种。影响淬火变形的因素有很多,主要是钢的化学成分和原始组织;其次是零件的几何形状、尺寸以及热处理工艺本身。变形往往是不可避免的,在一定范围内可以矫正。

工件在进行热处理时产生的内应力瞬间超过材料的抗拉强度时,工件就会开裂。其主要原因是冷却速度过快,但零件结构设计不合理等因素也会引起此类缺陷。淬火裂纹要避免,否则工件只能报废。

变形和开裂是淬火生产中经常出现的工艺缺陷,也是最棘手的问题。

> **小资料**
>
> 热应力是指钢件在加热和冷却过程中,由表面和心部的温差引起的工件体积胀缩不均匀所产生的内应力;组织应力是指由工件快速冷却时表层与心部马氏体转变不同,以及相变前后相的比体积不同所产生的内应力。

**2. 硬度不足和软点**

硬度不足是指淬火后工件较大区域内的硬度未达到技术要求,通常是由淬火加热温度低、表面脱碳、冷却速度不够(发生非马氏体转变)、钢材淬透性低、淬火钢中残留奥氏体过多等原因造成的。

淬火后,工件上硬度偏低的局部小区域称为软点。软点一般是由工件表面有氧化皮及污垢、淬火冷却介质中有杂质、工件在淬火冷却介质中冷却不均匀或原始组织不均匀造成的。

当工件淬火后出现硬度不足和大量软点时,可在进行退火或正火后,重新进行淬火。

**3. 防止变形与开裂的方法**

控制淬火应力,比较有效的方法有以下几种。

1)正确选择材料:对于形状复杂、截面尺寸相差悬殊、硬度要求高的工件,最好选用淬透性较高的合金钢。

2)合理设计零件结构:尽量设计成截面均匀、形状对称的零件。

3)采用合适的热处理工艺:正确制订加热温度、加热速度、冷却方式等热处理工艺参数。淬火加热尽量采用下限温度;必要时采取多次预热;冷却时尽量选用冷却速度缓慢的淬火冷却介质或优先采用双液淬火、等温淬火等方法。

4）正确进行热处理操作：对热处理操作中的每一道辅助工序（如绑扎、吊挂、装炉及工件浸入淬火冷却介质的方式等）都予以足够的重视，以保证工件获得尽可能均匀的加热和冷却效果，同时要避免工件加热时因自重而引起的变形。

### 5.8.3 热处理零件的结构工艺性

设计零件结构时，既要考虑适合零件结构的需要，又要考虑加工和热处理工艺的要求。充分考虑热处理零件的结构工艺性，避免因零件结构形状不合理而增大淬火时变形与开裂的倾向，导致零件报废，从而造成很大的经济损失。

热处理零件的结构工艺性应遵循以下原则：
1）设计成圆角或倒角，避免尖角和棱角；
2）零件形状应尽量简单，避免厚薄悬殊的截面；
3）尽量采用封闭结构；
4）尽量采用对称结构；
5）当有开裂倾向和特别复杂的热处理工件时，尽量采用组合结构，把整体件改为组合件；
6）提高零件结构的刚度，必要时可附加加强肋。

## 5.9 其他热处理

**情景导入**

随着新能源的利用和计算机技术的发展，近年来，诞生了多项高效、低能耗、控制良好、应用范围广的热处理技术。许多行业或企业基本实现了以真空炉、可控气氛炉、连续式热处理生产线、晶体管感应电源和自动淬火机床为主的热处理设备的更新；计算机控制技术在气体渗碳等热处理工艺中得到了广泛应用；激光相变强化等新型热处理工艺方兴未艾。

随着科学技术的迅猛发展，热处理工艺和技术的机械化、自动化水平不断提高，正走向定量化、智能化。现在热处理技术的主要发展方向：既节约能源，提高经济效益，减少或防止环境污染，又获得优异性能。

### 5.9.1 真空热处理

在真空环境（低于一个大气压）中进行的热处理工艺称为真空热处理，包括真空退火、真空淬火、真空回火和真空化学热处理等。真空热处理可以实现几乎所有常规热处理所能涉及的热处理工艺，且热处理质量得到了大大提高。

真空热处理后，工件表面无氧化、无脱碳，表面光洁，能使工件脱氧和净化，同时可以实现控制加热和冷却，工件截面温差小、变形小，显著提高工件耐磨性和疲劳强度。此外，真空热处理便于机械化、自动化、柔性化和清洁热处理等。虽然真空热处理设备复杂、价格昂贵，但随着热处理质量要求越来越高和真空热处理的飞快发展，真空热处理不但成为某些特殊合金热处理的必要手段,而且在一般工程用钢(工具、模具和精密零件)的热处理中也获得了应用。

### 5.9.2 可控气氛热处理

在炉气成分可控制的炉内进行的热处理称为可控气氛热处理,可以防止工件加热时产生氧化、脱碳等现象,主要用于渗碳、碳氮共渗、脱碳工件的复碳、保护气氛淬火和退火等。

可控气氛热处理能够提高工件表面质量和尺寸精度,能控制渗碳时渗碳层的碳浓度,工艺控制精度和自动化程度高,产品合格率高,节能,省时,能提高经济效益。

### 5.9.3 形变热处理

形变热处理是将塑性变形(锻、轧等压力加工)与热处理有机结合起来,获得形变强化和相变强化综合效果的热处理工艺,是提高钢的强韧性的重要手段之一。形变热处理既能提高钢的强度,又能改善钢的塑性和韧性,同时能简化工艺流程,节约能源、设备,减少工件氧化和脱碳,提高经济效益和产品质量。

形变热处理方法有很多,典型的形变热处理工艺可分为高温形变热处理和低温形变热处理两种。

高温形变热处理是将钢加热至$A_{c1}$以上,在稳定的奥氏体温度范围内进行塑性变形,然后立即淬火并回火。这种热处理对钢的强度提高不大,但可大大提高韧性,减小回火脆性,降低缺口敏感性,大幅度提高抗脆性,多用于调质钢及加工量不大的锻件或轧材,如连杆、曲轴、弹簧、叶片等。

低温形变热处理是将钢加热至奥氏体,并迅速冷却至$A_{c1}$以下,$M_s$点以上在过冷奥氏体亚稳温度范围进行大量塑性变形,然后立即淬火并中温或低温回火。这种热处理可在保持塑性、韧性不降低的条件下,大幅度提高钢的强度和耐磨损能力,主要用于要求强度极高的零件,如高速工具钢刀具、弹簧、飞机起落架等。

目前,形变热处理得到了冶金工业、机械制造业和尖端部门的普遍重视,发展极为迅速,已获得了广泛应用。但该工艺增加了变形工序,设备和工艺条件受到了限制。

### 5.9.4 激光热处理

激光热处理是以高能量激光作为热源,以极快速度加热工件表面,使表面极薄一层的局部小区域快速吸收能量而温度急剧上升,迅速达到奥氏体化温度,此时工件基体仍处于冷态,激光离开后,表层被加热区域的热量迅速传到工件其他部位,冷却速度很快,使表层局部区域瞬间自冷淬火,得到马氏体组织。激光热处理后工件晶粒细小,变形小,适用于精密零件和关键零件的局部表面淬火。

激光热处理是最成熟、应用最广泛的一种高能束表面热处理方法。另外,激光等高能束还可作为表面涂覆工艺的热源,一次可完成表面淬火和涂覆过程,尤其是纳米技术的发展,使这一复合工艺过程在精密轴承零件的表面处理中有广阔的应用前景。

## 5.9.5 循环热处理

循环热处理是在恒定的温度下，没有保温时间，在循环加热和以适当速度冷却时使工件多次发生相变的工艺，此工艺可大大提高钢和铸铁的性能。每一种牌号的钢的加热和冷却循环数通过试验来确定。循环热处理可使组织组成物发生细化，大大增加结构强度，稳定精密机器和仪表零件的尺寸。

钢和铸铁的循环热处理主要有三种：低温循环热处理、中温循环热处理、高温循环热处理。

## 本章小结

1. 热处理是指通过加热、保温和冷却固态金属的方法来改变其内部组织结构以获得所需性能的工艺。

2. 加热是各种热处理的第一道工序，通常热处理需要先加热到临界点以上某一温度得到全部或部分奥氏体组织，然后采用适当的冷却方法，使奥氏体组织发生转变，从而使钢获得所需要的组织和性能。

3. 对于共析钢，过冷奥氏体在550℃左右孕育期最短，它是C曲线最突出的部位，称为等温转变图的"鼻尖"，"鼻尖"位置对钢的热处理工艺性能有重要影响。在高于或低于"鼻尖"温度时，孕育期变长，即过冷奥氏体的稳定性增加，转变速度较慢。

共析钢等温冷却时的转变产物及其性能，如表5-8所示。

表5-8 共析钢等温冷却时的转变产物及其性能

| 转变类型 | 转变温度 | 转变产物 | 符号 | 组织形态 | 硬度 |
| --- | --- | --- | --- | --- | --- |
| 珠光体转变 | $A_1 \sim 650$ ℃ | 珠光体 | P | 较粗片状 | <25 HRC |
|  | 650~600 ℃ | 索氏体 | S | 较细片状 | 25~30 HRC |
|  | 600~550 ℃ | 托氏体 | T | 极细片状 | 30~40 HRC |
| 贝氏体转变 | 550~350 ℃ | 上贝氏体 | $B_上$ | 黑色羽毛状 | 40~45 HRC |
|  | 350 ℃ ~ $M_s$ | 下贝氏体 | $B_下$ | 黑色针叶状 | 45~55 HRC |
| 马氏体转变 | <$M_s$，实为连续冷却转变 | 板条马氏体 | M | 板条束 | <40 HRC |
|  |  | 片（针）状马氏体 | M | 双凸透镜 | 60~65 HRC |

4. 热处理冷却转变的重点是马氏体转变。

5. 钢的连续冷却更加贴近热处理生产实际。共析钢的连续冷却转变曲线只有"半个C"，说明其不发生贝氏体转变，但应注意，亚共析钢在连续冷却时会发生贝氏体转变。共析钢连续冷却时的转变产物及其性能如表5-9所示。

表5-9 共析钢连续冷却时的转变产物及其性能

| 冷却方式 | 转变产物 | 符号 | 硬度 |
|---|---|---|---|
| 炉冷 | 珠光体 | P | 170~220 HBW |
| 空冷 | 索氏体 | S | 25~35 HRC |
| 油淬 | 托氏体+马氏体 | T+M | 45~55 HRC |
| 水淬（或>$V_K$） | 马氏体+少量残留奥氏体 | M+A | 55~65 HRC |

6. 淬火的目的是获得马氏体或下贝氏体，以提高钢的强度和硬度，是热处理中应用最广泛的工艺方法。淬火后的工件不能直接使用，否则会有变形或断裂的危险。淬火后的工件必须回火。

7. 钢的淬透性是指钢在淬火时获得马氏体层深度的能力，其大小可以用淬透层深度（马氏体层深度）来表示。钢的淬硬性是指钢在淬火硬化后所能达到的最高硬度值，即钢在淬火时的硬化能力，主要取决于马氏体的含碳量。

8. 常见的热处理缺陷分为加热缺陷和淬火缺陷两类。加热缺陷有欠热、过热、过烧、氧化、脱碳等；淬火缺陷有淬火变形和裂纹、硬度不足和软点。

9. 常用热处理工艺的特点及其应用如表5-10所示。

表5-10 常用热处理工艺的特点及其应用

| 名称 | 定义 | 目的 | 应用 |
|---|---|---|---|
| 退火 | 将钢加热到$A_{c3}$（或$A_{c1}$）以上适当的温度，保温一定时间，然后缓慢冷却 | 1. 降低硬度，改善可加工性<br>2. 消除内应力，稳定尺寸<br>3. 消除偏析，均匀成分 | 完全退火适用于亚共析钢；球化退火适用于高碳钢 |
| 正火 | 将钢加热到$A_{c3}$（或$A_{cm}$）以上30~50 ℃，保温一定时间，再空冷 | 1. 提高硬度，改善可加工性<br>2. 消除缺陷组织，如粗大组织、网状组织、带状组织等<br>3. 对不重要零件或大件，可作为最终热处理使用 | 用于低、中碳钢，对于低碳钢常用于代替退火，对于高碳钢主要用于消除缺陷组织 |
| 淬火 | 将钢加热到$A_{c3}$（或$A_{c1}$）以上30~50 ℃，保温一定时间，然后在冷却剂（水、油、盐水）中急冷 | 得到马氏体或下贝氏体组织，然后配合以不同温度的回火，以大幅提高钢的硬度、强度和疲劳强度等 | 基本无限制 |
| 回火 | 淬火后的钢再加热到$A_1$以下某一温度，保温，空冷 | 1. 消除应力<br>2. 稳定组织<br>3. 调整性能 | 低温回火 150~250 ℃：刀具、量具、模具、滚动轴承、渗碳淬火件和表面淬火件<br>中温回火 350~500 ℃：弹性零件及热锻模具等<br>高温回火 500~650 ℃：承受疲劳载荷的中碳钢重要件，如连杆、主轴、齿轮等 |

续表

| 名称 | 定义 | 目的 | 应用 |
|------|------|------|------|
| 表面淬火 | 用火焰或高频电流将零件表面迅速加热到临界淬火温度以上，然后急冷，再低温回火 | 使零件表面获得高硬度，而心部保持良好的综合力学性能 | 适用于中碳钢或中碳合金钢零件，预备热处理常用调质 |
| 渗碳 | 在渗碳剂中加热到900～950 ℃，停留一定时间，使碳原子渗入钢件表面，再淬火后低温回火 | 提高零件的表面硬度、耐磨性和疲劳强度，心部保持良好的塑性和韧性 | 适用于低碳钢或低碳合金钢零件，预备热处理常用正火 |

练习题

参考答案

# 第 6 章　金属材料的塑性变形与再结晶

【知识目标】

1. 了解金属材料塑性变形的本质。
2. 掌握金属材料塑性变形过程中的组织、结构与性能的变化规律。
3. 熟悉金属材料冷、热塑性变形加工及其不同点。

【能力目标】

1. 能分析塑性变形对金属材料组织性能的影响，正确确定加工工艺。
2. 能够区分金属材料的冷、热塑性变形加工状态。
3. 能利用塑性变形与再结晶的知识解释生活及生产中的有关技术问题。

## 6.1　金属材料的塑性变形

**情景导入**

> 生活中，我们在常温下反复弯曲铁丝时会发现，反复弯曲次数越多，铁丝越硬。铁丝折断后，断开的两接头处的硬度比铁丝原有硬度更高。这是因为，铁丝受到弯曲外力作用后发生变形，反复弯曲次数越多，变形量会越大，从而发生塑性变形。

金属材料在外力作用下的行为可通过应力-应变曲线来描述，一般分为三个阶段：弹性变形（可逆，变形量小，不能使金属成型）、塑性变形（压力加工的基础，变形量较大且多数变形不可逆）和断裂（最严重的失效形式）。

金属材料经冶炼浇注后大多数要进行各种压力加工，如轧制、挤压、拉丝、锻造、冲压，如图 6-1 所示。金属材料经过压力加工不仅可以得到零件所需要的形状和尺寸，而且可以使铸态金属的组织与性能得到改善，从而获得生产中满足使用要求的型材、板材、管材或线材，以及零件毛坯或零件制件。

# 第6章 金属材料的塑性变形与再结晶

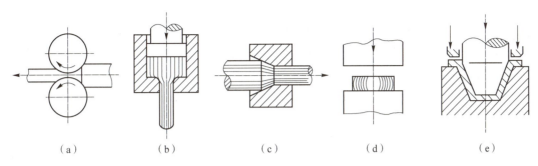

**图 6-1 金属材料压力加工方法示意**
(a) 轧制；(b) 挤压；(c) 拉丝；(d) 锻造；(e) 冲压

压力加工的实质就是塑性变形，金属材料塑性变形是指金属材料在外力作用下，发生永久变形而不断裂。塑性变形不仅改变了金属材料的形状和尺寸，还会使金属材料内部组织与性能产生变化，从而影响零件的性能。因此，研究金属材料塑性变形后的组织结构变化规律，对于深入了解金属材料各项力学性能指标的本质，充分发挥材料强度的潜力，为正确制订和改进金属压力加工工艺，提高产品质量及合理用材等都具有重要意义。那么，从微观上看，金属材料的塑性变形是怎样产生的呢？

## 6.1.1 单晶体的塑性变形

单晶体一般只能通过特殊的铸造工艺获得，工程中使用的金属材料通常是多晶体，其塑性变形与各个晶粒的变形行为相关联。因此，掌握单晶体的塑性变形是了解多晶体变形规律的基础。单晶体塑性变形的基本方式主要有两种：滑移和孪生，如图 6-2 所示，其中滑移是塑性变形的主要方式。

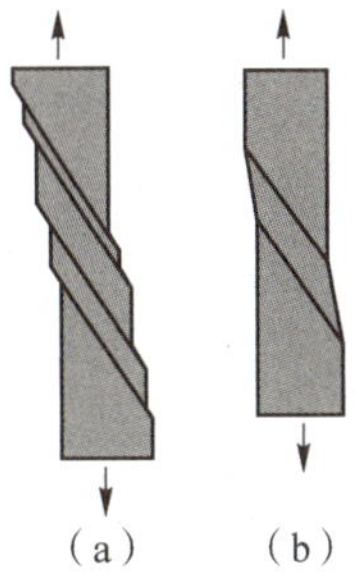

**图 6-2 单晶体塑性变形的基本方式**
(a) 滑移；(b) 孪生

### 1. 滑移

单晶体受拉伸时，外力在任何晶面上的应力可分解为正应力和切应力，正应力只能使晶体产生弹性伸长，并在超过原子间结合力时将晶体拉断。只有切应力才能产生塑性变形（相对滑移）。

滑移是指在切应力的作用下，晶体中的一部分相对另一部分沿着一定的晶面（滑移面）和晶向（滑移方向）产生相对滑动，如图 6-3 所示。

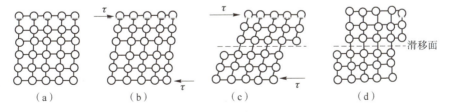

**图 6-3 单晶体在切应力作用下的滑移**
(a) 变形前；(b) 弹性变形；(c) 弹塑性变形；(d) 变形后

切应力较小时，晶体产生弹性变形，如图 6-3（b）所示，此时撤去外力，晶体可恢复原状。若切应力继续增大到超过原子间的结合力，则会引起晶面两侧的原子发生相对滑移，滑移距离是滑动方向原子间距的整数倍，如图 6-3（c）所示，滑移后并不破坏晶体排列的规律性。此时，如果切应力消失，晶格扭曲可以恢复，但已经发生滑移的原子不能恢复到变形前的位置，在新位置上重新处于平衡状态，即产生微量的塑性变形，如图 6-3（d）所示。如果切应力继续增大，在其他晶面上的原子也会产生滑移，从而继续产生塑性变形，许多晶面滑移的总和就产生了宏观的塑性变形。当应力足够大时，晶体将发生断裂。

通过电子显微镜观察，滑移并非在一个晶面进行，而是发生在一系列相互平行的晶面上，这些晶面构成了若干个小台阶，微观上一个小台阶就是一个滑移层，称为滑移线，若干条滑移线组成一个滑移带。在显微镜下可观察到滑移后的金属晶体表面出现了一些与外力方向成一定角度的细线，这些细线就是滑移带，如图 6-4 所示。

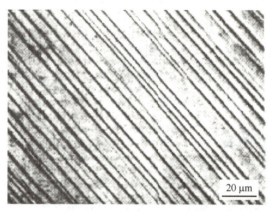

图 6-4　工业纯铜中的滑移带

每条滑移线所对应的台阶高度称为该滑移面的滑移量（一般约为原子间距的 1 000 倍），两条滑移线之间的部分称为滑移层（厚度约为原子间距的 100 倍），各滑移带之间的距离约为原子间距的 10 000 倍，如图 6-5 和图 6-6 所示，可见晶体的滑移不是均匀分布的。

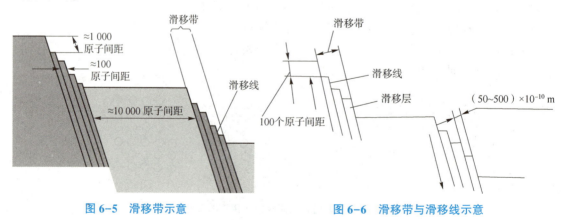

图 6-5　滑移带示意　　　　　　　　图 6-6　滑移带与滑移线示意

晶体的滑移并不是在所有的晶面上都发生，而是沿着一定的晶面和此面上的一定方向进行的。晶体滑移大多优先发生在原子密度最大的晶面上，这是因为原子密度最大的晶面上原子间的结合力较强,滑移阻力较大,而原子密度最大的晶面间的面间距最大,原子间结合力最小,滑移阻力也就最小,所需切应力最小。从位错运动看,沿面间距最大的晶面移动引起的点阵畸变也最小,因而所需能量最小。同理,滑移方向也是沿着原子密度最大的晶向。

图6-7中,Ⅱ组和Ⅲ组晶面上原子密度较小,其面间距较小,晶面上原子的结合力相对较小,而晶面间原子结合力较大,不容易沿晶面发生滑移;而Ⅰ组晶面上原子密度最大,其面间距最大,晶面上原子的结合力相对较强,而晶面间原子结合力较小,所以晶体最容易沿Ⅰ组晶面滑移。

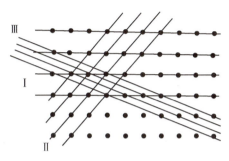

**图6-7 晶面间距示意**

晶体易发生滑移的晶面和晶向分别称为滑移面和滑移方向,产生滑移时一个滑移面与其上的一个滑移方向组成一个滑移系。滑移系越多,金属发生滑移的可能性越大,塑性就越好。表6-1列出了金属三种常见晶格的滑移系。

**表6-1 金属三种常见晶格的滑移系**

| 晶格 | 体心立方晶格 | 面心立方晶格 | 密排六方晶格 |
|---|---|---|---|
| 滑移面 | {110}×6 | {111}×4 | 六方底面×1 |
| 滑移方向 | ⟨111⟩×2 | ⟨110⟩×3 | 底面对角线×3 |
| 滑移系 | 6×2=12 | 4×3=12 | 1×3=3 |

体心立方晶格与面心立方晶格都有12个滑移系,它们的塑性比密排六方晶格的金属(3个滑移系)好得多,就是因为滑移系多,所以发生滑移的可能性大。面心立方晶格的塑性比体心立方晶格好,主要是因为面心立方晶格每个滑移面上的滑移方向有3个,而体心立方晶格的滑移方向有2个,滑移方向所起的作用比滑移面大。

**2. 位错与滑移**

长期的理论和实验研究表明,滑移并非是整个滑移面的原子一起作刚性移动,而是通过滑移面上位错的运动来实现的。

当晶体通过位错运动产生滑移时，只需要位错附近的少数原子作微量移动，且移动的距离远小于一个原子间距。当一个位错移动到晶体表面时，便产生一个原子间距的滑移量，如图6-8所示。同一滑移面上若有大量位错移出，则在晶体表面形成一条滑移线。通过位错移动而产生的逐步滑移，比整体一起移动所需要的临界切应力要小得多。位错容易移动的特点称为位错的易动性。因此，滑移实质上是在切应力作用下，位错沿滑移面的运动。

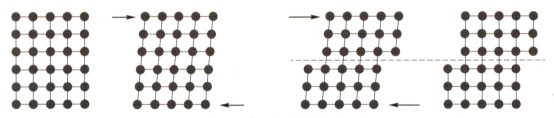

图6-8 刃型位错移动产生滑移示意

综上所述，滑移的产生条件是：晶体中存在一定数量的位错，而且位错能够在外力作用下产生移动。同理，阻碍位错的移动就可以阻碍滑移的进行，从而阻碍金属的塑性变形，提高塑性变形的抗力，使强度提高。金属材料的各种强化方式（固溶强化、加工硬化、晶粒细化、弥散强化、淬火强化）都是以此为理论基础的。

### 小资料

1926年，苏联物理学家雅科夫·弗兰克尔发现，按理想完整晶体模型计算的滑移所需的临界切应力比实测值大2~3个数量级。1934年，泰勒、波朗依、奥罗万几乎同时提出了晶体缺陷中的位错模型，认为滑移是通过位错的运动来实现的，解决了上述理论计算与实际测试结果相矛盾的问题。1939年，柏格斯提出用柏氏矢量表征位错。1947年，柯垂耳提出溶质原子与位错的交互作用。1950年，弗兰克和瑞德同时提出位错增殖机制。1956年，科学家用透射电镜直接观察到了晶体中的位错，证明了位错理论的正确性。位错理论的提出，揭示了晶体滑移的本质，对金属材料的塑性变形、强度、断裂等研究领域产生了巨大的推动作用，是金属材料科学发展过程中的里程碑。

### 3. 孪生

孪生变形是塑性变形的另一种形式。

孪生是指在切应力作用下，晶体的一部分相对于另一部分对沿一定晶面（孪生面）和晶向（孪生方向）产生剪切变形（切变）。产生切变部分的晶体位向发生了改变，这部分称为孪晶带。通过这种变形，使孪生面两侧的晶体形成了镜面对称关系，镜面就是孪生面。这种对称的两部分晶体称为孪晶或双晶。

孪生和滑移不同，孪生时，孪晶带中相邻原子面的相对位移只有一个原子间距的几分之一，且晶体位向发生改变；滑移时，切变只局限在给定的滑移面上，滑移总量是原子间距的整倍数，晶体的位向不发生变化。

单晶体的塑性变形究竟以何种方式进行，主要取决于晶体结构和外部条件。

体心立方晶格：如α-Fe等，滑移系较多，塑性变形一般以滑移方式进行，只有在低温或受到冲击时才发生孪生变形。

面心立方晶格：塑性变形一般不以孪生方式进行。孪生变形所需的切应力要比滑移变形的切应力大得多，由此可见，要使滑移系多的晶体不发生滑移而进行孪生是相当困难的。

密排六方晶格：滑移系少，故塑性变形常以孪生方式进行。

孪生变形所产生的塑性变形量并不大，但是由于晶体位向发生的改变，有利于产生新的滑移变形，因而提高了金属的变形能力，这对于滑移系较少的金属具有特殊意义。在金属的塑性变形过程中，滑移和孪生两种变形方式往往是交替进行的，这样可以获得较大的变形量。

## 6.1.2 多晶体的塑性变形

工程中实际应用的金属材料通常是多晶体，多晶体是由单晶体（晶粒）构成的。多晶体中每个晶粒塑性变形的基本方式与单晶体相同，仍然是滑移和孪生。但由于多晶体材料中各个晶粒位向不同，且存在许多晶界，因此其塑性变形要复杂得多。

### 1. 不均匀性

多晶体中各相邻晶粒位向不同，有些处于有利位向的晶粒先产生滑移，这种易滑移位向，又称"软位向"，而一些晶粒处于不利位向，最难滑移，被称为"硬位向"。因此，多晶体的塑性变形先发生于"软位向"晶粒，后发展到"硬位向"晶粒，是晶粒分批、逐步进行滑移，使变形分散在材料各处，导致塑性变形的非同步性，如图6-9所示。

图6-9 多晶体塑性变形的非同步性

### 2. 晶界的影响

晶界是两相邻晶粒的过渡区，晶界处的原子排列不规则，晶格畸变程度大，且常常聚集有杂质原子，处于高能量状态，当位错运动到晶界附近会受到晶界的阻碍而堆积起来，称为位错的塞积，如图6-10所示。若要继续进行变形，必须增加外力，由此可见，晶界提高了金属的塑性变形抗力。晶界排列越乱，滑移抗力就越大。双晶粒试样拉伸时的变形示意如图6-11所示。

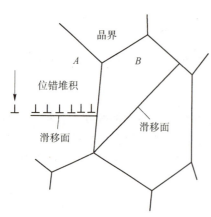

图 6-10 晶界附近位错塞积示意

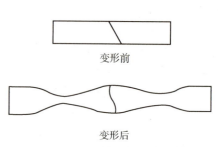

图 6-11 双晶粒试样拉伸时的变形示意

**3. 晶粒间的位向差阻碍滑移**

多晶体金属中，各相邻晶粒之间存在位向差，当一个晶粒发生滑移时，会受到它周围位向不同晶粒的影响，必须有足够大的外力来克服晶粒间的这种相互约束，即有足够大的外力，才能使某晶粒发生滑移变形并能带动或引起其他相邻晶粒也发生相应的滑移变形。这就意味着增大了晶粒变形的抗力，阻碍了滑移的进行。

而周围的晶粒如果不发生塑性变形就不能保持晶粒间的连续性，甚至会造成材料出现孔隙或破裂。

由于晶界对位错的移动有阻碍作用，因此材料的屈服强度、塑性及韧性与晶粒大小有密切关系。金属的晶粒越细，晶界总面积越大，位错障碍越多，需要协调的具有不同位向的晶粒越多，金属的强度和硬度越高。

金属的晶粒越细，参与变形的晶粒数目越多，变形可以分散在更多的晶粒内进行，从而推迟了裂纹的形成和扩展，使在断裂前发生较大的塑性变形，因此塑性就越好。晶粒越细，晶界越多，裂纹扩展时的途径越曲折，不利于裂纹的传播，故金属在断裂前吸收的能量越多，韧性也越好。

因此，生产上总是设法获得细小而均匀的晶粒组织，以使金属材料具有较高的综合力学性能，这是提高金属材料力学性能的有效途径之一。细晶强化在提高金属材料强度的同时也使金属材料的塑性和韧性得到改进，这是其他强化方法所不能比拟的。

## 6.2 冷塑性变形对金属组织和性能的影响

**情景导入**

取一段铁丝反复弯折，铁丝越来越硬，最后断裂。这是为什么呢？

铁丝多次弯折，实际上就是多晶体多次发生塑性变形的过程。塑性变形包括冷塑性变形和热塑性变形，本节主要讨论冷塑性变形。冷塑性变形后，金属的组织和性能都将发生一系列重要的变化。

## 6.2.1 冷塑性变形对金属组织的影响

**1. 晶粒变形**

经过塑性变形，金属材料的内部晶粒由最初的等轴晶逐渐变成沿变形方向被拉长或压扁（长方形、扁平形、条形）的晶粒。变形量越大，晶粒伸长的程度越显著。当变形量很大时，晶界变得模糊不清，晶粒已难以分辨，而呈现出一片纤维状的条纹，称为纤维组织，如图 6-12 所示。

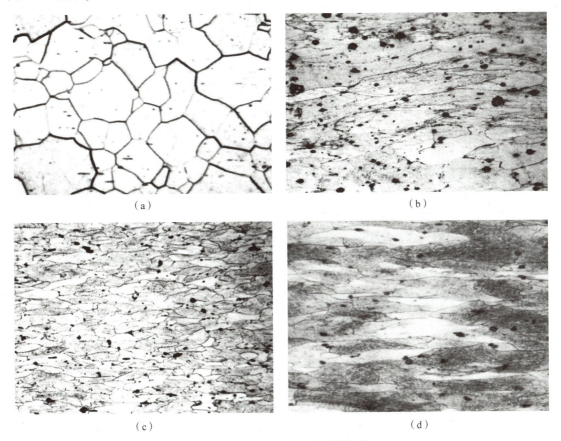

图 6-12　工业纯铁不同变形度时的显微组织（200×）

(a) 未变形；(b) 变形度为 20%；(c) 变形度为 40%；(d) 变形度为 80%

纤维组织的存在，使变形金属的横向（垂直于伸长方向）力学性能低于纵向（沿纤维的方向）力学性能，因此变形金属的力学性能有明显的各向异性。

**2. 亚结构细化**

强烈冷变形后的金属，晶粒被破碎，在破碎和拉长了的晶粒内部，将出现许多位向略有不同的鱼鳞状的小晶块，每一小晶块称为亚晶粒，这种组织称为亚结构。亚结构的增多对滑移变形过程有巨大阻碍作用。亚晶粒边界上集聚着较多位错，随着塑性变形程度的增大，亚晶粒将进一步细化并使位错密度增大，从而出现严重的晶格畸变，显著地提高了晶体的变形抗力，进而提高了金属的强度、硬度。亚结构对于强化金属材料起着十分重要的作用。

### 3. 产生变形织构

在塑性变形过程中，当变形达到一定的程度后，各晶粒内晶格取向发生了转动，使各晶粒的位向趋近于一致，形成了特殊的择优取向，这种有序化的结构称为变形织构，如图 6-13 所示。

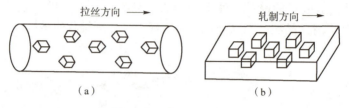

图 6-13 变形织构示意
(a) 丝织构；(b) 板织构

织构的存在会使金属材料产生严重的各向异性。金属材料各方向上的塑性、强度不同，会导致非均匀变形，使筒形零件的边缘出现严重不齐的现象，称为"制耳"，如图 6-14 所示。存在制耳现象的零件的质量是不合格的。

变形织构很难消除，生产中为避免产生织构，较大变形量的零件常分为几次变形来完成，并进行"中间退火"。变形织构也有可利用的一面。例如：变压器所用的硅钢片可以使变压器铁芯增加磁导率，降低磁滞损耗，提高效率。

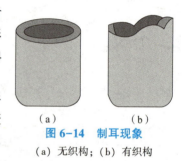

图 6-14 制耳现象
(a) 无织构；(b) 有织构

## 6.2.2 冷塑性变形对金属性能的影响

冷塑性变形过程中，随着金属内部组织的变化，金属的力学性能也将产生明显的变化。随着变形程度的增加，金属材料的强度和硬度升高，塑性和韧性下降的现象称为加工硬化或冷变形强化。图 6-15 所示为工业纯铁的强度和塑性随变形程度增加而变化的情况。

经过塑性变形后，金属材料的一些物理性能、化学性能也会随之发生变化，如金属及合金的电阻率增加，导电性能和电阻温度系数下降，磁性下降；化学活性增加，电极电位提高，腐蚀速度加快等。此外，塑性变形后，金属中的晶体缺陷（空位和位错）增加，因而使扩散激活能减少，扩散速度增加。

加工硬化在生产中具有重要的意义。首先，加工硬化可用来强化金属，提高其强度、硬度和耐磨性。尤其是对于那些不能通过热处理来强化的金属材料更为重要，如纯金属、奥氏体型不锈钢、黄铜、变形铝合金等，加工硬化是唯一有效的强化方法。例如：18-8 型奥氏体型不锈钢经过 40% 轧制变形后其屈服强度是原来的 4~5 倍，抗拉强度也提高了 1 倍。

其次，加工硬化有利于金属进行均匀变形，获得截面均匀的产品。例如：通过模具冷拉钢丝时，断面收缩部位引起加工硬化，继续拉伸时这些部位的拉应力增加，但还不会断裂，使冷拉工艺得以继续进行。加工硬化使先变形部位的金属发生硬化而停止变形，未变形或变形较小的部位的金属继续变形，所以使金属变形均匀，从而获得壁厚均匀的制品，不会使变形因为集中在某些局部而导致工件断裂。

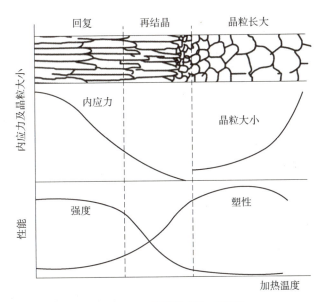

图 6-15 工业纯铁的加工硬化

最后，加工硬化还可以提高构件在使用过程中的安全性。构件在使用过程中，某些部位（如孔、螺纹、截面过渡处、键槽等）会出现应力集中和过载现象。加工硬化会使这些过载部位产生少量塑性变形，使屈服强度升高，并与所承受的应力达到平衡，因此变形不会继续发展，从而提高了构件的安全性。

加工硬化使金属材料强化是以牺牲金属材料的塑性、韧性为代价的，给金属材料进一步变形带来了困难，甚至导致开裂。为了恢复塑性使金属材料能继续变形，必须进行中间退火来消除加工硬化现象，这就使生产周期延长，成本增加，降低了生产率。此外，随着加工硬化现象的产生，要不断增加机械功率，这对设备和工具的强度提出了较高要求。

## 6.2.3　冷塑性变形与内应力

发生冷塑性变形的零件，在外力消除后仍保留在金属内部的应力，称为残余内应力（形变内应力，简称内应力）。内应力根据其作用范围分为三类：宏观内应力、晶间（微观）内应力和晶格畸变内应力。残余内应力可以通过去应力退火来消除。

**1. 宏观内应力（第一类内应力）**

宏观内应力是由工件各部分（如工件表层和心部）变形不均匀而造成的在宏观范围内互相平衡的内应力。通常，宏观内应力只占总残余内应力的一小部分（约0.1%），几乎各种机械制造工艺（挤压、拉丝、轧制、机加工、热处理等）都会由于不均匀的变形而引起残余内应力。

**2. 晶间（微观）内应力（第二类内应力）**

晶间内应力是由相邻晶粒之间或晶粒内部不同部位之间变形不均匀产生的，即在晶粒或亚晶粒之间保持平衡，通常占总残余内应力的1%~2%。当工件既存在这种内应力又承受外力作用时，常因为有很大的应力集中而产生显微裂纹甚至断裂。同时，晶间内应力导致金属易与周围介质发生化学反应而降低其耐蚀性。因此，晶间内应力是金属产生应力腐蚀的重要原因。

#### 3. 晶格畸变内应力（第三类内应力）

晶格畸变内应力是由于金属在塑性变形后内部产生的大量位错，使晶格畸变形成的内应力。晶格畸变内应力通常占总残余内应力的 90% 以上，金属塑性变形时所产生的内应力主要表现为第三类内应力。

晶格畸变内应力造成晶格畸变，增加了位错移动的阻力，提高了金属抵抗塑性变形的能力，从而提高了金属的强度。此外，晶格畸变内应力还提高了变形晶体的能量，使之处于热力学不稳定状态，有重新恢复到能量最低的稳定状态的趋势，导致塑性变形金属在加热时发生回复及再结晶过程。

残余内应力有时会导致工件变形、开裂、抗蚀性降低，降低工件的抗负荷能力。但控制得当可使内外应力叠加后互相抵消，从而提高工件的抗负荷能力。为了防止零件变形、开裂，需要进行人工或振动时效处理。

## 6.3 冷塑性变形金属在加热时的变化

> **情景导入**
>
> 第一次世界大战中，雨季英军军事活动暂时性减少，弹药被存放在马厩里，直到干燥的天气再取回，这时发现许多黄铜弹壳因不明原因发生了破裂，当时称之为"季裂"。直到 1921 年，Moor、Beckinsale 和 Mallinson 等人对这种现象进行了解释：黄铜弹壳开裂的原因是马尿中的氨与冷拔金属弹壳中的残余内应力相结合，共同导致了黄铜弹壳的应力腐蚀开裂。那么，应该怎样消除黄铜弹壳的季裂现象呢？

金属经塑性变形后，由于晶粒被拉长、压扁或破碎，亚晶粒细化，位错密度增高，晶格严重畸变，晶内储存着较高能量，组织处于不稳定状态。为了使其组织结构趋于稳定，可以对金属加热，使其温度升高（室温下，金属原子动能太小，扩散速度太慢），增大原子的动能，增强扩散能力，就会产生一系列组织与性能的变化。随着加热温度的提高，变形金属将相继发生回复、再结晶和晶粒长大三个过程，如图 6-16 所示。

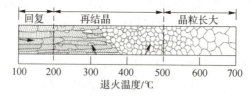

图 6-16　冷塑性变形后的金属在加热过程中组织和性能的变化示意

### 6.3.1　回复

冷塑性变形后的金属在加热温度较低时，原子扩散能力不大，只是晶粒内部的一些点缺陷和位错等发生迁移，使晶格的弹性畸变大为减小，内应力大为下降；但晶粒的大小和形状保持不变，显微组织也没有明显的变化，故材料的强度、硬度和塑性基本上没有变化，这种现象称为回复。

在实际生产中，常常利用回复过程对冷塑性变形金属进行去应力退火，以降低残余内应力，防止工件变形、开裂，提高耐蚀性，使强度、硬度仍保持相当高的水平，塑性、韧性几乎不变。例如：用冷拉钢丝卷制的弹簧要进行 250~300 ℃ 的低温处理以消除内应力使其定型。要想解决黄铜弹壳季裂的问题，则需在 260~280 ℃ 进行回复退火以消除残余内应力，避免变形和应力腐蚀开裂。

## 6.3.2 再结晶

### 1. 再结晶过程

金属在回复后继续升温，原子的扩散能力增强，破碎的、被拉长或压扁的晶粒变为均匀细小的等轴晶粒，显微组织发生明显的变化。这一变化过程是新晶体形核及长大的过程，如同又进行了一次结晶过程，故称为再结晶。但是，再结晶无晶格类型的变化，新旧晶粒的晶格类型和成分完全相同，所以再结晶不是一个相变过程。

通常，再结晶的新晶核会在晶界或滑移带及晶格畸变严重的地方形成，这些部位的原子处在最不稳定状态，向着规则排列的趋势最大。经再结晶后，金属的强度、硬度显著降低，而塑性、韧性大大升高，所有力学和物理性能全部恢复到冷变形以前的状态，即内应力和加工硬化完全消除。

### 2. 再结晶温度

金属开始再结晶的最低温度称为再结晶温度（$T_{再}$），是指经过大的冷塑性变形（变形量在 70% 以上）的金属，保温 1 h 内，能完成再结晶过程所需要的最低温度。没有经过冷塑性变形的金属不会发生再结晶。试验证明，各种纯金属的再结晶温度（$T_{再}$）与其熔点有如下近似关系：

$$T_{再} \approx 0.40 T_0$$

式中，$T_{再}$——以热力学温度表示的再结晶温度；

$T_0$——以热力学温度表示的金属熔点。

金属的再结晶温度主要受冷塑性变形程度、金属的纯度、加热速度和时间的影响。

1）金属的冷塑性变形程度越大，金属晶粒的破碎程度便越大，位错等晶格缺陷就越多，金属的畸变能越高，组织越不稳定，向低能状态变化的倾向也越大，再结晶温度越低。当冷塑性变形达到一定程度之后，再结晶温度将趋于某一最低极限值，称为最低再结晶温度。

2）在一定的变形程度下，加热保温时间越长，原子扩散移动越充分，再结晶温度越低。

3）金属的原始组织越粗，变形阻力越小，再结晶温度越高。

4）化学成分对金属的再结晶温度影响较复杂。当金属中含有少量的合金元素和杂质时，会阻碍原子扩散和晶界迁移，提高再结晶温度，如 W、Mo、Cr 等元素均能提高钢的再结晶温度，利用这种规律可以改善钢的高温性能。

### 3. 再结晶的应用

由于再结晶可消除加工硬化现象，恢复金属的塑性和韧性，因此生产中常用再结晶退火

（即中间退火）来恢复金属的塑性，以便继续进行变形加工。在实际生产中，为缩短生产周期，通常再结晶退火温度比再结晶温度高 100～200 ℃。例如：日常用的铜线或铝线等电线电缆，都是经过拉丝机冷拔加工而成，在冷拔到一定的变形度后，要进行氢气保护再结晶退火，以消除导线内的应力及缺陷，提高塑性、韧性等力学性能，以便继续冷拔获得更细的丝材。

【想一想】

> 用冷拉钢丝绳向电驴内吊装一大型工件，并随工件一起加热。在加热完毕后向炉外吊运时钢丝绳发生断裂，这是为什么呢？

### 6.3.3 晶粒长大

再结晶完成后的晶粒是均匀、细小、无畸变的等轴晶粒，这时如果再继续升温或延长保温时间，则等轴晶粒会明显长大，成为粗晶组织，导致金属的强度、硬度、塑性、韧性等力学性能都显著下降。一般情况下，应当避免晶粒长大。

影响再结晶后晶粒大小的因素有加热温度、保温时间、预先变形量、金属晶粒的均匀程度及杂质的分布等，但主要取决于加热温度及预先变形量。

**1. 加热温度的影响**

在一定的预先变形量下，加热温度越高，保温时间越长，晶粒就会越大，但加热温度的影响更大。

**2. 预先变形量的影响**

图 6-17 所示为金属再结晶后的晶粒大小与其预先变形量的关系。由图可见，当预先变形量很小时，金属不发生再结晶（能量很小不足以进行再结晶），因而晶粒大小不变。

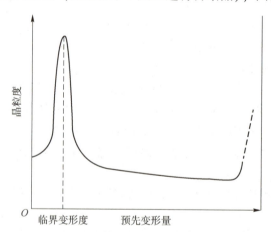

图 6-17　金属再结晶后的晶粒大与其预先变形量的关系

当预先变形量为 2%～10%时，再结晶后出现异常的大晶粒，这个获得粗大再结晶晶粒的预先变形量称为金属的临界变形度。此时，金属中只有部分晶粒变形，变形非常不均匀，再结晶的晶核数目很少，因此再结晶后的晶粒粗大。对于不同的金属，其临界变形度数值有所不同。实际生产中应尽量避免这个范围的加工变形，以免形成粗大晶粒而导致金属的力学性能降低。但有时为了满足某些特殊要求，可以利用这一现象。例如：冷轧无取向硅钢片，最后轧制时的变形量就在临界变形度范围内，是为了最后得到粗大的晶粒，来获得良好的导磁性。

当预先变形量大于临界变形度之后，预先变形量越大，再结晶的晶核数目越多，再结晶时形核率越大，再结晶后的晶粒越细。为了获得优良的组织和性能，金属材料进行压力加工时，必须避免在临界变形度附近进行冷变形，如工业上冷轧金属，一般采用30%~60%变形量。

而当预先变形量很大（≥90%）时，某些金属再结晶后又会出现晶粒异常的大晶粒，一般认为与形成织构有关。

## 6.4 金属材料的热塑性变形加工

> **情景导入**
>
> 在生产和生活中，铁匠师傅常常要"趁热打铁"，锻打过程中，如果温度下降，则需要重新加热后才能继续。用圆钢棒制作齿轮时，将圆钢棒热镦成齿坯再加工成齿轮比用圆钢棒作齿坯再加工成齿轮更合理。这是为什么呢？

铁匠师傅在打铁时，要趁热将钢材进行变形加工，当温度下降后要重新加热才能继续加工。只有达到一定温度后才能进行后续的"打铁"，否则继续锻打可能使工件断裂，而且变形阻力增大难以进行后续加工，这一过程属于金属材料的热塑性变形加工。

### 6.4.1 热塑性变形加工的特点

生产上塑性变形有热塑性变形与冷塑性变形之分。从金属学的观点看，区分热塑性变形与冷塑性变形是以金属的再结晶温度为界限。热塑性变形是指在再结晶温度以上进行塑性变形；而冷塑性变形是指在再结晶温度以下进行塑性变形。例如：锡的再结晶温度在-7 ℃以下，在室温下对锡进行塑性变形加工已属于热塑性变形加工；而钼的再结晶温度约为1 000 ℃，即使在900 ℃时对钼进行塑性变形加工也属于冷塑性变形加工。

常温下进行塑性变形时金属发生加工硬化，变形抗力大，尤其是那些变形量较大（特别是截面尺寸较大）的工件，在常温下塑性变形十分困难；另外，还有某些低塑性的（如Mg、Mo、Cr、W等）或较硬的金属，常温下无法进行塑性变形，必须在加热条件下进行塑性变形加工。

热塑性变形加工是金属材料处于再结晶温度以上进行的。金属一方面由于塑性变形产生加工硬化，另一方面由于回复、再结晶又使加工硬化消除。因此，产生加工硬化和消除加工硬化是同时进行的，组织和性能的变化是双向的，这样就使热塑性变形加工具有一系列优点。然而，金属在热塑性变形加工时较易发生表面的氧化，故产品的表面质量和尺寸精确度不如冷塑性变形加工，强度、硬度也不及冷塑性变形加工。因此，热塑性变形加工主要用于截面尺寸较大、变形量较大的金属制品及半成品，以及硬脆性较大的金属材料。

冷塑性变形后金属晶粒被拉长，在变形过程中不发生再结晶，金属将保留加工硬化现象。热塑性变形是在再结晶温度以上进行的，变形过程中要发生再结晶过程，金属将不显示加工硬化现象。

冷塑性变形加工在再结晶温度以下进行，塑性变形时没有回复和再结晶过程，所以其组织和性能的变化是单向的，会产生冷塑性变形纤维组织和加工硬化现象。但冷塑性变形加工时没有氧化皮，可获得较小的表面粗糙度值和较高的公差等级，强度和硬度也比较高。但由于冷塑性变形金属塑性差且存在残余内应力，因此常需要进行再结晶退火，以便于继续加工。因此，冷塑性变形加工适用于截面尺寸较小、加工精度和表面质量要求较高的金属工件。

综上所述，热塑性变形加工与冷塑性变形加工比较，具有以下特点。

（1）优点

1）金属变形抗力小，消耗能量少。

2）提高了金属的塑性，断裂倾向减小。

3）不易产生织构。

4）在生产过程中，不需要中间退火，可简化生产工序，提高生产效益。

（2）缺点

1）不适合加工薄或细的轧件。

2）加工后金属材料的强度、硬度不如冷塑性变形加工。

3）加工质量和尺寸精度不如冷塑性变形加工。

4）有些金属不适合进行热塑性变形加工。例如：工件中含较多的 FeS 时，会引起热脆性。

## 6.4.2　热塑性变形加工对金属组织和性能的影响

### 1. 消除铸态金属的组织缺陷

热塑性变形加工后可使铸锭组织中的气孔、分散缩孔等焊合，使金属材料的组织致密；在温度和压力的作用下，原子扩散速度加快，可消除部分偏析；可使夹杂物破碎，粗大的晶粒变为细小均匀的等轴晶粒。但细化晶粒主要取决于预先变形量和终锻温度。只要避免临界变形度和过高的终锻温度就可以细化晶粒，提高力学性能。只要热塑性变形加工的工艺条件适当，热塑性变形加工工件的力学性能就高于铸件。因此，受力复杂、载荷较大的重要工件一般选用锻件而不选用铸件。表 6-2 列出了中碳钢（$w_C = 0.3\%$）铸态和锻态时的力学性能比较。

表 6-2　中碳钢（$w_C = 0.3\%$）铸态和锻态时的力学性能比较

| 状态 | $R_m$/MPa | $R_{eL}$/MPa | A/% | Z/% | KV/J |
| --- | --- | --- | --- | --- | --- |
| 铸态 | 500 | 280 | 15 | 27 | 28 |
| 锻态 | 530 | 310 | 20 | 45 | 56 |

### 2. 热塑性变形纤维组织（流线）

金属内部的夹杂物高温下具有一定的塑性，通过热塑性变形加工，金属铸锭中的枝晶偏析和各种夹杂物会沿着变形方向伸长，走向逐渐与变形方向一致，变成带状、线状或片层状。宏观上就可以看到一条条沿变形方向的细线，这种宏观组织称为热塑性变形纤维组织，通常称为流线。流线会使金属材料的力学性能呈各向异性，沿着流线方向有较好的力学性能，与流线垂直的方向的力学性能较差。

在设计和制造机器零件时，必须考虑锻造流线的合理分布，使零件承受的较大应力（正应力）与流线方向一致，并尽量使锻造流线与零件的轮廓相符而不被切断。

#### 3. 带状组织

在经过热塑性变形的亚共析钢的显微组织中，钢中的铁素体在被拉长的杂质上优先成核，有时还会出现铁素体与珠光体沿金属的加工变形方向呈平行交替分布的条带状组织，这种组织称为带状组织，如图 6-18 所示。带状组织使钢材纵向与横向的力学性能不同，呈现各向异性，降低了塑性和韧性，造成冷弯不合格、冲压废品率高、热处理时容易变形等不良后果。减轻或消除带状组织的主要措施有：

1）提高钢的纯度，降低硫、磷和非金属夹杂物的含量；
2）热塑性变形时提高加热温度和延长保温时间来减轻或消除枝晶偏析；
3）热塑性变形加工后提高冷却速度，细化晶粒；
4）生产中常用均匀化退火消除带状组织。

图 6-18 亚共析钢中的带状组织

## 本章小结

1. 塑性变形的主要方式是滑移，其次是孪生。滑移系越多，金属发生滑移的可能性越大，塑性就越好。

2. 滑移并非是整个滑移面的原子一起作刚性移动，而是通过滑移面上位错的运动来实现的。滑移的位错机制是指导金属的塑性变形和强化的重要金属学理论。

3. 多晶体塑性变形时必须各晶粒协同，具有非同步性。晶界对滑移的阻碍作用，是细化晶粒可全面提高金属的力学性能的重要依据。

4. 加工硬化是提高金属材料强度的一种重要强化手段，有利于金属变形时趋向均匀，使金属具有较好的变形强化能力，可保证零件和构件的工作安全性，应重点掌握。

5. 冷塑性变形后的金属在加热过程中组织和性能将发生变化，这种变化分为三个阶段，即回复、再结晶和晶粒长大，应重点掌握再结晶的相关知识。

6. 金属塑性变形加工以再结晶温度为界限分为冷塑性变形加工、热塑性变形加工。金属组织和性能在热塑性变形加工时将发生硬化和软化的双方向变化。

7. 金属热塑性变形加工使铸态金属与合金中的气孔、疏松、微裂纹焊合，从而使组织致密、成分均匀，故重要零件均采用锻压等方法成型。

8. 在制订加工工艺时，应使锻造流线分布合理，使零件工作时的正应力与流线方向平行，切应力与流线方向垂直，并尽量使锻造流线与零件的轮廓相符，而不被切断。

9. 带状组织使钢的组织和性能不均匀，造成冷弯不合格、冲压废品率高、热处理时易变形等不良后果，可通过多次正火或扩散退火来消除。

练习题

参考答案

# 第 7 章 非合金钢

**【知识目标】**

1. 掌握非合金钢的分类和牌号命名方法。
2. 了解杂质元素对钢的性能的影响。
3. 掌握非合金钢牌号与其成分、组织、性能、用途之间的关系。

**【能力目标】**

1. 具备非合金钢的牌号识别能力。
2. 具备非合金钢的质量鉴别能力。
3. 能根据工件的服役条件和使用要求,正确选择非合金钢。

## 7.1 概　　述

**情景导入**

大家都知道,钢是对碳的质量分数为 0.02%~2.11% 的铁碳合金的统称。在实际生产中,钢往往根据用途的不同含有不同的合金元素,如锰、镍、钒等。如今,钢以其低廉的价格、可靠的性能成为世界上使用最多的材料之一。那么你知道钢材分类及其命名规则吗?

### 7.1.1 工业用钢的分类

钢的种类有很多,为了便于管理、选用和比较,将钢分成若干具有共同特点的类别。

**1. 按照化学成分分类**

按照钢的化学成分不同,其可分为四类:非合金工具钢(碳素工具钢)、合金工具钢、非合金模具钢、合金模具钢。

非合金钢是指碳的质量分数为 0.021 8%~2.11% 的铁碳合金，俗称碳素钢，简称碳钢。碳钢由生铁冶炼获得，冶炼方便、价格便宜，强度、塑性、韧性较好，又具有良好的工艺性能，应用广泛，其产量约占工业用钢总产量的 80%。非合金钢按钢中碳的质量分数高低，可分为低碳钢（$w_C < 0.25\%$）、中碳钢（$0.25\% \leqslant w_C < 0.60\%$）和高碳钢（$w_C \geqslant 0.60\%$）。

合金钢是指在碳钢的基础上有目的地加入一定量合金元素而得到的钢种。常用的合金元素有铬、锰、硅、镍、钨、钼、钒、钴、钛等。合金钢按钢中的合金元素含量不同可分为低合金钢、中合金钢、高合金钢，如图 7-1 所示。

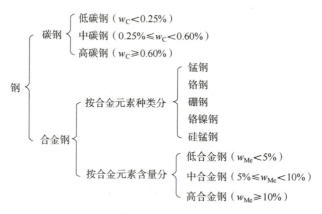

图 7-1　钢的分类

**2. 按照用途分类**

钢按照用途不同可分为八类：刃具模具用非合金钢、量具刃具用钢、耐冲击工具用钢、轧辊用钢、冷作模具用钢、热作模具用钢、塑料模具用钢、特殊用途模具用钢。

**3. 按使用加工方法分类**

钢按照使用加工方法不同可分为两类：压力加工用钢和切削加工用钢。其中，压力加工用钢可分为热压力加工用钢和冷压力加工用钢。

**4. 按轧制成品和最终产品分类**

钢按照轧制成品和最终产品不同可分为大型型钢、棒材、中小型型钢、盘条、钢筋混凝土用轧制成品、铁道用钢、钢板桩、扁平制品（热轧和冷轧薄板、厚板、钢带、宽扁钢）、钢管、中空棒材及经过表面处理的扁平成品、复合产品等。

## 7.1.2　钢材产品的种类

钢材产品通常分为四大类：液态钢、钢锭和半成品、轧制成品和最终产品、其他产品。
液态钢是通过冶炼或直接熔化原料而获得的液体状态钢，用于铸锭或连续浇注或铸造铸钢件。钢锭是将液态钢浇注到具有一定形状的锭模中得到的产品。半成品是由轧制或锻造钢锭获得的，或者由连铸获得的产品，通常供进一步轧制或锻造加工成成品用，如板坯、圆坯、管坯和方形横截面半成品等。轧制成品和最终产品是指扁平产品（无涂层扁平产品、电工钢、包装用镀锡和相关产品、压型钢板等）和长材（盘条、钢丝、热成型棒材、光亮产品、热轧型材、焊接型钢、冷弯型钢、管状产品等）。其他产品是指钢丝绳、自由锻产品、铸件、模锻和冲压件、粉末冶金产品等。

## 7.1.3 钢铁产品的命名符号

对于钢铁产品牌号，国标统一规定了表示方法，常用钢铁产品的名称和工艺方法命名符号如表7-1所示。

表7-1 常用钢铁产品的名称和工艺方法命名符号（摘自 GB/T 221—2008）

| 名称 | 采用的汉字及其汉语拼音 | | 采用的符号 | 位置 |
| --- | --- | --- | --- | --- |
| | 汉字 | 汉语拼音 | | |
| 铸造用生铁 | 铸 | ZHU | Z | 牌号头 |
| 炼钢用生铁 | 炼 | LIAN | L | 牌号头 |
| 碳素结构钢 | 屈 | QU | Q | 牌号头 |
| 耐候钢 | 耐候 | NAI HOU | NH | 牌号尾 |
| 易切削钢 | 易 | YI | Y | 牌号头 |
| 碳素工具钢 | 碳 | TAN | T | 牌号头 |
| 汽车大梁用钢 | 梁 | LIANG | L | 牌号尾 |
| 桥梁用钢 | 桥 | QIAO | q | 牌号尾 |
| 钢轨钢 | 轨 | GUI | U | 牌号头 |
| 锅炉和压力容器用钢 | 容 | RONG | R | 牌号尾 |
| 低温压力容器用钢 | 低容 | DI RONG | DR | 牌号尾 |

## 7.2 杂质元素对非合金钢性能的影响

**情景导入**

大家都知道钢的基本组成元素是铁和碳，那么对于钢来说，什么样的元素算是杂质元素呢？

钢中元素凡是非特意加入的，无论其含量多少，均为杂质元素，如锰作为杂质元素存在时，最高质量分数可达1.2%。钢中元素凡是人为有目的地添加的，无论其含量多少，均为合金元素，如硼用作合金元素使用时，其质量分数一般小于0.004%。

钢在冶炼过程中，受所用原料、冶炼工艺方法等因素影响，除Fe、C外，还含有硅（Si）、锰（Mn）、硫（S）、磷（P）等杂质元素，非金属夹杂物，以及某些气体，如氧（O）、氮（N）、氢（H）等。其含量直接影响钢铁材料的性能。非合金钢中除Fe、C外，还含有少量 Mn、Si、S、P、H、O、N 等杂质元素，它们对钢材的性能和质量影响很大。

### 7.2.1 硅

硅主要来自冶炼过程中的生铁与脱氧剂（硅铁），在钢中作为杂质存在，其质量分数一般小于 0.4%。室温下硅能溶入铁素体起固溶强化的作用，使钢的强度、硬度和弹性极限都得到提高，特别是屈强比提高，但塑性、韧性会降低。此外，硅有很好的脱氧能力（比锰强），可以防止形成 FeO，改善钢的质量。

因此，硅在碳钢中是有益元素，但其作为常存元素，少量存在时对钢的性能影响不显著。

### 7.2.2 锰

锰也是来自炼钢原料中的生铁及脱氧剂（锰铁），作为杂质存在时，其质量分数一般小于 0.8%。在炼钢过程中，锰有很好的脱氧能力，可消除有害气体，防止形成 FeO。同时，锰能与硫形成 MnS，以消除硫的有害作用。这些反应产物小部分残留于钢中成为非金属夹杂物，大部分会成为炉渣被除去。

室温下锰大部分能溶于铁素体中形成置换固溶体，对钢有一定的固溶强化作用。锰还能增加并细化珠光体，提高钢的强度和硬度。因此，锰在碳钢中也是有益元素，少量存在时对钢的性能影响不显著。

### 7.2.3 硫

硫是冶炼时由生铁矿石和燃料带入钢的有害杂质，且难以除尽。在固态下，硫在铁中的溶解度极小，主要以 FeS 形态存在。由于 FeS 的塑性差、强度低，因此含硫较多时钢的脆性较大。

同时，FeS 与 Fe 形成低熔点（985 ℃）的共晶体，分布在奥氏体的晶界上。当钢加热到 1 000～1 200 ℃ 进行锻、轧等热压力加工时，低熔点共晶体早已熔化，导致晶粒间的结合被破坏，使钢在加工过程中沿晶界开裂，这种现象称为热脆。

因此，在钢中要严格限制硫的含量。为了消除硫的有害影响，可提高钢中的含锰量。锰与硫会优先形成高熔点的 MnS（1 620 ℃），高温下具有一定的塑性并呈粒状分布于晶粒内，从而避免热脆现象。

硫对钢的焊接性也是不利的，会导致焊缝产生热裂纹，而且硫在焊接过程中容易生成 $SO_2$ 气体，使焊缝产生气孔和疏松。

但硫在切削加工中也有有利的一面。硫与锰可形成较多的 MnS，起断屑作用，可改善钢的切削加工性。

### 7.2.4 磷

磷主要来自炼钢生铁矿石，难以除尽。磷有强烈的固溶强化作用，能全部溶于铁素体中，使铁素体的强度、硬度升高，但塑性、韧性显著降低。

另外，磷在结晶过程中偏析倾向严重，导致韧脆转变温度升高，使钢变脆，这种脆化现象在低温时会更严重，称为冷脆。冷脆对在高寒地带和其他低温条件下工作的结构件具有严重的危害性，而且磷的偏析还会使钢材在热轧后形成带状组织。因此，磷也是有害的杂质。在钢中也要严格控制磷的含量。

但因为磷可提高钢的脆性，所以在切削钢材时可适当提高其含量，来改善切削加工性；在制造爆炸性武器如炮弹时，需要具备较高的脆性，可含有较高的磷。此外，磷还可以提高钢在大气中的耐蚀性，特别是和铜一起添加时，效果更加显著。

### 7.2.5　非金属夹杂物的影响

在炼钢和浇注过程中，少量炉渣、耐火材料及冶炼中的反应物融入钢液会形成非金属化合物，常见的有氧化物、氮化物、硼化物、硫化物和硅酸盐等。图7-2所示为钢中的MnS夹杂物。

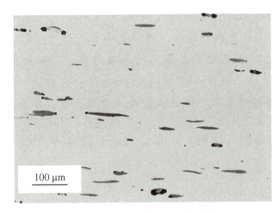

图7-2　钢中的MnS夹杂物

非金属夹杂物会降低钢的质量和性能，特别是塑性、韧性及疲劳强度。例如：钢中的非金属夹杂物导致应力集中，引起疲劳断裂。非金属夹杂物还会降低钢的焊接性及耐蚀性；严重时会使钢在热加工和热处理过程中产生裂纹，导致使用时发生突然脆断；数量多且分布不均匀的非金属夹杂物会促使钢形成热加工纤维组织与带状组织，使材料具有各向异性。因此，对于重要用途的钢，特别是疲劳强度要求高的滚动轴承钢和弹簧钢等，要检查非金属夹杂物的数量和分布情况。它是评定钢材质量的一个重要指标，并且被列为优质钢和高级优质钢出厂的常规检测项目之一。

### 7.2.6　氮、氧、氢的影响

冶炼过程中大部分钢要与空气接触，因此钢液中总会吸收一些气体，如氮、氧、氢等，它们对钢的质量和性能都会产生不良影响，特别是影响力学性能中的韧性和疲劳强度。

室温下氮在铁素体中的溶解度很低,钢中的过饱和氮会使钢发生时效脆化。可在钢中加入 Ti、V、Al 等元素使氮被固定在氮化物中,来消除时效倾向。

氮和氧在钢中含量高时易形成微气孔和非金属夹杂物,影响钢的韧性和疲劳强度,使钢容易发生疲劳断裂。

氢对钢的危害性更大,主要使钢变脆,称为氢脆。当氢在缺陷处以分子态析出时,会产生很高的内压,形成微裂纹,称为白点,使钢易于脆断。

## 7.3 常用非合金钢(碳钢)

> **情景导入**
>
> 北京奥运会最亮眼的便是投入 23 亿人民币的鸟巢,也被誉为"21 世纪初叶最具特点的建筑"。在设计之初,便以能使用 100 年为目标,无论在材料还是技术上都对耐久性、防腐性、防火性、稳定性有着近乎苛刻的要求。鸟巢主体用的是 Q460 钢材,是一种低合金高强度钢,生产难度极大,这也是国内第一次使用 Q460 钢材。鸟巢建立在 24 根桁架柱之上,分为内外两层。外层是由长 333 m、宽 280 m、重 4.2 万吨的钢结构编织而成的外壳,也是世界上最大的屋顶结构。2008—2021 的 13 年间,鸟巢见证了无数的奇迹与辉煌,激情与感动。在 2022 年,它作为一代中华民族荣耀的象征,承办了北京冬奥会的开幕式、闭幕式,续写中华民族的传奇故事!

生产上广泛用的非合金钢(碳钢)可以分为碳素结构钢、优质碳素结构钢、碳素工具钢、铸造碳钢。

### 7.3.1 碳素结构钢

碳素结构钢冶炼容易、工艺性好、价格低,能满足一般工程构件(屋架、桥梁等)和机械零件(螺钉、法兰等)的要求,应用广泛。

碳素结构钢一般不进行热处理,大部分在热轧空冷状态下直接使用,通常轧制成板材、带材及各种型材。碳素结构钢常采用焊接、铆接等工艺方法成型,但对某些零件,必要时可进行锻造等热加工,也可通过正火、调质、渗碳等处理,以提高其使用性能。

碳素结构钢的牌号表示方法:代表屈服强度的字母(Q)+屈服强度值+质量等级符号(A、B、C、D)+脱氧方法符号(F、b、Z、TZ),四个部分按顺序组成。其中,质量等级中 A 级最低,D 级最高;镇静钢和特殊镇静钢牌号中的脱氧方法符号(Z 和 TZ)可省略。

例如:Q235C 表示屈服强度不小于 235 MPa 的 C 级碳素结构钢。

在 GB/T 700—2006 中,碳素结构钢按屈服强度和质量等级不同共分为 4 个牌号、11 个钢种。碳素结构钢的牌号及其化学成分如表 7-2 所示,碳素结构钢的力学性能如表 7-3 所示。

表 7-2　碳素结构钢的牌号及其化学成分（摘自 GB/T 700—2006）

| 牌号 | 等级 | 厚度（或直径）/mm | 脱氧方法 | 化学成分（质量分数）/%，不大于 | | | | |
|---|---|---|---|---|---|---|---|---|
| | | | | C | Si | Mn | P | S |
| Q195 | — | — | F、Z | 0.12 | 0.30 | 0.50 | 0.035 | 0.040 |
| Q215 | A | — | F、Z | 0.15 | 0.35 | 1.20 | 0.045 | 0.050 |
| | B | | | | | | | 0.045 |
| Q235 | A | — | F、Z | 0.22 | 0.35 | 1.40 | 0.045 | 0.059 |
| | B | | | 0.20 | | | 0.045 | 0.045 |
| | C | | Z | 0.17 | | | 0.040 | 0.040 |
| | D | | TZ | | | | 0.035 | 0.035 |
| Q275 | A | — | F、Z | 0.24 | 0.35 | 1.50 | 0.045 | 0.050 |
| | B | ≤40 | Z | 0.21 | | | 0.045 | 0.045 |
| | | >40 | | 0.22 | | | | |
| | C | — | Z | 0.20 | | | 0.040 | 0.040 |
| | D | | TZ | | | | 0.035 | 0.035 |

表 7-3　碳素结构钢的力学性能（摘自 GB/T 700—2006）

| 牌号 | 等级 | 屈服强度 $R_{eH}$/MPa，不小于 | | | | | | 抗拉强度 $R_m$/MPa | 断后伸长率 $A$/%，不小于 | | | | | 冲击试验 | |
|---|---|---|---|---|---|---|---|---|---|---|---|---|---|---|---|
| | | 厚度（或直径）/mm | | | | | | | 厚度（或直径）/mm | | | | | 温度/℃ | $KU_2$/J |
| | | ≤16 | >16~40 | >40~60 | >60~100 | >100~150 | >150~200 | | ≤40 | >40~60 | >60~100 | >100~150 | >150~200 | | |
| Q195 | — | 195 | 185 | — | — | — | — | 316~430 | 33 | — | — | — | — | — | — |
| Q215 | A | 215 | 205 | 195 | 185 | 175 | 165 | 336~450 | 31 | 30 | 29 | 27 | 26 | — | — |
| | B | | | | | | | | | | | | | +20 | 27 |
| Q235 | A | 235 | 225 | 215 | 215 | 195 | 185 | 370~500 | 26 | 25 | 24 | 22 | 21 | — | — |
| | B | | | | | | | | | | | | | +20 | 27 |
| | C | | | | | | | | | | | | | 0 | |
| | D | | | | | | | | | | | | | −20 | |

续表

| 牌号 | 等级 | 屈服强度 $R_{eH}$/MPa, 不小于 | | | | | | 抗拉强度 $R_m$/MPa | 断后伸长率 $A$/%, 不小于 | | | | | 冲击试验 | |
|---|---|---|---|---|---|---|---|---|---|---|---|---|---|---|---|
| | | 厚度（或直径）/mm | | | | | | | 厚度（或直径）/mm | | | | | 温度/℃ | $KU_2$/J |
| | | ≤16 | >16~40 | >40~60 | >60~100 | >100~150 | >150~200 | | ≤40 | >40~60 | >60~100 | >100~150 | >150~200 | | |
| Q275 | A | 275 | 265 | 255 | 245 | 225 | 215 | 410~540 | 22 | 21 | 20 | 18 | 17 | — | — |
| | B | | | | | | | | | | | | | +20 | 27 |
| | C | | | | | | | | | | | | | 0 | |
| | D | | | | | | | | | | | | | -20 | |

碳素结构钢属于中低碳钢，硫、磷和非金属夹杂物含量较高，随着牌号数值的增大，钢中碳的质量分数增加，强度、硬度提高，而塑性和韧性降低。常用碳素结构钢的特性和用途如表7-4所示，其中以Q235钢最为常用。

表7-4 常用碳素结构钢的特性和用途

| 牌号 | 主要特性 | 应用举例 |
|---|---|---|
| Q195<br>Q215<br>Q235 | 强度低，良好的塑性、韧性、焊接性，良好的压力加工性能 | 一般轧制成板带材和各种型钢，主要用于工程结构（桥梁、建筑等）和制造受力不大的机器零件（螺钉、螺母、套圈、农机零件等） |
| Q255<br>Q275 | 强度较高，较好的塑性和可加工性，一定的焊接性 | 用于制造受力中等的普通零件（齿轮、键、小轴、链轮、链条等），可代替30、40钢用于制造较为重要而要求不太高的某些零件，以降低成本，提高效益 |

## 7.3.2 优质碳素结构钢

优质碳素结构钢中的硫、磷及非金属夹杂物含量都比碳素结构钢少；碳的质量分数为0.05%~0.9%，力学性能比较均匀，塑性和韧性较好，属于优质或特殊质量级非合金钢，主要用于制造较重要的机械零件，应用广泛，一般需要通过热处理后使用。

优质碳素结构钢基本属于亚共析钢和共析钢的范畴，其牌号用两位数字表示，这两位数字表示钢中平均含碳量的万分数。例如：08钢表示钢中平均$w_C = 0.08\%$；20钢表示钢中平均$w_C = 0.20\%$；45钢表示钢中平均$w_C = 0.45\%$。牌号数值越大，表示钢中的含碳量越高，组织中的珠光体越多，其强度越高，塑性、韧性越低。

优质碳素结构钢按含锰量不同，又可分为普通含锰量（$w_{Mn} = 0.25\%~0.7\%$）和较高含锰量（$w_{Mn} = 0.7\%~1.2\%$）两种。当钢中含锰量较高时，要在其牌号数字后加"Mn"，如15Mn钢、60Mn钢。

优质碳素结构钢的牌号及其化学成分如表7-5所示，其力学性能如表7-6所示。

表 7-5 优质碳素结构钢的牌号及其化学成分

| 牌号 | 化学成分（质量分数）/% | | | | | | | |
|---|---|---|---|---|---|---|---|---|
| | C | Si | Mn | P | S | Ni | Cr | Cu |
| | | | | ≤ | | | | |
| 08 | 0.05~0.11 | 0.17~0.37 | 0.35~0.65 | 0.035 | 0.035 | 0.25 | 0.10 | 0.25 |
| 10 | 0.07~0.13 | 0.17~0.37 | 0.35~0.65 | 0.035 | 0.035 | 0.25 | 0.15 | 0.25 |
| 15 | 0.12~0.19 | 0.17~0.37 | 0.35~0.65 | 0.035 | 0.035 | 0.25 | 0.25 | 0.25 |
| 20 | 0.17~0.23 | 0.17~0.37 | 0.35~0.65 | 0.035 | 0.035 | 0.25 | 0.25 | 0.25 |
| 25 | 0.22~0.29 | 0.17~0.37 | 0.50~0.80 | 0.035 | 0.035 | 0.25 | 0.25 | 0.25 |
| 30 | 0.27~0.34 | 0.17~0.37 | 0.50~0.80 | 0.035 | 0.035 | 0.25 | 0.25 | 0.25 |
| 35 | 0.32~0.39 | 0.17~0.37 | 0.50~0.80 | 0.035 | 0.035 | 0.25 | 0.25 | 0.25 |
| 40 | 0.37~0.44 | 0.17~0.37 | 0.50~0.80 | 0.035 | 0.035 | 0.25 | 0.25 | 0.25 |
| 45 | 0.42~0.50 | 0.17~0.37 | 0.50~0.80 | 0.035 | 0.035 | 0.25 | 0.25 | 0.25 |
| 50 | 0.47~0.55 | 0.17~0.37 | 0.50~0.80 | 0.035 | 0.035 | 0.25 | 0.25 | 0.25 |
| 55 | 0.52~0.60 | 0.17~0.37 | 0.50~0.80 | 0.035 | 0.035 | 0.25 | 0.25 | 0.25 |
| 60 | 0.57~0.65 | 0.17~0.37 | 0.50~0.80 | 0.035 | 0.035 | 0.25 | 0.25 | 0.25 |
| 65 | 0.62~0.70 | 0.17~0.37 | 0.50~0.80 | 0.035 | 0.035 | 0.25 | 0.25 | 0.25 |
| 70 | 0.67~0.75 | 0.17~0.37 | 0.50~0.80 | 0.035 | 0.035 | 0.25 | 0.25 | 0.25 |
| 75 | 0.72~0.80 | 0.17~0.37 | 0.50~0.80 | 0.035 | 0.035 | 0.25 | 0.25 | 0.25 |
| 80 | 0.77~0.85 | 0.17~0.37 | 0.50~0.80 | 0.035 | 0.035 | 0.25 | 0.25 | 0.25 |
| 85 | 0.82~0.90 | 0.17~0.37 | 0.50~0.80 | 0.035 | 0.035 | 0.25 | 0.25 | 0.25 |
| 15Mn | 0.12~0.18 | 0.17~0.37 | 0.70~1.00 | 0.035 | 0.035 | 0.25 | 0.25 | 0.25 |
| 20Mn | 0.17~0.23 | 0.17~0.37 | 0.70~1.00 | 0.035 | 0.035 | 0.25 | 0.25 | 0.25 |
| 25Mn | 0.22~0.29 | 0.17~0.37 | 0.70~1.00 | 0.035 | 0.035 | 0.25 | 0.25 | 0.25 |
| 30Mn | 0.27~0.34 | 0.17~0.37 | 0.70~1.00 | 0.035 | 0.035 | 0.25 | 0.25 | 0.25 |
| 35Mn | 0.32~0.39 | 0.17~0.37 | 0.70~1.00 | 0.035 | 0.035 | 0.25 | 0.25 | 0.25 |
| 40Mn | 0.37~0.44 | 0.17~0.37 | 0.70~1.00 | 0.035 | 0.035 | 0.25 | 0.25 | 0.25 |
| 45Mn | 0.42~0.50 | 0.17~0.37 | 0.70~1.00 | 0.035 | 0.035 | 0.25 | 0.25 | 0.25 |
| 50Mn | 0.48~0.56 | 0.17~0.37 | 0.70~1.00 | 0.035 | 0.035 | 0.25 | 0.25 | 0.25 |
| 60Mn | 0.57~0.65 | 0.17~0.37 | 0.70~1.00 | 0.035 | 0.035 | 0.25 | 0.25 | 0.25 |
| 65Mn | 0.62~0.70 | 0.17~0.37 | 0.70~1.00 | 0.035 | 0.035 | 0.25 | 0.25 | 0.25 |
| 70Mn | 0.67~0.75 | 0.17~0.37 | 0.70~1.00 | 0.035 | 0.035 | 0.25 | 0.25 | 0.25 |

表 7-6 优质碳素结构钢的力学性能

| 牌号 | 试样毛坯尺寸/mm | 推荐热处理温度/℃ | | | 力学性能 | | | | | 钢材交货状态硬度 HBW ≤ | |
|---|---|---|---|---|---|---|---|---|---|---|---|
| | | 正火 | 淬火 | 回火 | $R_m$/MPa | $R_{eL}$/MPa | A/% | Z/% | $KU_2$/J | 未热处理 | 退火钢 |
| | | | | | ≥ | | | | | | |
| 08 | 25 | 930 | | | 325 | 195 | 33 | 60 | | 131 | |
| 10 | 25 | 930 | | | 335 | 205 | 31 | 55 | | 137 | |
| 15 | 25 | 920 | | | 375 | 225 | 27 | 55 | | 143 | |
| 20 | 25 | 910 | | | 410 | 245 | 25 | 55 | | 156 | |
| 25 | 25 | 900 | 870 | 600 | 450 | 275 | 23 | 50 | 71 | 170 | |
| 30 | 25 | 880 | 860 | 600 | 490 | 295 | 21 | 50 | 63 | 179 | |
| 35 | 25 | 870 | 850 | 600 | 530 | 315 | 20 | 45 | 55 | 197 | |
| 40 | 25 | 860 | 840 | 600 | 570 | 335 | 19 | 45 | 47 | 217 | 187 |
| 45 | 25 | 850 | 840 | 600 | 600 | 355 | 16 | 40 | 39 | 229 | 197 |
| 50 | 25 | 830 | 830 | 600 | 630 | 375 | 14 | 40 | 31 | 241 | 207 |
| 55 | 25 | 820 | 820 | 600 | 645 | 380 | 13 | 35 | | 255 | 217 |
| 60 | 25 | 810 | | | 675 | 400 | 12 | 35 | | 255 | 229 |
| 65 | 25 | 810 | | | 695 | 410 | 10 | 30 | | 255 | 229 |
| 70 | 25 | 790 | | | 715 | 420 | 9 | 30 | | 269 | 229 |
| 75 | 试样 | | 820 | 480 | 1080 | 880 | 7 | 30 | | 285 | 241 |
| 80 | 试样 | | 820 | 480 | 1080 | 930 | 6 | 30 | | 285 | 241 |
| 85 | 试样 | | 820 | 480 | 1130 | 980 | 6 | 30 | | 302 | 255 |
| 15Mn | 25 | 920 | | | 410 | 245 | 26 | 55 | | 163 | |
| 20Mn | 25 | 910 | | | 450 | 275 | 24 | 50 | | 197 | |
| 25Mn | 25 | 900 | 870 | 600 | 490 | 295 | 22 | 50 | 71 | 207 | |
| 30Mn | 25 | 880 | 860 | 600 | 540 | 315 | 20 | 45 | 63 | 217 | 187 |
| 35Mn | 25 | 870 | 850 | 600 | 560 | 335 | 18 | 45 | 55 | 229 | 197 |
| 40Mn | 25 | 860 | 840 | 600 | 590 | 355 | 17 | 45 | 47 | 229 | 207 |
| 45Mn | 25 | 850 | 840 | 600 | 620 | 375 | 15 | 40 | 39 | 241 | 217 |
| 50Mn | 25 | 830 | 830 | 600 | 645 | 390 | 13 | 40 | 31 | 255 | 217 |
| 60Mn | 25 | 810 | | | 695 | 410 | 11 | 35 | | 269 | 229 |
| 65Mn | 25 | 810 | | | 735 | 430 | 9 | 30 | | 285 | 229 |
| 70Mn | 25 | 790 | | | 735 | 450 | 8 | 30 | | 285 | 229 |

以下是几种常用优质碳素结构钢的特点和应用范围。

08~25 钢属于低碳钢,强度、硬度很低,塑性、韧性很好,具有优良的焊接性及冷冲压性能,淬透性、淬硬性差,不宜切削加工。08、10 钢属于极软低碳钢,塑性很好,广泛用来制造冷冲压零件,适宜轧制成薄板、薄带、冷变形材等。

15、20 钢塑性好,也具有良好的冲压及焊接性,常用来制造各种冷冲压件、焊接件,以及受力不大、尺寸不大的渗碳件,如容器、螺钉、螺母、杠杆、轴套等。

35~55 钢属于中碳钢,需要经过调质处理后使用,综合力学性能良好,即具有较高的强度,较好的塑性和韧性。这部分钢应用最广,主要用来制造齿轮、连杆、轴类零件等。

60~85(65Mn、70Mn)钢属于高碳钢,经淬火+中温回火后使用,具有高的屈服强度和弹性极限,具有足够的韧性和耐磨性,主要用于制造各类弹簧,如汽车上的螺旋弹簧、板弹簧、弹簧发条、钢丝绳等。其中,65、70、65Mn 钢应用最广。

优质碳素结构钢的应用实例如图 7-3 所示。

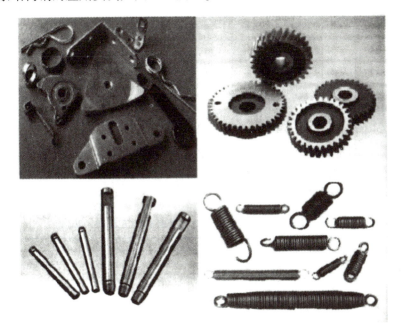

图 7-3 优质碳素结构钢的应用实例

## 7.3.3 碳素工具钢

碳素工具钢属于高碳钢,其含碳量为 0.65%~1.35%,碳素工具钢的可加工性好,价格低廉,多用于制造手工用具及低速、小切削用量的机用刀具、量具、模具等。这类钢需经淬火+低温回火热处理,来获得高硬度(60 HRC 以上)和良好的耐磨性。

碳素工具钢的牌号表示方法:汉字"碳"的拼音首位字母"T"+数字,数字表示平均含碳量的千分数。例如:T9 钢表示 $w_C = 0.9\%$ 的碳素工具钢。

碳素工具钢属于优质钢和高级优质钢,高级优质碳素工具钢的牌号要在牌号最后加字母"A",如 T12A 钢表示 $w_C = 1.2\%$ 的高级优质碳素工具钢。若钢中含锰量较高,则需要在牌号后加锰的元素符号,如 T8Mn。碳素工具钢的牌号及其化学成分如表 7-7 所示。

表 7-7 碳素工具钢的牌号及其化学成分（摘自 GB/T 1299—2014）

| 牌 号 | 化学成分（质量分数）/% | | | | |
|---|---|---|---|---|---|
| | C | Mn | Si | S | P |
| T7 | 0.66~0.74 | ≤0.40 | ≤0.35 | ≤0.030 | ≤0.035 |
| T8 | 0.76~0.84 | ≤0.40 | | | |
| T8Mn | 0.80~0.90 | 0.40~0.60 | | | |
| T9 | 0.86~0.94 | ≤0.40 | | | |
| T10 | 0.96~1.04 | ≤0.40 | | | |
| T11 | 1.06~1.14 | ≤0.40 | | | |
| T12 | 1.16~1.24 | ≤0.40 | | | |
| T13 | 1.26~1.35 | ≤0.40 | | | |

所有碳素工具钢淬火后的硬度接近。但随着含碳量的增多，未溶粒状渗碳体的数量增多，从而使钢的耐磨性提高、韧性下降。碳素工具钢的预备热处理为球化退火，其目的是降低硬度，改善切削加工性，为淬火做准备。碳素工具钢的锻造及切削加工性好，价格便宜；但淬透性低，淬火时容易变形、开裂，且热硬性差（刃部温度达到 250 ℃ 以上时，硬度及耐磨性迅速降低），只能在 200 ℃ 以下使用，因此这类钢仅用来制造截面较小、形状简单、切削速度低的工具，用来加工低硬度材料。

碳素工具钢的力学性能如表 7-8 所示。

表 7-8 碳素工具钢的力学性能（摘自 GB/T 1299—2014）

| 牌号 | 退火状态 | 试样淬火 | |
|---|---|---|---|
| | HBW（≤） | 淬火温度/℃ 和冷却介质 | HRC（≥） |
| T7 | 187 | 800~820，水 | 62 |
| T8 | 187 | 780~800，水 | 62 |
| T8Mn | 187 | 780~800，水 | 62 |
| T9 | 192 | 760~780，水 | 62 |
| T10 | 197 | 760~780，水 | 62 |
| T11 | 207 | 760~780，水 | 62 |
| T12 | 207 | 760~780，水 | 62 |
| T13 | 217 | 760~780，水 | 62 |

以下是几种常用的碳素工具钢的特点和应用范围。

T7~T9 钢的硬度高、韧性较高，主要用于受力不大、形状较简单的冲击工具，如冲头、剪刀、木工工具、锤子等。

T10～T13 钢的硬度高、韧性适中，主要用作硬而耐磨、但不受冲击的工具，如钻头、锉刀、刨刀、丝锥、钟表工具和医疗外科工具等。

生活中有很多常用的五金工具，它们根据使用要求，其材料和硬度各不相同，表 7-9 所示为常用五金工具的选材方案和硬度要求。

表 7-9 常用五金工具的选材方案和硬度要求

| 工具名称 | 推荐牌号 | 工作部分硬度 HRC | 工具名称 | 推荐牌号 | 工作部分硬度 HRC |
|---|---|---|---|---|---|
| 钢丝钳 | T7、T8 | 52～60 | 活扳手 | 45、40Cr | 41～47 |
| 锤子 | 50、T7、T8 | 49～56 | 民用剪刀 | 50、55、60、65Mn | 54～61 |
| 锯条 | T10、T11 | 60～64 | 美工刀 | T10、30Cr13 | 55～60 |
| 螺钉旋具 | 50、60、T7 | 48～52 | 锉刀 | T12、T13 | 64～67 |

## 7.3.4 铸造碳钢

铸造碳钢是指含碳量为 0.15%～0.60% 的铸造合金。在实际生产中有一些形状复杂、综合力学性能要求较高的大型零件难以锻造成型，且铸铁件又达不到使用要求，故使用铸造碳钢。

铸造碳钢的铸造性能比铸铁差，特别是流动性差、凝固收缩率大、易偏析。但随着铸造技术的发展，铸钢件在组织、性能、精度和表面粗糙度等方面都已接近锻钢件，可不经切削加工或只需少量切削加工后即可使用，节约了大量钢材和成本。因此，铸造碳钢应用广泛，主要用于制造矿山机械、冶金机械、船舶等重型机械中承受大载荷的零件，如轧钢机机架、铁路车辆的车轮、船舶上的锚等。

一般工程用铸造碳钢牌号表示方法："铸钢"的汉语拼音首位字母"ZG"+屈服强度值-抗拉强度值。例如：ZG270-500 表示屈服强度不小于 270 MPa，抗拉强度不小于 500 MPa 的铸钢。铸造碳钢的牌号、性能与用途如表 7-10 所示。一般工程用铸造碳钢的特性和应用如表 7-11 所示。

表 7-10 铸造碳钢的牌号、性能与用途（摘自 GB/T 11352—2009）

| 牌号 | 化学成分（质量分数）/%，≤ | | | 力学性能（≥）正火（或退火）+回火状态 | | | | |
|---|---|---|---|---|---|---|---|---|
| | C | Si | Mn | $R_{eH}$/MPa | $R_m$/MPa | A/% | Z/% | $KU_2$/J |
| ZG200-400 | 0.20 | | 0.8 | 200 | 400 | 25 | 40 | 30 |
| ZG230-450 | 0.30 | | | 230 | 450 | 22 | 32 | 25 |
| ZG270-500 | 0.40 | 0.6 | 0.9 | 270 | 500 | 18 | 25 | 22 |
| ZG310-570 | 0.50 | | | 310 | 570 | 15 | 21 | 15 |
| ZG340-640 | 0.60 | | | 340 | 640 | 10 | 18 | 10 |

表 7-11 一般工程用铸造碳钢的特性和应用

| 牌号 | 主要特性 | 应用举例 |
| --- | --- | --- |
| ZG200-400 | 低碳铸钢，韧性及塑性均好，但强度和硬度较低，低温冲击韧性大，脆性转变温度低，导磁、导电性良好，焊接性好，但铸造性差 | 机座、电气吸盘、变速器箱体等受力不大，但要求具有韧性的零件 |
| ZG230-450 | | 用于受力不大、韧性较好的零件，如轴承盖、底板、阀体、机座、侧架、轧钢机架、箱体、犁柱、砧座等 |
| ZG270-500 | 中碳铸钢，有一定的韧性及塑性，强度和硬度较高，可加工性良好，焊接性尚可，铸造性比低碳钢好 | 应用广泛，用于制作飞轮、车辆车钩、水压机工作缸、机架、轴承座、连杆、箱体、曲拐 |
| ZG310-570 | | 用于重载荷零件，如联轴器、大齿轮、缸体、气缸、机架、制动轮、轴及辊子 |
| ZG340-640 | 高碳铸钢，具有高强度、高硬度及高耐磨性，塑性、韧性低，铸造性、焊接性均差，裂纹敏感性较大 | 起重运输机齿轮、联轴器、齿轮、车轮、阀轮、叉头 |

### 小资料

钢的火花鉴别方法可以大致确定非合金钢碳的质量分数。

火花鉴别法是将被试验的钢铁材料与高速旋转的砂轮接触，根据在磨削过程中所出现火花爆裂形状、流线、色泽等特点近似地确定钢铁的化学成分的一种方法。火花鉴别法作为一种简便、实用的方法广泛应用于钢制工件的材料鉴别中。

当试样与高速旋转的砂轮接触时，由于剧烈摩擦，温度急剧升高，被砂轮切削下来的颗粒以高速抛射出去，同空气摩擦，温度继续升高，发生激烈氧化甚至熔化，从而在抛射中呈现出一条条光亮流线。磨削颗粒表面生成的 FeO 被颗粒内所含的碳元素还原，生成 CO 气体，在压力足够时便冲破表面氧化膜，发生爆裂而形成爆花。流线和爆花的色泽、数量、形状、大小同试样的化学成分有关，因此可以初步鉴别金属材料。

# 本章小结

1. 碳的质量分数为 0.021 8%~2.11% 的铁碳合金为非合金钢，其基本组成元素为 Fe、C，此外非合金钢中还含有少量 Si、Mn、S、P、N、H、O 等非特意加入的杂质元素。

2. C、Si、Mn、S、P 被称为钢铁"五大元素"，其中 Si、Mn 为钢的有益元素，S、P 为钢的有害元素。

3. 杂质元素对钢材性能和质量的影响很大，必须严格控制在规定范围之内。

4. 牌号对于正确认识、使用非合金钢有重要意义。非合金钢的牌号表示方法如表 7-12 所示。

表7-12 非合金钢的牌号表示方法

| 钢种 | | 牌号表示方法 | 典型牌号 | 用途 |
|---|---|---|---|---|
| 普通碳素结构钢 | | Q+屈服强度值+质量等级符号+脱氧方法符号 | Q235AF | 工程构件 |
| 优质碳素结构钢 | 正常含锰量 | 平均碳的质量分数的万分数 | 45 | 机械零件 |
| | 较高含锰量 | 平均碳的质量分数的万分数+Mn | 65Mn | |
| 碳素工具钢 | | T+平均碳的质量分数的千分数 | T8 | 简单形状、使用温度不高的工具 |
| 铸造碳钢 | | ZG+屈服强度值-抗拉强度值 | ZG310-570 | 大型或形状复杂，但力学性能要求较高的零件 |

练习题

参考答案

# 第 8 章　合金钢

【知识目标】

1. 了解合金钢的分类和牌号表示方法。
2. 掌握合金元素对合金钢性能组织的影响。
3. 掌握各种合金钢的种类、热处理方法、性能特点及应用。

【能力目标】

1. 能根据牌号识别钢的种类,并说明其中主要合金元素的作用。
2. 能够正确分析合金钢的成分、组织和性能之间的关系。
3. 能够根据使用性能要求,合理选择钢材和热处理工艺。
4. 建立典型工件-钢材-热处理方法之间关系的认识。

## 8.1　概　　述

**情景导入**

合金钢已有一百多年的历史了。工业上较多地使用合金钢材大约是在 19 世纪后半期。当时,由于钢的生产量和使用量不断增大,机械制造业需要解决钢的切削加工问题。1868 年,英国人马希特(R. F. Mushet)发明了成分为 2.5%Mn-7%W 的自硬钢,将切削速度提高到 5 m/min。随着商业和运输的发展,美国于 1870 年用铬钢(1.5%~2.0%Cr)在密西西比河上建造了跨度为 158.5 m 的大桥;由于加工构件时发生困难,稍后,一些工业国家改用镍钢(3.5%Ni)建造大跨度的桥梁。与此同时,一些国家还将镍钢用于修造军舰。随着工程技术的发展,要求加快机械的转动速度,1901 年的西欧出现了高碳铬滚动轴承钢。1910 年,诞生了 18W-4Cr-1V 型的高速工具钢,进一步把切削速度提高到 30 m/min。可见合金钢的问世和发展,适应了社会生产力发展的要求,其和机械制造、交通运输和军事工业的需要是分不开的。

20世纪20年代以后,电弧炉炼钢法被推广使用,为合金钢的大量生产创造了有利条件。化学工业和动力工业的发展,又促进了合金钢品种的增加,于是不锈钢和耐热钢在这段时间问世了。1920年,德国人毛雷尔(E. Maurer)发明了18-8型不锈耐酸钢,1929年,在美国出现了Fe-Cr-Al电阻丝,到1939年德国在动力工业开始使用奥氏体耐热钢。第二次世界大战以后至20世纪60年代,主要是发展高强度钢和超高强度钢的时代,由于航空工业和火箭技术发展的需要,出现了许多高强度钢和超高强度钢等新钢种,如沉淀硬化型高强度不锈钢和各种低合金高强度钢等是其代表性的钢种。目前国际上使用的有上千个合金钢钢号,数万个规格,合金钢的产量约占钢总产量的10%,是国民经济建设和国防建设大量使用的重要金属材料。

随着科技的发展,对材料也提出了更高的要求,如更高的强度、耐磨性、耐蚀性、耐高温性及其他特殊性能。碳钢虽然产量大、价格低、便于加工,具有较好的力学性能和工艺性能,应用广泛,但其淬透性较低、强度低、耐回火性差等,不能用于大尺寸、受重载荷的零件,也不能用于耐腐蚀、耐高温的零件制造,且热处理工艺性能不佳。

为了改善钢的性能,在碳钢的基础上,有意加入一定量的元素(铁、碳除外)冶炼而成的钢称为合金钢。与碳钢相比,合金钢虽然优点多,但其冲压、切削等工艺性能都比较差,冶炼、铸造、焊接及热处理等工艺比碳钢复杂,成本较高,而且其优势通常是通过热处理才能充分发挥。因此,在设计零件时必须全面考虑,选择合适的材料。

合金钢的种类繁多,常用的分类方法如下所述。

**1. 按合金元素含量分类**

按合金元素含量高低,合金钢可分为:
1) 低合金钢(合金元素总量小于5%);
2) 中合金钢(合金元素总量为5%~10%);
3) 高合金钢(合金元素总量大于或等于10%)。

**2. 按主加合金元素种类分类**

按主加合金元素不同,合金钢可分为锰钢、铬钢、硼钢、铬镍钢、硅锰钢等。

**3. 按主要用途分类**

1) 合金结构钢:可分为工程结构用钢和机械结构用钢。
工程结构用钢包括建筑工程用钢、桥梁工程用钢、船舶及海洋工程用钢和车辆工程用钢等;机械结构用钢包括调质钢、弹簧钢、滚动轴承钢、渗碳钢和渗氮钢等。这类钢一般属于低、中合金钢。

2) 合金工具钢:可分为刃具钢、量具钢、模具钢,主要用于制造硬度、耐磨性和热硬性等要求高的各种刃具、量具和模具。这类钢一般属于高碳合金钢(模具钢中包含中碳合金钢)。

3) 特殊性能钢:可分为不锈钢、耐热钢、耐磨钢等。这类钢主要用于有各种特殊要求(物理、化学或力学性能)的场合。

**4. 按金相组织分类**

按钢退火态的金相组织不同,合金钢可分为亚共析钢、共析钢、过共析钢三种。

按钢正火态的金相组织不同,合金钢可分为珠光体钢、贝氏体钢、马氏体钢、奥氏体钢和铁素体钢等。

## 8.2 合金元素在钢中的作用

> **情景导入**
>
> 请同学们思考以下问题。
> 1. 在铁碳合金中，奥氏体是仅存在于 727 ℃ 以上的高温相，为什么有些合金钢的室温组织却是单相奥氏体？
> 2. 为什么碳钢只能用水或盐水进行淬火冷却？这样做对工件有什么不利影响？
> 3. 机用丝锥和钻头能否选用碳素工具钢制造？为什么？

钢中常加入的合金元素有硅（Si）、锰（Mn）、铬（Cr）、镍（Ni）、钼（Mo）、钨（W）、钒（V）、钛（Ti）、铌（Nb）、锆（Zr）、钴（Co）、铝（Al）、铜（Cu）、硼（B）、稀土（RE）等。合金元素加入钢与铁、碳这两种基本组元发生相互作用，且合金元素之间也会有相互作用，从而对钢的基本相、铁碳合金相图及钢的热处理等都有影响。因此，钢的合金化是对其改性的基本途径之一。合金化要考虑合金元素对钢性能的影响，同时要结合自己国家的国情。

### 8.2.1 合金元素与钢中基本相的作用

铁、碳是钢中的两个基本组元，二者形成碳钢中的铁素体、奥氏体和渗碳体。合金元素在钢中主要有两种存在形式：形成碳化物（一些碳钢中所没有的新相）、溶于铁素体中。

**1. 合金元素与碳的作用**

在一般的合金化理论中，按与碳亲和力的大小，可将合金元素分为碳化物形成元素与非碳化物形成元素两大类。

与碳亲和力较强的元素有 Mn、Cr、Mo、W、V、Nb、Zr、Ti 等（依次增强），都是碳化物形成元素。其中，强碳化物形成元素有 V、Nb、Zr、Ti，中强碳化物形成元素有 Cr、Mo、W，弱碳化物形成元素有 Mn，它们与碳结合形成合金渗碳体或特殊碳化物。

1）合金渗碳体：弱碳化物形成元素或较低含量的中强碳化物形成元素，能置换渗碳体中的铁原子，形成合金渗碳体。

2）特殊碳化物：强碳化物形成元素或较高含量的中强碳化物形成元素，能够与碳化合，形成特殊碳化物。

碳化物是钢中的重要相之一，其熔点高、硬度高，且很稳定，不易分解，热处理加热时很难溶于奥氏体中。特殊碳化物比合金碳化物具有更高的熔点、硬度和耐磨性，而且更稳定、不易分解，能显著提高钢的强度、硬度和耐磨性。

碳化物的形态、数量、大小及分布对钢的力学性能和热处理工艺性能有很大影响，故对分布在钢的基体上的碳化物的要求是：细小、球状、均匀。

**2. 合金元素与铁的作用**

合金元素不与碳化合，溶于铁中，形成合金铁素体或合金奥氏体。合金元素溶入后，导致晶格畸变，产生固溶强化作用，使钢的强度、硬度提高，但塑性、韧性有所下降。图 8-1

和图 8-2 所示为几种合金元素对铁素体硬度和韧性的影响。

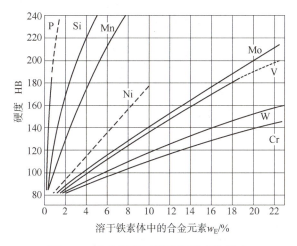

图 8-1 合金元素对铁素体硬度的影响

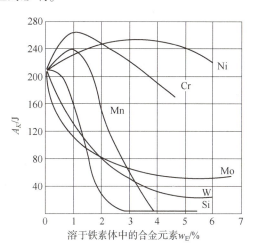

图 8-2 合金元素对铁素体韧性的影响

由图 8-1 可知，Si、Mn 等与铁有不同晶格类型的合金元素，能显著提高钢的强度和硬度，因此，这两种资源丰富的元素常被用于强化。由图 8-2 可知，当 Cr、Mn、Ni 三种元素在适当范围内（$w_{Cr} \leq 2\%$，$w_{Mn} \leq 1.5\%$，$w_{Ni} \leq 5\%$）时，既能提高钢的强度又能提高钢的韧性。目前研究表明，Ni 的溶入使位错的交叉滑移容易进行，因而可使钢的塑性、韧性改善。Cr 和 Ni 是优良的合金元素。虽然 Cr、Ni 是全球稀缺元素，但由于它们在钢中具有重要作用，故仍被广泛使用。

## 8.2.2 合金元素对铁碳合金相图的影响

加入合金元素后，对碳钢中的相平衡关系影响很大，从而使铁碳合金相图发生变化。

**1. 改变奥氏体相区的范围**

合金元素会使奥氏体相区扩大或缩小。

1）Ni、Mn、Co、C、N、Cu 等元素使奥氏体相区扩大，使共析温度 $A_1$ 下降，$A_3$ 下降，如图 8-3（a）所示。

2）Cr、W、Mo、V、Ti、Si、Al 等元素使奥氏体相区缩小，使 $A_1$ 和 $A_3$ 温度升高，如图 8-3（b）所示。

**2. 对 $S$、$E$ 点的影响**

如图 8-4 所示，Ti、Mo、Si、W、Cr 等缩小奥氏体相区的元素使铁碳合金相图中的共析温度（$A_1$）上升，而 Mn、Ni 等扩大奥氏体相区的元素则使铁碳合金相图中的共析温度（$A_1$）下降。由于共析温度的升高或下降直接影响钢的热处理加热温度，所以锰钢、镍钢的淬火温度低于非合金钢，在热处理加热时容易出现过热现象；而含有缩小奥氏体相区元素的钢，其淬火温度就相应地提高了。

几乎所有元素均使 $S$ 点和 $E$ 点左移，这使含碳量相同的碳素钢和合金钢的显微组织不同，如图 8-5 所示。$S$ 点向左移动，意味着共析成分降低。例如：$w_C = 0.4\%$ 的碳钢具有亚共析组织，当加入 $w_{Cr} = 15\%$ 的铬后，$S$ 点左移到 $w_C < 0.4\%$，此时钢是过共析组织，合金钢

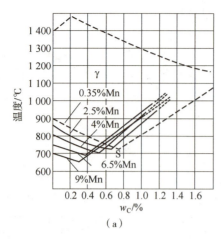
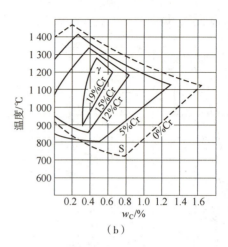

图 8-3 合金元素对铁碳合金相图中奥氏体相区的影响

（a）Mn 为扩大奥氏体相区元素；（b）Cr 为缩小奥氏体相区元素

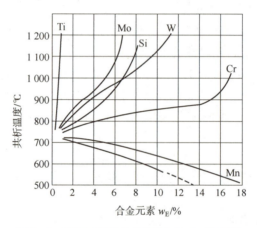

图 8-4 合金元素对共析温度（$A_1$）的影响

组织中的珠光体数量增加，而使钢得到强化。同理，$E$ 点左移会使发生共晶转变的含碳量降低，出现莱氏体的含碳量降低。因此，某些合金钢中虽然含碳量远低于 2.11%，但也可能出现莱氏体，称这类钢为莱氏体钢。例如：在高速钢中含有大量 W、Cr 等元素，即使含碳量只有 0.7%~0.8%，在铸态下也会得到莱氏体组织，成为莱氏体钢。

即使钢中合金元素含量不多，但 S、E 点也会有不同程度的左移。因此，在退火状态下，和含碳量相同的碳钢相比，合金钢组织中珠光体数量较多，强度也更高。

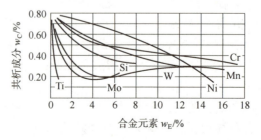

图 8-5 合金元素对共析成分（S 点）的影响

> **小资料**
>
> 利用合金元素扩大和缩小奥氏体相区的作用,可获得单相奥氏体或铁素体组织,因其具有特殊性能,故广泛应用于不锈钢和耐热钢中。
>
> 当与 γ-Fe 无限互溶的镍或锰元素的含量较多时,可使钢在室温下获得单相奥氏体组织,成为奥氏体钢,如 $w_{Ni}>8\%$ 的 18-8 型不锈钢和 $w_{Mn}>13\%$ 的 ZGMn13 耐磨钢。
>
> 当加入的元素超过一定量后,奥氏体可能完全消失,使钢在包括室温在内的广大温度范围内获得单相铁素体,称为铁素体钢,如 $w_{Cr}=17\%\sim28\%$ 的 Cr17、Cr25、Cr28 不锈钢都是铁素体型不锈钢。

## 8.2.3 合金元素对热处理的影响

合金元素的作用大多要通过热处理才能发挥出来,除低合金钢外,合金钢在使用前一般需经过热处理。由于共析温度的降低或升高直接影响热处理加热温度,故合金钢的热处理温度与碳钢有所不同,不能直接用铁碳合金相图来确定。除镍和锰钢外(淬火温度低于碳钢,在热处理加热时容易出现过热现象),大多数合金钢的热处理温度均高于相同含碳量的碳钢。

### 1. 对加热转变(奥氏体化)的影响

1)除镍和钴外,大多数合金元素均能减缓奥氏体的形成过程。此外,合金元素在钢中形成的渗碳体或化合物很难溶入奥氏体,即使溶解了也难以均匀扩散。因此,为了得到比较均匀的、含有足够数量合金元素的奥氏体,合金钢在热处理时比碳钢需要更高的加热温度和更长的保温时间。但是,对于需要具有较多未溶碳化物的合金工具钢,则不应采用过高的加热温度和过长的保温时间。

2)大多数合金元素能阻止奥氏体晶粒的长大,细化晶粒。特别是 Ti、V、Mo、W、Nb、Zr 等中强碳化物形成元素,在钢中形成的碳化物稳定性很高,很难分解。此外,也可以加入一些晶粒细化剂,在钢中弥散分布在奥氏体晶界上,阻止奥氏体晶粒长大。

除锰钢外,合金钢在加热时不易过热。这有利于在淬火后获得细马氏体;也有利于适当提高加热温度,使奥氏体中溶有更多的合金元素来增加钢的淬透性和提高钢的力学性能。在同样的加热条件下,合金钢比碳钢的组织更细,力学性能也更好。

> **小资料**
>
> 近年来,在钢中配合合金元素的同时加入稀土金属来改进钢的力学性能已引起广泛的重视。我国稀土元素非常富有,而且我国对配合合金元素的同时加入稀土金属来改进钢的力学性能做了不少研究。稀土元素具有强烈的脱氧能力、去硫能力,还能改善非金属夹杂物的形状,使之球化,因此可显著改善钢的塑性和韧性,降低其脆性转变温度。

### 2. 对钢冷却转变的影响

合金元素使等温冷却转变曲线(即 C 曲线)在形状和位置上都发生变化。

除钴以外,大多数合金元素都能提高过冷奥氏体的稳定性,使等温冷却转变曲线右移,淬火临界冷却速度减小，提高钢的淬透性。因此，合金钢可以采用冷却能力较低的淬火冷却介质进行淬火，如空冷或油淬，从而减小零件的淬火变形和开裂倾向。

1）不形成碳化物或弱碳化物形成元素，如 Si、Ni、Mn 等，仅会使整个曲线不同程度地右移，如图 8-6（a）所示。

2）中强和强碳化物形成元素，如 T、W、Mo、V 等，不仅使曲线右移，还使曲线的形状发生改变，出现两个"鼻尖"，把珠光体转变、贝氏体转变明显地分为两个独立的区域，提高了钢的淬透性，如图 8-6（b）所示。

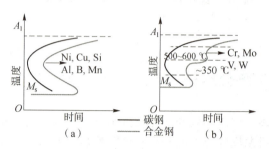

**图 8-6 合金元素对等温冷却转变曲线的影响**

(a) 一个"鼻尖"的等温冷却转变曲线；(b) 两个"鼻尖"的等温冷却转变曲线

常用的合金元素对钢的淬透性的影响由强到弱的顺序是：Mo、Mn、W、Cr、Ni、Cu、Si、V、Al。当同时加入两种或多种合金元素时，单一元素对钢的淬透性的影响要大得多。

必须指出，加入的合金元素在热处理加热时完全溶于奥氏体，这样才能使钢的淬透性增加；如果未完全溶解，则形成的碳化物会促进过冷奥氏体分解，加速珠光体的相变，导致钢的淬透性减小。

3）大多数合金元素溶入奥氏体后，会使马氏体转变温度 $M_s$ 和 $M_f$ 点下降，如图 8-7 所示。这使淬火后的残留奥氏体量增多，合金元素对残留奥氏体量的影响如图 8-8 所示。残留奥氏体量的多少，对钢的硬度、零件淬火变形、尺寸稳定都有较大的影响。残留奥氏体量过高（某些高合金钢中高达 30%~40%），会使钢的硬度和疲劳强度下降。可以通过冷处理（冷至 $M_f$ 点以下）降低残留奥氏体量，使其转变为马氏体；也可以进行多次回火，合金碳化物析出使 $M_s$、$M_f$ 点上升，然后在冷却过程中残留奥氏体转变为马氏体或贝氏体，称为二次淬火。

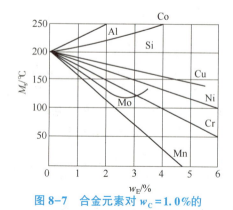

图 8-7 合金元素对 $w_C=1.0\%$ 的碳钢 $M_s$ 点的影响

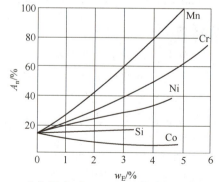

图 8-8 合金元素对 $w_C=1.0\%$ 的碳钢 1 150 ℃淬火后残留奥氏体含量的影响

### 3. 对回火转变的影响

（1）提高了耐回火性

这是由于合金元素溶入后，原子扩散速度减慢，推迟了马氏体的分解和残留奥氏体的转变，碳化物不易析出，以及析出后难以聚集长大而保持较大的弥散度。这就使合金钢比碳钢具有较高的回火抗力。因此，在相同的回火温度下，合金钢的强度、硬度高于碳钢；若要得到同样的回火硬度，合金钢的回火温度比碳钢要高，回火的时间也更长，内应力就消除得更充分，塑性和韧性也更高。因此，合金钢回火后，比碳钢具有更好的综合性能。图 8-9 所示为碳钢与合金钢的回火硬度曲线。

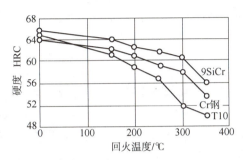

图 8-9　碳钢与合金钢的回火硬度曲线

（2）二次硬化

一般来说，回火温度升高，硬度会下降，但一些强碳化物形成元素（如 Mo、W 等）加入后，硬度不是随着回火温度升高而下降，而是到某一温度（约 400 ℃）后开始升高，并在另一更高温度（一般为 550 ℃ 左右）达到最大值，这种现象称为二次硬化。图 8-10 所示为合金元素钼造成的二次硬化现象。

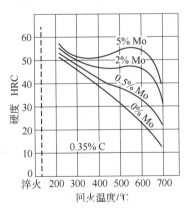

图 8-10　合金元素钼造成的二次硬化现象

二次硬化现象与回火析出物的性质有关。当回火温度低于 450 ℃ 时，钢中析出渗碳体；回火温度为 500~600 ℃ 时，从马氏体中析出弥散分布的难熔碳化物（$Mo_2C$、$W_2C$、VC 等），使硬度重新升高，称为沉淀硬化。此外，回火时冷却过程中残留奥氏体转变为马氏体的二次淬火也可产生二次硬化。二次硬化现象对需要较高热硬性的合金工具钢和高速钢具有重要意义。

综上所述，合金钢的性能比碳钢优良，主要原因是合金元素提高了钢的淬透性和耐回火性，细化了晶粒，产生了固溶强化或沉淀强化，使珠光体组织数量增多。

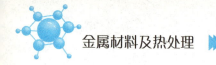

## 8.3 低合金钢

> **情景导入**
>
> 中国钢产量已突破6亿吨，钢材数量不再是主要矛盾，钢材品种结构不合理的矛盾十分突出。当前行业的主要任务是努力提高产品的市场竞争力，站在可持续发展的新起点上，把大力开发低合金钢列入发展战略的重要内容。许多普钢企业在钢材品种结构调整和编制科技发展规划中，已意识到低合金钢生产是提高产品技术含量和附加值的关键，一些科技管理干部觉得"成也低合金钢，败也低合金钢"，迫切要求对低合金钢有一个全面的了解。

低合金钢含有少量合金元素，其主要用于强度、塑性和韧性要求较高的建筑或工程结构件，按主要性能和使用特性不同，可分为一般用途的低合金结构钢、桥梁用钢、汽车用钢、锅炉用钢、容器用钢、船舶及海洋工程结构用钢、管线用钢、低合金耐候钢、低合金冲压钢、铁道用低合金钢、矿用低合金钢和低温用钢等。低合金钢基本上都是低碳钢（铁道用低合金钢除外），具有较好的力学性能和工艺性能，近年来发展快、产量大、性能好、应用范围广。本节主要介绍常用的低合金高强度结构钢、低合金耐候钢、低合金专业用钢。

### 8.3.1 低合金高强度结构钢

低合金高强度结构钢是在碳钢的基础上加入少量合金元素（合金元素总量一般小于3%）而形成的合金钢，其冶炼比较方便，成本与碳钢相近，强度高于一般的低碳钢，且有足够的塑性和韧性。

#### 1. 牌号

低合金高强度结构钢的牌号用"Q+规定的最小上屈服强度数值+交货状态代号+质量等级符号"表示，Q是"屈"字的汉语拼音首字母；交货状态为热轧（未经过特殊轧制或热处理），代号为 AR 或 WAR，可省略，交货状态为正火或正火轧制时用 N 表示；质量等级分为 B、C、D、E、F 五个等级。常用的热轧低合金高强度结构钢有 Q355、Q390、Q420、Q460。例如：Q355ND 表示最小 $R_{eH} \geqslant 355$ MPa、交货状态为正火或正火轧制，质量等级为 D 级的低合金高强度结构钢。

#### 2. 成分

低合金高强度结构钢含碳量比较低，一般不超过 0.20%，主加元素为锰（Mn），常用的辅加元素有 V、Ti、Nb、Al、Cr、Ni 等。锰可以固溶强化、细化晶粒、改善钢的塑性和韧性，但加入量不超过 1.4%；V、Ti、Nb 可以细化晶粒，使碳氮化物析出，进一步提高钢的强韧性；Al、Cr、Ni 可以提高钢的耐大气腐蚀性；Cr、Ni 可提高钢的冲击韧性，改善钢的热处理性能，提高钢的强度；稀土元素可以脱硫、去气，净化钢材，改善钢的韧性和工艺性。

#### 3. 性能

低合金高强度结构钢可代替普通碳素结构钢，其屈服强度可提高 25%~50%，质量可减轻30%，制造的零件更可靠、耐久，但尺寸大，形状复杂，需冷弯及焊接成型，大多在热轧或正火条件下使用，且可能长期处于低温或暴露于一定的环境介质中。因此，其性能有如下特点：

1）高强度与良好的塑性和韧性；
2）良好的焊接性；
3）良好的耐蚀性；
4）较低的缺口敏感性和冷弯后低的时效敏感性。

**4. 常用钢种**

Q345（16Mn）是目前我国用量最多、产量最大的一种低合金高强度结构钢。其综合性能好，低温性能尚可，塑性和焊接性良好。

Q390钢含V、Ti、Nb，强度高，用于中等压力的压力容器。

Q460钢含Mo、B元素，为低碳贝氏体组织，其强度高，低温韧性和焊接性好，可用于各种大型工程结构，以及要求强度高、载荷大的轻型结构，如石化中温高压容器等。

例如：南京长江大桥采用Q345钢比用碳素结构钢节约钢材15%以上；我国的载重汽车大梁采用Q345钢后，使载重比由1.05提高到了1.25。

部分低合金高强度结构钢的等级、力学性能和用途如表8-1所示。

表8-1 部分热轧低合金高强度结构钢的力学性能和用途

| 牌号 | 等级 | 上屈服强度 $R_{eH}$/MPa | 抗拉强度 $R_m$/MPa | 断后伸长率 $A$/%（纵向） | 冲击吸收能量 | | 应用举例 |
|---|---|---|---|---|---|---|---|
| | | | | | 温度/℃（纵向） | $KU_2$/J | |
| Q355 | B、C | 275~355 | 470~630 | 17~22 | 20（B级） | 34 | 铁路车辆、桥梁、船舶、锅炉、管道、压力容器、石油储罐、矿山机械等 |
| Q390 | B、C、D | 320~390 | 490~650 | 19~21 | 20（B级） | 34 | 中高压锅炉锅筒和石油化工容器、大型船舶、桥梁、起重设备及其承受较高载荷的焊接结构件等 |
| Q420 | B、C | 350~420 | 520~680 | 19~20 | 20（B级） | 34 | 大型桥梁、船舶、起重机械、电站设备、中高温压力容器及其大型焊接结构件等 |

续表

| 牌号 | 等级 | 上屈服强度 $R_{eH}$/MPa | 抗拉强度 $R_m$/MPa | 断后伸长率 $A$/%（纵向） | 冲击吸收能量 温度/℃（纵向） | 冲击吸收能量 $KU_2$/J | 应用举例 |
|---|---|---|---|---|---|---|---|
| Q460 | C | 390~460 | 550~720 | 17~18 | 0（B级） | 34 | 热处理后可用于中高温压力容器，强度高、载荷大的轻型结构，大型焊接结构件等 |

## 8.3.2 低合金耐候钢

低合金耐候钢即耐大气腐蚀钢，是在低碳非合金钢的基础上加入少量 Cu、Cr、Ni、Mo 等合金元素，使钢表面在空气中形成一层保护膜。还可再添加微量的 Nb、Ti、V、Zr 等元素进一步改善钢的性能。

我国耐候钢分为焊接结构用耐候钢和高耐候性结构钢两大类。焊接结构用耐候钢适用于桥梁、建筑及其他要求耐候性的结构件；高耐候性结构钢适用于车辆、建筑、塔架等，可根据不同需要制成螺栓连接、铆接和焊接的结构件。

## 8.3.3 低合金专业用钢

我国生产的低合金高强度结构钢品种较多，产品质量的不断提高和生产成本的降低使其在桥梁、船舶、车辆、起重运输和农机等领域得到了广泛的应用。为了适应某些专业的特殊需要，对低合金高强度结构钢的成分、加工工艺和性能作了相应的调整，发展出了门类众多的低合金专业用钢，且许多已纳入国家标准，如汽车用低合金钢、船舶及海洋工程用结构钢、管线用钢等。

专业钢的牌号一般为低合金高强度结构钢牌号+用途符号，例如 Q345R、Q355NH 分别表示压力容器用钢、耐候钢。

**1. 汽车用低合金钢**

汽车用低合金钢用量极大，广泛用于汽车大梁、托架及车壳等结构件。其主要包括：冲压性能良好的低强度钢（发动机罩等）、微合金化钢（大梁等）、低合金双相钢（轮毂、大梁等）及高延性高强度钢（车门、挡板）四类。

**2. 船舶及海洋工程用结构钢**

船舶及海洋工程用结构钢应具有中等以上强度、良好的抗海水腐蚀和抗低温断裂能力、较高的疲劳强度，以及优良的焊接性等。因为经常受到强海浪和风力的袭击，还要求某些重要部位采用抗层状撕裂钢（Z向钢，也可用于锅炉和压力容器）。冶炼时要控制金属夹杂物形态及其分布，降低 S、P 含量，来提高钢的抗冲击性能和弯曲性能，并降低焊接接头的层状撕裂倾向和减小断裂韧度的方向性。

一般强度船舶及海洋工程用结构钢以各种规格的型材或板材供应，主要用于小型船舶、大中型船舶和海洋工程结构中的非重要结构件，如扶手、上层建筑、受静载荷作用的机舱平台等。

高强度船舶及海洋工程用结构钢是低合金高强度结构钢中一个重要的钢种，主要用于大中型船舶和海洋工程结构中的重要结构，如所有舱壁板、外板、双层底、主甲板等，以及承受动载荷的主机座、起重机吊臂架等。高强度船舶及海洋工程用结构钢具有较好的力学性能，其屈服强度在 315 MPa 以上；其化学成分与低合金高强度结构钢相近，以低碳和微合金化为主要特征，同时具有良好的塑性、韧性，一定的耐海洋、大气和海水腐蚀的性能，以防止断裂事故和低温脆断。高强度船舶及海洋工程用结构钢可以冷弯加工，能在严寒地区用作工程结构，能保证船舶无限航区的要求，同时焊接性优良，可满足船舶及海洋工程结构对焊接工艺的要求。

### 3. 管线用钢

管线用钢是指用于输送石油、天然气等的大口径焊接钢管用热轧卷板或中厚板，可分为高寒地区、高硫地区和海底铺设三类。

当前石油和天然气管线工程正向大管径、高压输送方向发展，对管线用钢也提出新要求。管线用钢要具有较高的屈服强度和抗拉强度，屈强比为 0.85~0.93；还要具有较高的低温韧性和优良的焊接性，以及优良的抗氢致开裂和抗硫化物应力腐蚀开裂性能。现代管线用钢属于低碳或超低碳的微合金化钢，主要加入的合金元素有 Mn、Mo、Nb、V、Ti、Cu 等，并严格控制 S、P、O、N、H 等杂质元素的含量。

## 8.4　机械结构用合金钢

> **情景导入**
>
> 国家科技奖获得者、著名材料学家师昌绪说："设计是灵魂，材料是基础，工艺是关键，测试是保证。"如轴、齿轮、螺栓、轴承、弹簧等机械零件，性能要求不一。因此，选择合适的材料并进行合理的热处理，是保证零件质量的前提。那么，有哪些机械结构用合金钢可供选择？又如何满足各类机械零件的性能要求呢？

机械结构用合金钢主要用于制造各种机械零件（各种齿轮、轴（杆）类零件、弹簧、轴承及高强度结构件等），故又称机械零件用合金钢。其质量等级都属于特殊质量等级，大多须经热处理后使用。其按用途及热处理特点不同可分为渗碳钢、调质钢、弹簧钢、滚动轴承钢、易切削钢等。

合金结构钢的牌号采用"两位数字+化学元素符号+数字"的表示方法。前两位数字表示含碳量的万分数，化学元素符号表示合金元素，化学元素符号后面的数字则表示该合金元素的百分数。当合金元素的平均含量小于 1.5% 时，牌号中只标出化学元素符号而不标其含量；当其平均含量 ≥1.5%，≥2.5%，≥3.5%，…时则在化学元素符号后面相应地标出 2，3，4，…。例如：16Mn 钢，表示平均 $w_C$ = 0.16%，平均 $w_{Mn}$ < 1.5%。若合金结构钢是高级优质钢，牌号后加 A；特级优质钢，牌号后加 E。另外，钢中的 V、Ti、Al、B、RE 等合金元素的含量虽然很低，但有相当重要的作用，所以牌号中也要标出。例如：40CrNiMoA

钢，$w_{Mo}=0.2\%$，不到0.8%，但仍在牌号中标出；20CrMnTi 表示 $w_C=0.20\%$，主要合金元素 Cr、Mn 的质量分数均低于 1.5%，并含有微量 Ti 元素的合金结构钢；60Si2Mn 表示平均 $w_C=0.60\%$，主要合金元素 Mn 的质量分数低于 1.5%，Si 的质量分数为 1.5%~2.5%的弹簧钢。

滚动轴承钢的牌号表示为"GCr+数字"，"G"表示"滚"字汉语拼音首字母，数字表示含铬量的千分数。例如：GCr15 中的 15 表示铬的质量分数为 1.5%；其他元素按含量的百分数表示，如 GCr15SiMn 表示铬的质量分数为 1.5%，Si、Mn 的质量分数均小于 1.5%的滚动轴承钢。

易切削钢的牌号要在钢号前加"Y"表示，"Y"后面加阿拉伯数字表示平均含碳量的万分数。例如：Y40Mn 表示含碳量约为 0.4%，锰的质量分数小于 1.5%的易切削钢。

需要保证淬透性钢的牌号后加代号 H，如 45H、40CrAH。

## 8.4.1 渗碳钢

渗碳钢主要用来制造在冲击和磨损条件下工作的零件（汽车、拖拉机上的变速齿轮、齿轮轴、活塞销等），这类零件工作时会在局部产生很大的压应力、弯曲应力和摩擦力，这就要求表面必须具有很高的硬度、耐磨性和高的疲劳强度，同时心部则要求有较高的韧性来承受冲击。

**1. 化学成分和性能**

通常，钢的含碳量越低，韧性就越高。渗碳钢一般采用低碳钢，其含碳量为 0.10%~0.25%，以保证零件心部有足够的塑性和韧性。

为了进一步提高强度，以用于制造要求高的零件，渗碳钢中还会加入合金元素，主要有 Cr、Ni、Mn、B 等，用来强化铁素体和提高淬透性，以使较大尺寸的零件心部能获得满意的力学性能；渗碳后 Cr 在表层形成碳化物，可提高硬度和耐磨性；Ni 对渗碳层和心部的韧性非常有利，并可降低韧脆转变温度。此外，加入少量辅助合金元素 W、Mo、V、Ti 等可以细化晶粒，增加渗碳层硬度，进一步提高耐磨性，同时渗碳后能直接淬火，简化热处理工序。

> **小资料**
>
> 研究表明，渗碳钢心部过低的含碳量易于使表面硬化层剥落，适当提高心部含碳量可使其强度增加，从而避免剥落现象。因此，近年来有提高渗碳钢含碳量的趋势，但通常也不能太高，否则会降低其韧性。

**2. 渗碳钢的热处理**

通常，渗碳件的加工工艺路线为：下料→锻造→正火→机加工→渗碳→淬火+低温回火。渗碳后进行最终热处理，低温回火后，合金渗碳钢表面层和碳钢相似，组织为回火马氏体+碳化物+少量残留奥氏体，硬度达 58~62 HRC，满足耐磨的要求。

一般，渗碳件的渗碳热处理温度为 930 ℃左右，但渗碳只改变表层的含碳量，而随后的最终热处理才改变零件的力学性能。渗碳后的淬火处理常用直接淬火、一次淬火和二次淬火等方法。碳素渗碳钢和低合金渗碳钢经常采用直接淬火或一次淬火；而高合金渗碳钢则采用二次淬火。

对于渗碳时容易过热的钢（如20Cr），渗碳后需要先进行正火以消除过热组织，再进行淬火+低温回火，正火的目的是细化晶粒，减少带状组织并调整好硬度，以便于机械加工。这样，渗碳钢的表面组织为高碳回火马氏体+合金渗碳体+少量残留奥氏体，心部组织为低碳回火马氏体，有较高的韧性，满足承受冲击载荷的要求。

而对于像20CrMnTi这种在渗碳温度下仍保持细小奥氏体晶粒的钢，且渗碳后不需要机加工，则可在渗碳后预冷并直接淬火+低温回火。20CrMnTi是应用最广泛的合金渗碳钢，其心部组织由钢的淬透性高低及零件尺寸大小而确定，可得到低碳回火马氏体或珠光体加铁素体组织，主要用于制造汽车、拖拉机的变速齿轮、轴等零件。

**3. 常用的渗碳钢**

碳钢零件淬透性差，热处理不能使碳钢渗碳件的心部强化，因而不能用于制造受力较大、形状复杂、尺寸较大的重要渗碳零件。常用的渗碳钢有10钢、15钢、20钢，主要用来制造一些受力小、强度要求不高、形状简单、尺寸较小、易磨损的零件，如链轮、轴套、不重要的齿轮等。

合金渗碳钢的淬透性高，通过热处理能使其心部有显著的强化效果。这是由于合金渗碳钢的化学成分和热处理后的组织与碳钢不同。因此，合金渗碳钢在生产上应用更广泛。

常用的合金渗碳钢的淬透性、热处理工艺、力学性能及用途如表8-2所示。

表8-2 常用的合金渗碳钢的淬透性、热处理工艺、力学性能及用途

| 牌号 | 淬透性 | 热处理工艺/℃ | | | 力学性能（≥） | | | 用途 |
|---|---|---|---|---|---|---|---|---|
| | | 渗碳 | 淬火 | 回火 | $R_m$/MPa | $R_{eL}$/MPa | $A$/% | |
| 20Mn2 | 低 | 930 | 770~800，油 | 200 | 785 | 590 | 10 | 小轴、齿轮、活塞销等 |
| 20Cr | | | 800，水、油 | | 835 | 540 | 10 | |
| 20MnV | | | 880，水、油 | | 785 | 590 | 10 | 小轴、齿轮、活塞销，锅炉、高压容器和管道等 |
| 20CrMn | 中 | | 850，油 | | 930 | 735 | 10 | 轴、齿轮、蜗杆、活塞销、摩擦轮 |
| 20CrMnTi | | | 860，油 | | 1 080 | 850 | 10 | 汽车、拖拉机等的变速器齿轮 |
| 20MnTiB | | | 860，油 | | 1 130 | 930 | 10 | |
| 18Cr2Ni4WA | 高 | | 850，空 | | 1 180 | 835 | 10 | 大型齿轮和轴类零件 |
| 20Cr2Ni4A | | | 780，油 | | 1 180 | 1 080 | 10 | |

合金渗碳钢按淬透性的高低可分为低淬透性渗碳钢、中淬透性渗碳钢、高淬透性渗碳钢三类，其应用实例如图8-11所示。

1) 低淬透性渗碳钢：典型钢种有20Cr、20Mn2、20MnV。这类钢中合金元素的含量少，淬透性较低，水淬临界直径为20~35 mm。渗碳淬火后，心部的强韧性较低，用于制造受力不大、耐磨并承受冲击的小型零件，如活塞销、凸轮、滑块、小齿轮等。

2) 中淬透性渗碳钢：典型钢种有20CrMnTi、20MnTiB、12CrNi3、20MnVB。其合金元素的质量分数在4%左右，淬透性较高，油淬临界直径为25~60 mm；渗碳过渡层比较均匀，力学性能和工艺性能良好，主要用于制造承受中等载荷的耐磨零件，如汽车变速齿轮、齿轮

轴、花键套轴、拖拉机齿轮等。

3) 高淬透性渗碳钢：典型钢种有 18Cr2Ni4WA、20Cr2Ni4A、12Cr2Ni4。其合金元素的质量分数为 4%~6%，淬透性很高，油淬临界直径大于 100 mm，具有很好的韧性和低温冲击韧性，主要用于制造大截面、承受重载荷的重要耐磨件，如飞机、内燃机的主动牵引齿轮、坦克中的曲轴、大模数齿轮等。

（a）

（b）

（c）

图 8-11　合金渗碳钢应用实例

（a）活塞销；（b）变速齿轮；（c）柴油机曲轴

## 8.4.2　调质钢

调质钢主要是采用调质处理（淬火+高温回火）得到回火索氏体，属于整体强化态钢，其综合力学性能好。调质钢在机械零件中是用量最大的，用于在重载荷作用下同时又受冲击的重要结构零件及各种轴类零件，如汽车后桥半轴、连杆、螺栓。

### 1. 化学成分和性能

调质钢中含碳量为 0.25%~0.50%，属中碳钢。含碳量在这一范围内可保证钢的综合性能，含碳量过低，不易淬硬，回火后强度不足；含碳量过高，则韧性不足。一般来说，$w_C<0.4\%$ 的调质钢，塑性和韧性较高；$w_C>0.4\%$ 的调质钢，强度、硬度较高。调质钢因合金元素起了强化作用，相当于代替了一部分碳量，故含碳量可降低。

调质钢中的主加合金元素有 Si、Mn、Cr、Ni、B 等，可以提高淬透性，还能形成合金铁素体（B 除外），提高强度。例如：调质处理的 40Cr 钢的强度比 45 钢高很多。

辅加元素 W、Mo、Ti、V、Al 等，是强碳化物形成元素，形成稳定的合金碳化物可以阻碍奥氏体长大，从而细化晶粒和提高回火抗力。W、Mo 还有防止第二类回火脆性的作用。合金元素加入后，一般可以增大奥氏体的稳定性，因此调质钢可在油中淬火，以减少零件的变形和开裂。

### 2. 调质钢的热处理

调质钢热加工（如锻造）后必须进行热处理，以降低硬度，便于切削加工，其最终热处理是淬火+高温回火（调质处理）。调质钢的淬透性较高，一般用油淬，为防止第二类回火脆性，回火后要快冷以提高韧性。淬透性特别大时可以空冷，减少热处理缺陷。调质钢的最终性能取决于回火温度，一般采用 500~650 ℃ 回火，通过选择回火温度，可以获得所要求的性能（具体可查手册）。

除要求具备良好的综合力学性能以外，还要求有耐磨的零件（如齿轮、主轴），则可在调质后进行表面淬火及低温回火或渗氮处理，表面硬度可达55～58 HRC。

**3. 常用的调质钢**

调质钢按淬透性高低可分为三类：低淬透性调质钢、中淬透性调质钢和高淬透性调质钢。合金元素含量少、淬透性低的调质钢，可采用退火；淬透性高的调质钢，则要采用正火加高温回火。例如：40CrNiMoA 钢正火后硬度在 400 HBW 以上，经高温回火后硬度降至 207～240 HBW，满足了切削的要求。

1）低淬透性调质钢：主要是锰系、硅-锰系、铬系的调质钢，典型钢种有 45、40Cr、40MnB、35SiMn、40MnVB、40Mn2 等。这类钢合金元素的质量分数小于 3%，油淬临界直径最大为 20～40 mm，调质后强度比碳钢高，常用作中等截面、要求力学性能比碳钢高的调质件，如轴、齿轮、连杆螺栓等。表 8-3 所示为常用低淬透性调质钢的化学成分（即主要化学元素的质量分数）、热处理工艺、力学性能及用途。

表 8-3 常用低淬透性调质钢的化学成分、热处理工艺、力学性能及用途

| 项目 | | 牌号 | | | |
|---|---|---|---|---|---|
| | | 35SiMn | 40MnB | 40MnVB | 40Cr |
| 主要化学元素的质量分数/% | C | 0.32～0.40 | 0.37～0.44 | 0.37～0.44 | 0.37～0.45 |
| | Mn | 1.10～1.40 | 1.10～1.40 | 1.10～1.40 | 0.50～0.80 |
| | Si | 1.10～1.40 | 0.20～0.40 | 0.20～0.40 | 0.20～0.40 |
| | Cr | — | — | — | 0.80～1.10 |
| 热处理工艺/℃ | 淬火 | 900，水 | 850，油 | 850，油 | 850，油 |
| | 回火 | 570，水、油 | 500，水、油 | 500，水、油 | 500，水、油 |
| 力学性能（≥） | $R_m$/MPa | 885 | 1 000 | 1 000 | 1 000 |
| | $R_{eL}$/MPa | 735 | 800 | 800 | 800 |
| | $A$/% | 15 | 10 | 10 | 9 |
| | $KU_2$/J | 47 | 47 | 47 | 47 |
| 用途 | | 可全面代替40Cr，要求低温韧性很高（-20℃）以下的情况除外 | 可代替40Cr | 可代替38CrSi 制作重要销钉，代替40Cr，部分代替40CrNi 制作重要零件 | 制作重要调质件，如轴、连杆螺栓、进气阀和齿轮等 |

2）中淬透性调质钢：主要是铬-钼系、铬-锰系、铬-镍系合金调质钢，典型钢种有 35CrMo、30CrMnSi、38CrMoAlA、40CrMn、40CrNi 等。这类钢合金元素的质量分数在 4% 左右，油淬临界直径为 40～60 mm，含有较多的合金元素，调质后强度很高，用于制造截面较大、承受载荷较大的零件，如曲轴、连杆等。其中，30CrMnSi 用得最广泛，用于制造重要的飞机和机器零件。表 8-4 所示为常用中淬透性调质钢的化学成分、热处理工艺、力学性能及用途。

表 8-4 常用中淬透性调质钢的化学成分、热处理工艺、力学性能及用途

| 项目 | | 牌号 | | | |
|---|---|---|---|---|---|
| | | 38CrSi | 30CrMnSi | 40CrNi | 35CrMo |
| 主要化学元素的质量分数/% | C | 0.35~0.43 | 0.27~0.34 | 0.37~0.44 | 0.32~0.40 |
| | Mn | 0.30~0.60 | 0.80~1.10 | 0.50~0.80 | 0.40~0.70 |
| | Si | 1.00~1.30 | 0.90~1.20 | 0.17~0.37 | 0.20~0.40 |
| | Cr | 1.30~1.60 | 0.80~1.10 | 0.45~0.75 | 0.80~1.10 |
| 热处理工艺/℃ | 淬火 | 900，油 | 880，油 | 820，油 | 850，油 |
| | 回火 | 600，水、油 | 520，水、油 | 500，水、油 | 550，水、油 |
| 力学性能（≥） | $R_m$/MPa | 1 000 | 1 100 | 980 | 1 000 |
| | $R_{eL}$/MPa | 850 | 800 | 785 | 850 |
| | A/% | 12 | 10 | 10 | 12 |
| | $KU_2$/J | 55 | 63 | 55 | 63 |
| 用途 | | 车辆上的重要调质件及承受载荷大的轴类 | 高强度钢、高速砂轮轴，车辆上的摩擦片等 | 汽车、拖拉机、机床、柴油机的齿轮、轴、螺栓等 | 代替40CrNi制作大截面轴以及重要的调质件（曲轴、连杆等） |

3）高淬透性调质钢：大多为铬镍钢，常用钢种有40CrMnMo、37CrNi3、25Cr2Ni4WA等。这类钢合金元素的质量分数为4%~10%，油淬临界直径为60~100 mm，最大可达300 mm，调质后强度最高，韧性也很好，通常用于制造大截面、承受大载荷的重要零件，如汽轮机主轴、压力机曲轴、航空发动机曲轴等。适当的Cr、Ni可大大提高其淬透性，获得比较优良的综合力学性能。表8-5所示为常用高淬透性调质钢的化学成分、热处理工艺、力学性能及用途。

表 8-5 常用高淬透性调质钢的化学成分、热处理工艺、力学性能及用途

| 项目 | | 牌号 | | | |
|---|---|---|---|---|---|
| | | 38CrMoAlA | 37CrNi3 | 40CrMnMo | 25Cr2Ni4WA |
| 主要化学元素的质量分数/% | C | 0.35~0.42 | 0.34~0.41 | 0.37~0.45 | 0.21~0.28 |
| | Mn | 0.30~0.60 | 0.30~0.60 | 0.90~1.20 | 0.30~0.60 |
| | Si | 0.20~0.40 | 0.20~0.40 | 0.20~0.40 | 0.17~0.37 |
| | Cr | 1.35~1.65 | 1.20~1.60 | 0.90~1.20 | 1.35~1.65 |
| 热处理工艺/℃ | 淬火 | 940，油 | 820，油 | 850，油 | 850，油 |
| | 回火 | 550，水、油 | 500，水、油 | 600，水、油 | 550，水 |

续表

| 项目 | | 牌号 | | | |
|---|---|---|---|---|---|
| | | 38CrMoAlA | 37CrNi3 | 40CrMnMo | 25Cr2Ni4WA |
| 力学性能（≥） | $R_m$/MPa | 1 000 | 1 150 | 1 000 | 1 100 |
| | $R_{eL}$/MPa | 850 | 1 000 | 800 | 950 |
| | $A$/% | 14 | 10 | 10 | 11 |
| | $KU_2$/J | 63 | 71 | 63 | 71 |
| 用途 | | 制作高压阀门、缸套等渗氮零件 | 制作高强度、高韧性的大截面零件 | 制作类似40CrNiMo的高级调质钢 | 制作力学性能要求很高的大截面零件 |

> **小资料**
>
> 近年来，为了节约能源、简化工艺，发展了不进行调质处理，而通过锻造时控制终锻温度及锻后的冷却速度来获得具有很高强韧性能的钢材，这种钢材称为非调质机械结构钢。与传统调质钢的生产工艺比较，非调质机械结构钢的生产工艺大为简化。

## 8.4.3 弹簧钢

**1. 化学成分和性能**

弹簧钢是一种专用结构钢，主要用于制造各种弹簧和弹性元件。弹簧钢要有较好的淬透性，不易脱碳、过热，容易绕卷成型等。一些特殊弹簧钢还要求具有耐热性、耐蚀性等。碳素弹簧钢的含碳量一般为 0.6%～0.9%，加入合金元素后 S 点左移，故合金弹簧钢的 $w_C$ = 0.45%～0.7%。弹簧钢应具有高的弹性极限、高的屈强比、高的疲劳强度和足够的韧性。含碳量过高，会使其塑性和韧性降低，疲劳强度也下降。

弹簧钢的主加合金元素有 Si、Mn、Cr 等。Si、Mn 可提高钢的淬透性和屈强比，回火后整个截面可获得均匀的回火托氏体，强化铁素体。硅的作用更加突出，可使屈强比提高到接近于1，有效地提高了强度利用率和疲劳强度。

但 Si 会导致钢材表面在加热时脱碳，Mn 使钢容易过热。弹簧钢工作表面层的应力最高，贫碳、脱碳会造成疲劳源，大大降低寿命。

弹簧钢的辅加元素是少量的 Mo、V、W 等，可减小脱碳和过热倾向，同时进一步提高弹性极限、屈强比和耐热性，钒还能提高冲击韧度。因此，重要用途的弹簧钢必须加入 Mo、V、W 等。

**2. 弹簧钢的热处理**

弹簧按加工工艺不同可分为冷成型弹簧和热成型弹簧两类，其热处理工艺也不同。

（1）冷成型弹簧

直径小于 10 mm 的弹簧通常用冷拉弹簧钢丝冷卷成型，常用钢种有 60、75、65 Mn，T7A～T9A 等。钢丝的直径越小，强度越高，强度极限可达到 1 600 MPa 以上，且表面质量也越好。

冷拉成型弹簧按强化方式和生产工艺的不同，可以分为以下三种。

1）铅浴等温淬火冷拉弹簧：冷拉前加热至奥氏体化，在铅浴中（500～550℃）等温淬火获得回火索氏体，经多次冷拔至所需直径，然后在200～300℃下进行去应力回火使弹簧定形。这类弹簧塑性较高，强度最高可达3 100 MPa。

2）油淬回火弹簧：冷拔到规定的尺寸后，进行油淬和中温回火处理，获得回火索氏体，然后冷绕成弹簧后进行去应力退火。其强度不及铅浴，但性能比较均匀一致。

3）硬拉弹簧：退火状态供应的合金弹簧钢丝冷拔到规定的尺寸后还需淬火+回火进行强化，再冷绕成弹簧并进行去应力退火，之后不再进行热处理。

（2）热成型弹簧

直径或厚度为10～15 mm的弹簧，一般在淬火加热时成型，利用余热立即淬火+中温回火，获得回火托氏体组织，具有很高的屈服强度和弹性极限，并有一定的塑性和韧性。

如果弹簧钢丝的直径大于15 mm，则会淬不透，导致弹性极限下降，疲劳强度降低。弹簧钢材的淬透性必须和其直径尺寸相适应。

为了提高弹簧的疲劳强度，弹簧经热处理后，一般进行喷丸处理，以消除表面缺陷（裂纹、划痕、氧化、脱碳等）和由表面硬化产生的应力。弹簧表面处的弯曲应力、扭转应力最大，因而热处理时表面要避免氧化脱碳，加热时要严格控制炉气，尽量缩短加热时间。

弹簧在长期应力作用下可能产生微量塑性变形，导致弹性和精度降低，要求高的弹簧不允许发生这种问题，因此对弹簧进行"强压处理"，即对弹簧施压使其各圈相互接触保持24 h，可使塑性变形预先发生，以避免在工作中出现塑性变形。

### 3. 常用的弹簧钢

以Si、Mn为主要合金元素的弹簧钢的代表钢种有65Mn、60Si2Mn等，这类钢价格便宜，淬透性显著优于碳素弹簧钢，主要用于汽车、拖拉机及机车上的板簧和螺旋弹簧。Si、Mn复合加入后的性能比只加入Mn要好得多。

含Cr、V、W等元素的弹簧钢的代表钢种有50CrVA。Cr、V的复合加入大大提高了钢的淬透性，同时也提高了钢的高温强度、韧性和热处理工艺性能。这类钢可制作在350～400℃下承受重载的较大弹簧，如阀门弹簧、高速柴油机气门弹簧等。

表8-6所示为常用弹簧钢的化学成分、热处理工艺、力学性能及用途。

表8-6 常用合金弹簧钢的化学成分、热处理工艺、力学性能及用途

| 项目 | | 牌号 | | |
| --- | --- | --- | --- | --- |
| | | 65Mn | 60Si2Mn | 50CrVA |
| 主要化学元素的质量分数/% | C | 0.62～0.70 | 0.57～0.65 | 0.46～0.54 |
| | Mn | 0.90～1.20 | 0.60～0.90 | 0.50～0.80 |
| | Si | 0.17～0.37 | 1.50～2.00 | 0.17～0.80 |
| | Cr | 0.17～0.37 | ≤0.30 | 0.80～1.10 |

续表

| 项目 | | 牌号 | | |
| --- | --- | --- | --- | --- |
| | | 65Mn | 60Si2Mn | 50GrVA |
| 热处理工艺/℃ | 淬火 | 830，油 | 870，油 | 850，油 |
| | 回火 | 540 | 480 | 500 |
| 力学性能（≥） | $R_m$/MPa | 785 | 1 275 | 1 300 |
| | $R_{eL}$/MPa | 981 | 1 177 | 1 150 |
| | $A$/% | 8 | 5 | 10 |
| | $Z$/% | 30 | 25 | 40 |
| 用途 | | 车厢板簧、弹簧发条等（截面不大于 25 mm） | 汽车板簧、机车螺旋弹簧（截面为 25~30 mm），工作温度小于 250 ℃ 的耐热弹簧 | 高载荷的重要弹簧（截面 30~50 mm），400 ℃ 以下工作的阀门弹簧、活塞弹簧、安全弹簧等 |

> **小资料**
>
> 在汽车钢板弹簧的生产中，首先采用中频感应设备将钢板加热到适当温度，然后热压成型，并随之在油中淬火，使成型与热处理结合起来，实现了形变热处理，取得了良好的效果。

## 8.4.4 滚动轴承钢

滚动轴承钢是用来制造滚动轴承的内外圈及滚动体（滚珠、滚柱、滚针）的专用结构钢，其结构如图 8-12 所示。

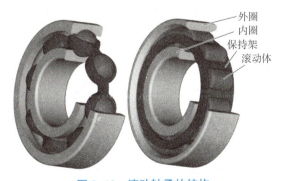

图 8-12　滚动轴承的结构

滚动轴承是一种高速转动的零件，工作时内外圈和滚动体发生转动和滚动，承受着很高、很集中的周期性交变载荷，最大接触应力可达 3 000~5 000 MPa，所以常常发生接触疲劳破坏，此外还受到含有水分或杂质的润滑油的化学浸蚀。在某些情况下，轴承零件还受着复杂的扭力或冲击载荷。因此，要求滚动轴承钢具有高的硬度和耐磨性，高的接触疲劳强度和抗压强度，高的弹性极限，足够的韧性和淬透性，以及一定的耐蚀性。

### 1. 化学成分和性能

滚动轴承钢是一种高碳低铬钢，其含碳量一般为 0.95%～1.15%，以保证其具有高硬度、高强度、足够量的碳化物，以提高耐磨性。

滚动轴承钢的主加元素为 Cr，通常加入铬的质量分数为 0.40%～1.65%，Cr 可提高钢的淬透性，并在热处理后获得细小均匀的组织；可提高钢的耐磨性，特别是疲劳强度；Cr 还可提高马氏体的耐回火性；但 Cr 含量过多，淬火后会增加残留奥氏体量，使碳化物分布不均匀。

加入 Si、Mn、V 等可进一步提高钢的淬透性，用来制造大尺寸轴承。V 部分溶于奥氏体中，部分形成碳化物 VC，可提高钢的耐磨性并可防止过热。

此外，非金属夹杂物和碳化物的不均匀性对钢的力学性能有很大的影响，尤其是接触疲劳性能。因此，对一般用的滚动轴承钢的非金属夹杂物含量均有严格限制。因为硫、磷会形成非金属夹杂物，所以滚动轴承钢的硫、磷杂质限制极严。滚动轴承钢一般采用电炉冶炼和真空去气处理。

### 2. 滚动轴承钢的热处理

滚动轴承钢的热处理包括预备热处理和最终热处理。预备热处理是球化退火，退火后组织为球状珠光体，目的在于降低锻造后钢的硬度，以便于切削加工及得到高质量的表面，并为淬火做好组织准备。一般加热到 790～810℃烧透后，再降低至 710～720℃保温 3～4 h，使碳化物全部球化。

最终热处理为淬火+低温回火，组织为极细的回火马氏体、细小均匀的粒状碳化物及少量残留奥氏体，硬度为 62～66 HRC。淬火切忌过热，淬火后应立即回火（150～160℃）2～4 h，消除应力，提高韧性和稳定性。

低温回火不能彻底消除内应力和残留奥氏体，在使用过程中，尺寸会因应力释放、奥氏体转变等原因发生变化，所以为了保证精密轴承零件或量具在使用过程中的尺寸稳定性，淬火后要立即进行一次冷处理（-60～-70℃），并在低温回火和磨削加工后进行尺寸稳定化处理（120～130℃下保温 5～10 h）。

图 8-13 所示为 GCr15 钢制滚动轴承外套最终热处理工艺曲线。

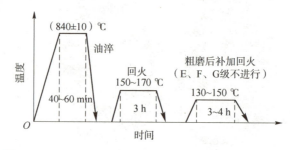

图 8-13　GCr15 钢制滚动轴承外套最终热处理工艺曲线

### 3. 常用的滚动轴承钢

1）铬滚动轴承钢：以 GCr15、GCr15SiMn 应用最多。GCr15 的使用量占滚动轴承钢的绝大部分，但其淬透性不是很高，因此多用于制造中、小型轴承。添加 Mn、Si、Mo 等，可提高其淬透性,主要用于制造大型轴承。

2) 无铬滚动轴承钢:为了节约 Cr,除了用 Mo 代替 Cr 外,还加入稀土,提高了钢的耐磨性,如 GSiMnMoV、GSiMnMoVRE 等,其性能和用途与 GCr15 相近。

滚动轴承钢也可作其他用途,如用于制造各种精密量具、形状复杂的刀具、冲压模具、丝杠、冷轧辊,以及飞机和其他机构上要求硬度高、耐磨的结构零件。表 8-7 所示为常用滚动轴承钢的化学成分、热处理工艺及用途。

表 8-7  常用滚动轴承钢的化学成分、热处理工艺及用途

| 牌号 | 主要化学元素的质量分数/% | | | | 热处理工艺 | | | 主要用途 |
|---|---|---|---|---|---|---|---|---|
| | C | Cr | Si | Mn | 淬火温度/℃ | 回火温度/℃ | 回火后的硬度 HRC | |
| GC6 | 1.05~1.15 | 0.40~0.70 | 0.15~0.35 | 0.20~0.40 | 800~820 | 150~170 | 62~66 | 直径小于 10 mm 的滚珠、滚柱和滚针 |
| GCr9SiMn | 1.0~1.10 | 0.9~1.2 | 0.40~0.70 | 0.90~1.20 | 810~830 | 150~200 | 61~65 | 直径小于 20 mm 的各种滚动轴承 |
| GCr15 | 0.95~1.05 | 1.40~1.65 | 0.15~0.35 | 0.20~0.40 | 820~840 | 150~160 | 62~66 | 壁厚小于 14 mm、外径小于 250 mm 的轴承套;直径为 25~50 mm 的钢球 |
| GCr15SiMn | 0.95~1.05 | 1.40~1.65 | 0.40~0.65 | 0.90~1.20 | 820~840 | 170~200 | >62 | 壁厚不小于 14 mm、外径小于 250 mm 的套圈;直径为 20~200 mm 的钢球;其他同 GCr15 |

### 8.4.5 易切削钢

在钢中加入某一种或几种合金元素(一般加入易切削钢的合金元素有硫、铅、磷及微量的钙等),使其切削加工性能优良,这种钢称为易切削钢。易切削钢的编号是在同类结构钢牌号前加字母"Y"("易"的汉语拼音首字母),含锰量较高者,在钢号后标出"Mn"或"锰"。Y12~Y40Mn 钢是加入硫、磷的低、中碳易切削碳钢,数字表示平均含碳量的万分数,用于强度要求不高的零件(如标准紧固件、缝纫机与自行车上的零件)。若切削加工性能要求更高,可选用含硫量较高的 Y15。Y40Mn 可用于制造车床丝杠。Y100Pb 是铅易切削钢,平均 $w_C=1\%$,广泛应用于精密仪表行业中要求较高的耐磨与极光洁表面的零件,如手表、照相机上的零件。

易切削性的高低代表材料被切削的难易程度。由于材料的切削过程比较复杂,难以用单一参数来评定,因此一般按刀具寿命、切削抗力大小、加工表面粗糙度和切屑排除难易程度来综合衡量,且以上各项参数的重要程度因切削加工的类别而有所不同。例如:对粗车而言,刀具寿命是主要的,但对精车来说,表面粗糙度最为关键。如果是自动车床,从工作效率及安全生产角度来考虑,则切屑形态就十分重要。

易切削钢主要用于制造受力较小而对尺寸和光洁度要求严格的仪器仪表、手表零件、汽车、机床和其他各种机器上使用的,对尺寸精度和表面粗糙度要求严格,而对力学性能要求

相对较低的标准件，如齿轮、轴、螺栓、阀门、衬套、销钉、管接头、弹簧坐垫及机床丝杠、塑料成型模具、外科和牙科手术用具等。

通常，易切削钢可进行最终热处理，但不采用预备热处理，以免损害其易切削性。易切削钢的成本高于碳钢，只有大批量生产时才能获得较好的经济效益。

## 8.5 合金工具钢

> **情景导入**
>
> 孔子曰："工欲善其事，必先利其器。"各位同学在钳工及机加工实习过程中，肯定用到过各种金属切削和测量工具，如钻头、丝锥、板牙、铣刀、样板、塞规等。你是否思考过，这些工具是用什么钢材制造的？这类钢材具备什么样的成分特点和性能特点，才能保证其使用要求呢？

用于制造量具、刃具和模具的钢称为工具钢，按成分不同可分为碳素工具钢和合金工具钢。合金工具钢比碳素工具钢力学性能好，价格也贵。合金工具钢按用途不同可分为刃具钢、量具钢、模具钢三类。在实际应用中，各类钢的应用并无明显的界限。

刃具钢主要用来制造各种切削加工工具，如钻头、车刀、铣刀等。合金刃具钢可分为低合金刃具钢（合金刃具钢）和高合金刃具钢（高速钢）。

量具钢主要用于制造测量零件尺寸的各种量具，如卡尺、千分尺、塞规、样板等。

模具钢主要用来制造各种模具，可以分为冷作模具钢和热作模具钢。

合金工具钢的牌号与合金结构钢相似，用"一位数字（或没有数字）+化学元素符号+数字+…"表示，但含碳量的表示方法不同。当平均含碳量大于或等于 1.0% 时，不标出；含碳量小于 1.0% 时，用数字表示平均含碳量的千分数。合金元素及其含量的表示方法与结构钢相同，例如：Cr12MoV 表示平均含碳量大于 1.0%（未标出），Cr 的质量分数约为 12%，Mo 和 V 的质量分数都小于 1.5%；9SiCr 表示平均含碳量为 0.9%，Si、Cr 的质量分数都小于 1.5%。合金工具钢都属于高级优质钢，故不标出"A"。含 Cr 量低的钢，用数字表示平均含 Cr 量的千分数，并在数字前加"0"以示区别。例如：平均含 Cr 量为 0.6% 的低铬工具钢的牌号为 Cr06。

### 8.5.1 合金刃具钢

在切削工件时，实际上只是刃部的一个局部区域参与切削过程，此区域在切削时受到剪切、扭转、弯曲、冲击、振动、摩擦等作用，摩擦磨损严重。同时，切削过程中产生大量的热，使刃具温度升高，可达 800 ℃ 以上。因此，刃具要有较高的硬度和耐磨性，硬度一般应在 60 HRC 以上，钢在淬火后的硬度主要取决于含碳量，故刃具钢均以高碳马氏体为基体。而且，刃具也要有一定的韧性和塑性，以防受到交变载荷、冲击振动时崩刃或折断。此外，为了保证其在高速切削时仍然有高的硬度，刃具还要有高的热硬性（是指钢在高温条件下保持高硬度的能力，通常用保持 60 HRC 硬度时的加热温度来表示，热硬性与钢的耐回火性有关）。

**1. 低合金刃具钢**

（1）低合金刃具钢的化学成分和性能

低合金刃具钢在碳素工具钢的基础上加入了少量的合金元素（质量分数一般不超过3%~5%），其含碳量一般为0.75%~1.50%，高的含碳量是为了保证淬火后获得高硬度，形成足够的合金碳化物以提高耐磨性。

低合金刃具钢中常加入的合金元素有Si、Mn、Cr、Mo、V、W等，可以提高淬透性及耐回火性，强化铁素体，细化晶粒。因此，低合金刃具钢的淬透性、耐磨性和热硬性都比碳素刃具钢要好。为了减小变形、开裂倾向，淬火冷却可在油中进行。但合金元素的加入会导致临界点升高，淬火温度较高，使脱碳倾向增大。

（2）低合金刃具钢的热处理

低合金刃具钢的热处理方法与碳素刃具钢相似，刃具毛坯锻压后进行预备热处理（球化退火），最终热处理是淬火+低温回火，组织为回火马氏体+细小颗粒状的残留渗碳体+少量残留奥氏体，硬度为60~65 HRC。

图8-14所示为9SiCr钢制板牙的热处理工艺曲线。9SiCr钢制板牙淬火加热采用盐浴炉，为防止变形与开裂，应先在600~650 ℃盐浴炉中预热，以缩短高温停留时间，降低板牙的氧化脱碳倾向；再放入850~870 ℃盐浴炉中加热；加热后在160~180 ℃的硝盐浴中进行等温淬火，等温时间为30~45 min。等温停留时，部分过冷奥氏体转变为下贝氏体，从而使钢的硬度、强度和韧性得到良好的配合。由于合金元素Si、Cr的加入，提高了钢的耐回火性，因此淬火后可在190~200 ℃进行低温回火，回火时间为60~90 min，低温回火后的金相组织为回火马氏体+部分下贝氏体+残留奥氏体，使其达到所要求的硬度（60~63 HRC）并降低残余内应力。

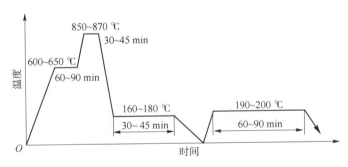

**图8-14 9SiCr钢制板牙的热处理工艺曲线**

（3）低合金刃具钢的常用钢种

低合金刃具钢常用钢种的牌号为9SiCr、9Mn2V、CrWMn、Cr06等。

9SiCr钢是在低铬刃具钢的基础上加入Si（1.2%~1.6%），Si属于非碳化物形成元素，能显著提高奥氏体的稳定性，孕育期较长，可采用分级或等温淬火，以减少变形，油淬临界直径可达40~50 mm。9SiCr钢比碳素刃具钢具有更高的淬透性、耐回火性和耐磨性，不易崩刃，热硬性也较高，可达250~300 ℃。它常用于制造形状复杂、耐磨性高、切削不剧烈且变形小的刃具，如丝锥、板牙、钻头、铰刀、齿轮铣刀等。

CrWMn钢的含碳量为0.90%~1.05%，加入Cr、W、Mn等元素，使其具有高的淬透性、硬度（64~66 HRC）和耐磨性，但热硬性不如 9SiC 钢。加入 Mn 使 $M_s$ 点降低，淬火后有较多的残留奥氏体，故淬火变形小，又称其为微变形钢，主要用来制造较精密、细长、要求淬火变形小且耐磨的低速切削刃具，如长丝锥、长铰刀、拉刀等。

表 8-8 所示为常用低合金刃具钢的化学成分、热处理工艺及用途。

表 8-8　常用低合金刃具钢的化学成分、热处理工艺及用途

| 牌号 | 主要化学元素的质量分数/% | | | | | | 热处理工艺 | | | | 用途 |
| --- | --- | --- | --- | --- | --- | --- | --- | --- | --- | --- | --- |
| | C | Si | Mn | Cr | W | V | 淬火温度/℃ | 淬火后的硬度 HRC | 回火温度/℃ | 回火后的硬度 HRC | |
| 9SiCr | 0.85~0.95 | 1.20~1.60 | 0.30~0.65 | 0.95~1.25 | | | 820~860,油 | ≥62 | 160~180 | 62~66 | 丝锥、板牙、拉刀等 |
| Cr06 | 1.30~1.45 | ≤0.40 | ≤0.40 | 0.50~0.70 | | | 780~810,水 | ≥64 | 150~170 | 64~66 | 刻刀、刮刀、锉刀等 |
| 9Mn2V | 0.85~0.95 | ≤0.30 | 1.70~2.00 | 0.20~0.40 | | 0.10~0.25 | 780~810 | ≥62 | 150~200 | 60~62 | 丝锥、板牙、冷压模、雕刻模等 |
| CrWMn | 0.95~1.05 | ≤0.40 | 0.80~1.10 | 0.90~1.20 | 1.20~1.60 | | 820~840 | ≥62 | 140~160 | 62~65 | 板牙、量规、形状复杂的高精度冲模等 |

**2. 高速钢**

高合金刃具钢是一种用于制造生产率及耐磨性高，且在比较高的温度下（600 ℃ 左右）能保持其切削性能的合金刃具钢，简称高速钢。高速钢淬透性很高，很锋利，俗称风钢或锋钢。高速钢的热硬性和耐磨性均优于碳素刃具钢和低合金刃具钢，切削速度比碳素刃具钢和低合金刃具钢高 1~3 倍，耐用性高 7~14 倍，且低合金刃具钢只适用于 300 ℃ 以下，因此高速钢得到了广泛的应用，占现代刃具材料总量的 65%，是一种极其重要的工具材料。

（1）高速钢的化学成分和性能

高速钢是一种成分复杂的合金钢，合金元素含量更高，含有 Cr、W、Mo、V 等碳化物形成元素，合金元素总量达 10%~25%。

高速钢中 $w_C$ = 0.7%~1.4%，高的含碳量是保证淬火后有足够的硬度，同时保证与合金元素形成足够量的碳化物。但含碳量过高将造成淬火后残留奥氏体量增多，产生严重的碳化物偏析，导致钢的塑性、韧性和热硬性降低。高速钢的含碳量应与合金元素的含量相适应。

加入 Cr 可以提高钢的淬透性和抗氧化能力。Cr 的碳化物在淬火时几乎全部溶入奥氏体，增加了过冷奥氏体的稳定性，大大提高了钢的淬透性。Cr 在高温下可形成钝化膜，有保护作用。几乎所有的高速钢中 $w_{Cr}$ ≈ 4%，因为 $w_{Cr}$ > 4% 会使马氏体转变温度 $M_s$ 下降，导致淬火后残留奥氏体量增多。

W 是高速钢中的主要合金元素，主要作用是提高钢的热硬性。Mo 和 W 作用相似，退火状态以 $M_6C$ 型碳化物的形式存在，该碳化物在淬火加热时大约有一半的量溶入奥氏体，淬火后存在于马氏体中，提高了马氏体的耐回火性。在 560 ℃ 左右回火时，$M_6C$ 能阻止马氏体分解，并析出弥散分布的 $W_2C$ 或 $Mo_2C$，造成二次硬化，这种碳化物在 500~600 ℃ 温度下非

常稳定，不易聚集长大，从而使钢具有良好的热硬性。高速钢中 W 的含量越多，热硬性越好，但当 W 的含量超过 18% 时，热硬性不再有明显提高，反而增加了碳化物的不均匀性，导致塑性降低，加工困难。因此，高速钢中 W 的含量在 18% 左右，但 W 的资源比较少，可以用 Mo、Co 元素来代替。1% 的 Mo 可取代 1.5%~2.0% 的 W，如 W18Cr4V 和 W6Mo5Cr4V2 的性能相近。Co 能显著提高钢的热硬性（645~650 ℃）和二次硬度（67~70 HRC），还可提高钢的耐磨性、导热性，改善钢的磨削加工性。

加入 V 可提高钢的热硬性和耐磨性。V 在钢中形成颗粒细小、分布均匀、硬度极高的碳化物 VC，对提高钢的耐磨性起很大作用。VC 非常稳定，即使淬火温度高达 1 260~1 280 ℃ 也不会全部溶于奥氏体中，大部分会以残余碳化物形式保留下来。溶于奥氏体中的 VC 淬火后可提高马氏体的耐回火性，强烈阻碍马氏体分解；一定温度下会以 VC 弥散析出，产生二次硬化，从而提高钢的热硬性。高速钢中，V 的总含量不高（应小于 3%，否则锻造性和磨削性能将变差），其提高热硬性的作用不如 W、Mo，所以 V 的主要作用是提高耐磨性。

（2）高速钢的常用钢种

高速钢按用途不同可分为通用型高速钢和高性能高速钢两种。

1）通用型高速钢：含 $w_C$ = 0.7%~0.9%，有较高的硬度和耐磨性，高的强度，良好的塑性和磨削性，因此广泛用于制造各种形状复杂、切削硬度不大于 300 HBW 的切削刀具和精密刀具，如钻头、丝锥、锯条、滚刀、拉刀等。

通用型高速钢又可分钨系和钨钼系两种。钨系高速钢的典型牌号为 W18Cr4V（简称 18-4-1），它具有良好的综合性能，应用较为广泛，含钒量少，故磨削性好，常用于制造各种精加工刀具。钨钼系高速钢的典型牌号为 W6Mo5Cr4V2（简称 6-5-4-2），用钼代替一部分钨，应用最普遍，因为含钒量较多，故耐磨性优于 W18Cr4V，适用于制造要求耐磨性和韧性较好的刀具。

2）高性能高速钢：也称超硬型高速钢，主要有高碳系高速钢、高钒系高速钢、含钴系高速钢和铝高速钢四种，是在通用型高速钢基础上增加了含碳量、含钒量，添加钴、铝等合金元素，以提高耐磨性和热硬性的新钢种。这类钢主要用于制造切削难加工金属（奥氏体不锈钢、高温合金、钛合金、超高强度钢等）的刀具。

表 8-9 所示为常用高速钢的化学成分、热处理工艺及用途。

表 8-9 常用高速钢的化学成分、热处理工艺及用途

| 牌号 | 主要化学元素的质量分数/% | | | | | 热处理工艺 | | | | 用途 |
| --- | --- | --- | --- | --- | --- | --- | --- | --- | --- | --- |
| | C | Cr | W | V | Mo | 淬火温度/℃ | 淬火后的硬度 HRC | 回火温度/℃ | 回火后的硬度 HRC | |
| W18Cr4V | 0.70~0.80 | 3.80~4.40 | 17.5~19.00 | 1.00~1.40 | ≤0.30 | 1 260~1 280，油 | ≥63 | 550~570（三次） | 63~66 | 制作中速切削用车刀、刨刀等 |
| W6Mo5Cr4V2 | 0.80~0.90 | 3.80~4.40 | 5.50~6.75 | 1.75~2.20 | 4.50~5.50 | 1 220~1 240，油 | ≥63 | 540~540（三次） | 63~66 | 制作要求耐磨性和韧性配合的中速切削刀具，如丝锥等 |

（3）高速钢的锻造和热处理

1）锻造。

高速钢 $w_C \leqslant 1.0\%$，但合金元素含量多，属莱氏体钢，其铸态组织中有大量呈鱼骨状分布的共晶碳化物及分布不均匀的大块碳化物，故铸态的高速钢（见图8-15）又脆又硬，无法直接使用。而且，这种分布不能依靠热处理消除，只能借助反复锻造或轧制等热加工方法来打碎并使其均匀分布。很多刃具的过早失效都与碳化物的粗大和分布不均匀有关，因此高速钢必须经过反复锻造，或者反复镦粗、拔长，直到碳化物符合要求为止。高速钢的淬透性很高，锻后应缓慢冷却避免应力和开裂。

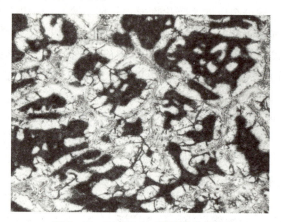

图8-15　W18Cr4V钢的铸态组织

2）热处理。

高速钢的热处理工艺比较复杂，锻造后必须经过退火，加工后进行淬火+回火。W18Cr4V钢的热处理工艺曲线如图8-16所示。

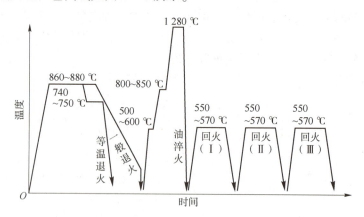

图8-16　W18Cr4V钢的热处理工艺曲线

退火是为了消除锻造后的残余内应力，改善可加工性，使组织均匀，便于淬火。退火后的组织为索氏体+粒状碳化物，如图8-17所示。

淬火加热温度越高，合金元素溶入奥氏体的数量越多。因为高速钢中含有大量难溶合金碳化物，且对高速钢热硬性作用最大的合金元素W、Mo、V只有在1 000 ℃以上时，其溶解度才急剧增加，所以高速钢的淬火加热温度很高，一般为1 200~1 300 ℃。这样，淬火后可得到高硬度的马氏体，高的耐回火性，且高温回火时析出弥散碳化物，产生二次硬化从而提高了钢的硬度和热硬性。但如果温度超过 1 300 ℃，奥氏体晶粒会急剧长大，甚至会发生晶界局部熔化的现象，因此需要精确掌握淬火加热的温度和时间。此外，高碳、高合金元素的高速钢导热性较差，淬火加热速度如果太快（高速钢的淬火加热温度高），则容易发生变形或开裂，所以淬火时一般采用分级预热，一次预热温度为 500~600 ℃，二次预热温度为 800~850 ℃。淬火后的组织为马氏体+粒状碳化物+残留奥氏体（25%~30%），如图 8-18 所示。

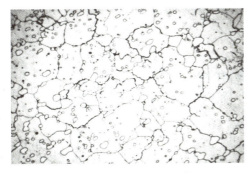

图 8-17　W18Cr4V 钢的退火组织

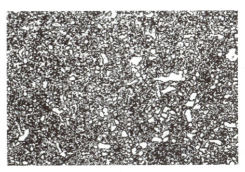

图 8-18　W18Cr4V 钢的正常淬火组织

为了消除淬火应力及大量的残留奥氏体，稳定组织，保证得到高的硬度及热硬性，高速钢淬火后需要立即回火，并且进行多次（通常是三次）回火，主要是为了充分消除残留奥氏体。高速钢通常在 550~570 ℃ 回火，因为这时碳化物呈细小弥散状析出，且很稳定，难以聚集长大，产生二次硬化现象，硬度最高。另外，回火时合金碳化物从残留奥氏体中析出，使奥氏体中的合金元素含量减少，马氏体转变温度 $M_s$ 上升，在随后冷却时一部分残留奥氏体转变为马氏体。每回火一次，残留奥氏体含量就会减少一些。高速钢淬火后残留奥氏体量大约为 30%，三次回火后残留奥氏体为 1%~2%（体积分数），且还可以消除前一次回火时由奥氏体转变为马氏体所产生的内应力。高速钢回火后的组织为回火马氏体+碳化物+少量残留奥氏体。

为了减少回火次数，也可在淬火后立即进行冷处理（-80~-60 ℃），将残留奥氏体量减少到最低程度，再进行一次 560 ℃ 的回火。

W18Cr4V 钢的回火曲线如图 8-19 所示，采用二次预热，1 280 ℃ 淬火加热，560 ℃ 三次回火。高速钢正常淬火、回火后的组织应是极细的回火马氏体、粒状碳化物等，如图 8-20 所示。

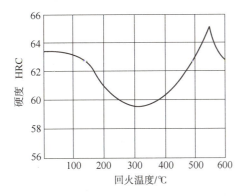

图 8-19　W18Cr4V 钢的回火曲线

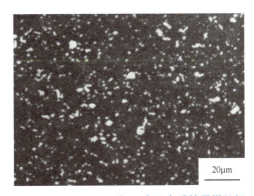

图 8-20　W18Cr4V 钢三次回火后的显微组织

高速钢应用实例如图 8-21 所示。

图 8-21　高速钢应用实例
(a) 高速钢铣刀；(b) 高速钢钻头

## 8.5.2　量具钢

### 1. 量具钢的性能和化学成分

量具钢主要用于制造各种测量工具，如卡尺、千分尺、量规、塞规、样板等。量具在使用过程中会与被测零件表面接触、碰撞，产生摩擦，且量具在长期使用和保存过程中，由于存在应力，会导致尺寸精度发生变化（时效）。因此，量具钢应具有高的硬度（≥62 HRC）和耐磨性，足够的韧性，高的尺寸精度和稳定性，一定的淬透性，较小的淬火变形，良好的耐蚀性及磨削加工性等。

量具钢含碳量为 0.9%～1.5%，以保证形成足够数量的碳化物，提高硬度和耐磨性。量具钢中加入 Cr、Mn、W 等合金元素以提高耐淬透性。

### 2. 量具钢的热处理

量具钢的热处理常采用球化退火→调质→淬火→冷处理→低温回火→时效处理。

调质是为了减小淬火应力和变形，保持较好的韧性；冷处理是为了保证尺寸的稳定性，当残留奥氏体转变为回火马氏体时会发生尺寸膨胀。低温回火后还应进行一次人工时效处理，使淬火组织转变为较稳定的回火马氏体并消除淬火应力。量具精磨后也要进行人工时效处理，以消除磨削应力（残余内应力也会导致尺寸变化）。对于高精度量具来说，即使尺寸变化微小（2～3 μm）也是不允许的。

精度要求不高、形状简单的量具（量规、模套等）可采用 T10A、T12A、9SiCr 等钢制造；高精度的精密量具（塞规、量块等）或形状复杂的量具可采用热处理变形小的 CrMn、CrWMn、GCr15 等来制造，要求耐腐蚀的量具可用不锈钢制造。使用频繁、精度要求不高的卡板、样板、钢直尺等可选用 50、55、60、60Mn、65Mn 等制造。

## 8.5.3　模具钢

### 1. 冷作模具钢

冷作模具钢适用于冷态金属成型的模具，如冷冲模、冷镦模、冷挤压模、冷拉模、冷轧辊等，这类模具实际工作时的温度一般不超过 300 ℃。

(1) 冷作模具钢的性能和化学成分

冷作模具工作时要承受很大的压力、剪力、弯矩、冲击和强烈的摩擦等,所以要求冷作模具钢有高的硬度和耐磨性、较高的强度和韧性,以及良好的工艺性。在冷态下被加工的金属在模具中产生很大的塑性变形,变形时硬度增大,若没有高的硬度与高的耐磨性,模具就会变形或迅速磨损。足够的强度、韧性和疲劳强度可以保证模具在工作时能承受各种载荷,而不发生断裂或疲劳断裂,以保证尺寸的精度并防止崩刃。

冷作模具钢的硬度通常为 60 HRC 左右,含碳量较高,一般为 0.8%~2.3%,以保证形成足够数量的碳化物,提高硬度和耐磨性。冷作模具钢中加入 Cr、Mo、W、V 等合金元素,可形成难溶碳化物,提高耐磨性。Cr 还可显著提高冷作模具钢的淬透性。

对于要求不高的小型冷作模具,则大多采用碳素工具钢或低合金刃具钢。

(2) 冷作模具钢的热处理

冷作模具钢的化学成分、性能要求和热处理特点均与刃具钢相似,对热硬性的要求不高但要求热处理后变形要小。下面以 Cr12 钢为例介绍冷作模具钢的热处理特点。

Cr12 钢是最常用的冷作模具钢,属于高碳高铬模具钢,其含碳量为 1.4%~2.3%,含铬量为 11%~12%。Cr12 钢的主要牌号有 Cr12、Cr12MoV 等。Cr12 钢属于莱氏体钢,需要反复锻造来破碎网状共晶碳化物,并消除其分布的不均匀性,锻造后应进行等温球化退火,目的是消除应力,降低硬度,便于切削加工。其退火后硬度为 207~255 HBW,组织为球状珠光体+均匀分布的碳化物。Cr12 钢的回火硬度曲线如图 8-22 所示。

Cr12 钢的最终热处理有一次硬化法和二次硬化法两种方法。

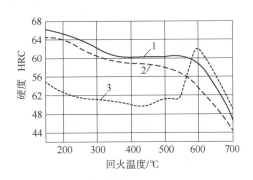

**图 8-22 Cr12 钢的回火硬度曲线**

(淬火温度:1—955 ℃;2—1 010 ℃;3—1 090 ℃)

1) 一次硬化法:较低的淬火温度(950~1 050 ℃)+保温油淬+较低的回火温度(150~180 ℃),硬度可达 61~63 HRC,这种方法处理后模具变形小,且有较好的耐磨性和韧性,应用较广泛,大多数 Cr12 钢制作的冷作模具均采用此工艺。

2) 二次硬化法:较高的淬火温度(1 050~1 150 ℃)+保温油淬+多次回火(一般510~520 ℃下三次回火),产生二次硬化,硬度达 60~62 HRC,这种方法处理后可获得较好的热硬性和耐磨性,但韧性较差,变形较大。因为大多数冷作模具不要求热硬性,故此工艺应用不多,只适用于在 400~450 ℃温度下工作的模具。

Cr12 钢最终热处理后的组织为回火马氏体+碳化物+残留奥氏体。

表8-10所示为常用冷作模具钢的化学成分、热处理工艺及用途。

表 8-10  常用冷作模具钢的化学成分、热处理工艺及用途

| 项目 | | 牌号 | | |
| --- | --- | --- | --- | --- |
| | | 9Mn2V | Cr12 | Cr12MoV |
| 主要化学元素的质量分数/% | C | 0.85~0.95 | 2.00~2.30 | 1.45~1.70 |
| | Si | ≤0.40 | ≤0.40 | ≤0.40 |
| | Mn | 1.70~2.00 | ≤0.40 | ≤0.40 |
| | Cr | — | 11.50~13.50 | 11.00~12.50 |
| | Mo | — | — | 0.40~0.60 |
| 热处理工艺 | 退火温度/℃ | 750~770 | 870~900 | 850~870 |
| | 退火后的硬度 HBW | ≤229 | 207~255 | 207~255 |
| | 淬火温度/℃ | 780~820 | 950~1 000 | 950~1 050 / 1 050~1 150 |
| | 淬火冷却介质 | 油 | 油 | 油 / 油 |
| | 回火温度/℃ | 150~200 | 180~250 | 150~180 / 510~520，回火三次 |
| | 回火后的硬度 HRC | 60~62 | 58~64 | 61~63 / 60~62 |
| 用途 | | 冷压模、冲模、塑料模 | 冲模、拉延模、压印模、滚丝模 | 截面较大、形状复杂的冲模、压印模、冷挤压模 / 受力不大，工作温度较高或淬火后需要表面氮化的模具 |

冷作模具钢应用实例如图8-23所示，为汽车车门冲模。

图 8-23  汽车车门冲模

## 2. 热作模具钢

热作模具钢用来制造使热态金属在压力下成型的模具，如各种热锻模、压力机锻模、冲压模、热挤压模、压铸模等。这类模具工作时型腔表面的工作温度可达600 ℃以上。

（1）热作模具钢的性能和化学成分

热作模具在工作时与热态（温度可高达1 100~1 200 ℃）金属相接触，因此其模腔表层金属与炽热金属接触，局部温度可达600 ℃以上；同时，模腔表层金属反复受热与冷却，常因产生热疲劳而使型腔表面龟裂。此外，热作模具工作时还要承受大的冲击载荷、强烈的摩擦、冷热循环所引起的热应变和热压力，以及高温氧化等，故要求热作模具钢在高温下具有较高的综合力学性能，如高的热硬性和高温耐磨性、高的热强性、足够的韧性、高的热稳定性和热疲劳抗力、高的淬透性和导热性、热处理变形小等。

热作模具钢一般是中碳钢（$w_C = 0.3\% \sim 0.6\%$），以保证回火后获得高强度、高韧性、较高的硬度（35~52 HRC）和较高的热疲劳抗力。热作模具钢中加入Cr、Ni、Mn、Si等合金元素可提高淬透性、耐回火性和热疲劳抗力。Ni可以强化钢并提高其韧性。W、Mo、V等合金元素能产生二次硬化，提高热强度和耐回火性，Mo还能防止第二类回火脆性。

（2）热作模具钢的热处理

热作模具钢需要反复锻造使碳化物均匀分布，其预备热处理是退火，目的是消除锻造应力，降低硬度，以便于切削加工。退火后的组织为细片状珠光体+铁素体。最终热处理是淬火+回火，回火温度根据用途而有所不同。

热锻模的热处理和调质钢相似，淬火后在550 ℃左右高温回火，组织为回火索氏体或回火托氏体；热挤压模、压铸模的热处理和高速钢相似，淬火后在600 ℃左右（略高于二次硬化的峰值温度）回火，组织为回火马氏体+粒状碳化物+少量残留奥氏体。最常用的热锻模具钢的牌号是5Cr06NiMo和5Cr08MnMo。其中，5Cr06NiMo钢常用于制造大中型热锻模，5CrMnMo钢多用于制造中小型热锻模，通常在780~800 ℃（$A_3$以上）退火，一般预冷至750~780 ℃后油冷可以防止淬火开裂，冷却至$M_s$点时回火。回火后的组织为回火托氏体或回火索氏体。

压铸模在工作时与炽热的金属接触时间较长，所以要求具有更高的热硬性、抗热疲劳能力、耐蚀能力及良好的导热性。常用的牌号有3Cr2W8V、4Cr5MoSiV和4Cr5W2SiV等。其中，3Cr2W8V钢常用来制造浇注温度较高的铜合金和铝合金的压铸模，其在600~650 ℃下抗拉强度可达1 000~1 200 MPa，淬透性好，截面直径100 mm以下可在油中淬透。

表8-11所示为常用热作模具钢的化学成分、热处理工艺及用途。

**表8-11 常用热作模具钢的化学成分、热处理工艺及用途**

| 项目 | | 牌号 | | | |
|---|---|---|---|---|---|
| | | 5Cr08MnMo | 5Cr06NiMo | 3Cr2W8V | 4Cr5MoSiV |
| 主要化学元素的质量分数/% | C | 0.50~0.60 | 0.50~0.60 | 0.30~0.40 | 0.32~0.42 |
| | Si | 0.25~0.60 | ≤0.40 | ≤0.40 | 0.80~1.20 |
| | Mn | 1.20~1.60 | 0.50~0.80 | ≤0.40 | ≤0.40 |
| | Cr | 0.60~0.90 | 0.50~0.80 | 2.20~2.70 | 4.50~5.50 |
| | Mo | 0.15~0.30 | 0.15~0.30 | — | 1.00~1.50 |

续表

| 项目 | | 牌号 | | | |
|---|---|---|---|---|---|
| | | 5Cr08MnMo | 5Cr06NiMo | 3Cr2W8V | 4Cr5MoSiV |
| 热处理工艺 | 退火温度/℃ | 780~800 | 780~800 | 830~850 | 840~900 |
| | 退火后的硬度 HBW | 197~241 | 197~241 | 207~255 | 109~229 |
| | 淬火温度/℃ | 830~850 | 840~860 | 1 050~1 150 | 1 000~1 025 |
| | 淬火冷却介质 | 油 | 油 | 油 | 油 |
| | 回火温度/℃ | 490~640 | 490~660 | 600~620 | 540~650 |
| | 回火后的硬度 HRC | 30~47 | 30~47 | 50~54 | 40~54 |
| 用途 | | 中型锻模（模高275~400 mm） | 大型锻模（模高大于400 mm） | 压铸模、精锻模、热挤压模 | 热镦模、压铸模、精锻模、热挤压模 |

**3. 塑料模具钢**

塑料模具钢是一种用于塑料制作的模具钢，材料主要以模具钢为主。塑料模具钢要求具有一定的强度、硬度、耐磨性、热稳定性和耐蚀性，良好的工艺性，以及在工作条件下尺寸和形状稳定等。一般情况下，泡沫塑料、吹塑模具等塑料模具钢，可选用非铁金属及其合金或铸铁；中小模具，精度要求不高，受力不大及生产批量小的可选用20、45、40Cr、T8、T10等；热固性成型和要求高耐磨性、高强度的模具可选用冷作模具钢；大型复杂的注射成型模或挤压成型模可选用热作模具钢等。

# 8.6 特殊性能钢

**情景导入**

大家都知道不锈钢，那么，不锈钢为什么会不生锈呢？18-8、304是我们使用的不锈钢杯子上经常看到的标识，这又是怎么回事呢？

特殊性能钢是指具有特殊物理、化学、力学性能，并能在特殊工作环境（腐蚀、高温等）下使用的钢。特殊性能钢的种类有很多，最主要的有不锈钢、耐热钢和耐磨钢。

## 8.6.1 不锈钢

金属在大气、海水及酸碱盐介质中工作，腐蚀会自发地进行。统计表明，全世界每年有15%的钢材在腐蚀中失效。不锈钢是指能够抵抗空气、水蒸气或在一定腐蚀介质（酸、碱、盐等）中具有高的化学稳定性、能耐腐蚀的钢，如化工装置中的各种管道和阀门、医疗器械、防锈刀具等。通常把仅能抵抗大气腐蚀的钢称为不锈钢，把在一些酸、碱、盐等强腐蚀性介质中能抵抗腐蚀的钢称为耐酸钢。由于化学成分上的差异，不锈钢不一定耐化学介质腐蚀，而耐酸钢则一般具有不锈性。习惯上将这两种钢合称为不锈钢。不锈钢不仅要有耐蚀性能，还要有合适的力学性能，良好的冷、热加工性及焊接工艺性。

**1. 金属的腐蚀**

金属表面受到外部介质不断作用而逐渐被破坏的现象称为腐蚀，腐蚀通常可分为化学腐蚀和电化学腐蚀两类。

化学腐蚀是指金属与周围介质发生化学反应而产生的腐蚀，腐蚀过程没有电流产生，是在金属表面产生的腐蚀。例如：钢在高温气体中的氧化、脱碳（气体腐蚀）或机器零件受煤油、汽油、润滑油等非电解质的腐蚀。

电化学腐蚀是指金属在腐蚀介质中由于形成原电池，在其表面有微电流产生而不断腐蚀的电化学反应腐蚀过程。这是金属被腐蚀的主要原因，很普遍且危害性很大。

**2. 金属的防腐**

1）减少原电池形成的可能性。①尽量使金属获得均匀的单相组织，这样难以形成微电池。例如：在钢中加入大量的 Cr 或 Ni，常温下会获得单相的铁素体或奥氏体组织。②尽可能提高金属的电极电位。合金元素 Cr 是不锈钢合金化的主要元素，可以提高金属基体的电极电位，从而提高耐蚀性。少量 Cr 会与碳形成碳化物，为了保证钢的耐蚀性，不锈钢中 Cr 的含量一般应大于 13%。

2）形成原电池时尽可能减少两极的电极电位差，提高阳极的电极电位。

3）减少甚至阻断腐蚀电流。加入 Cr、Si、Al 等合金元素，在金属表面形成钝化膜。Cr、Si、Al 等容易被氧化，形成一层致密的氧化膜，有效隔离化学介质和金属，阻止腐蚀的继续进行。

**3. 不锈钢的牌号**

不锈钢牌号前的数字表示平均含碳量的千分数，合金元素的表示方法与其他合金钢相同。当 $w_C \leq 0.03\%$ 或 $w_C \leq 0.08\%$ 时，在牌号前分别冠以"00"或"0"。例如：不锈钢 3Cr13 的平均 $w_C = 0.3\%$，$w_{Cr} \approx 13\%$；0Cr19Ni9 钢的平均 $w_C \leq 0.08\%$，$w_{Cr} \approx 19\%$，$w_{Ni} \approx 9\%$；00Cr19Ni11 钢的平均 $w_C \leq 0.03\%$，$w_{Cr} \approx 19\%$，$w_{Ni} \approx 11\%$。另外，当 $w_{Si} \leq 1.5\%$、$w_{Mn} \leq 2\%$ 时，牌号中不予标出。

**4. 不锈钢的化学成分**

不锈钢中的含碳量为 0.08%～1.2%，主加元素为 Cr、Ni，辅加元素有 Ti、Nb、Mo、Cu、Mn、N 等。从耐蚀性考虑，含碳量越低越好。因为 C 与 Cr 会形成碳化物，沿晶界析出造成晶界周围基体严重贫 Cr，导致晶间腐蚀，容易使金属发生脆断。从力学性能考虑，含碳量越高，硬度、耐磨性越高。因此，对有高硬度和高耐磨性要求的刀具、滚动轴承，要提高其含碳量（$w_C = 0.85\%$～0.95%），同时相应提高 Cr 的含量，以保证形成碳化物后 Cr 的含量仍高于 12%。

Cr 是不锈钢中最重要的合金元素，可以显著提高基体的电极电位，还可以缩小奥氏体区。当 Cr 含量达到一定值时可获得单一的铁素体组织。此外，Cr 氧化后极易钝化，产生致密的氧化膜，大大提高耐蚀性。

Ni 为扩大奥氏体区元素，加入后主要是配合 Cr 调整组织形式。加入适当的 Cr、Ni 可获得单相奥氏体不锈钢、铁素体+奥氏体双相不锈钢。例如：单相铁素体 10Cr17 钢，加入 2% 的 Ni 后可以转变为马氏体型不锈钢 10Cr17Ni2。

Ti、Nb 与 C 的亲和力强，会优先与碳形成碳化物，使 Cr 留在基体中，避免晶界贫 Cr，减轻钢的晶间腐蚀倾向。Mo、Cu 可提高钢在非氧化性酸中的耐蚀性。Mn、N 可以扩大奥氏体区，主要是为了部分取代 Ni 以降低成本。

#### 5. 常用的不锈钢

常用的不锈钢根据化学成分和组织特点分为铁素体型不锈钢、马氏体型不锈钢、奥氏体型不锈钢、铁素体型-奥氏体型不锈钢等。

（1）铁素体型不锈钢

常用的铁素体型不锈钢中，$w_C<0.15\%$，$w_{Cr}=12\%\sim30\%$，属于铬不锈钢。铬是缩小奥氏体相区元素，所以这种钢从室温加热到高温（960~1 100 ℃），组织始终是单相铁素体组织，具有良好的高温抗氧化性（700 ℃以下）；耐大气、稀硝酸、磷酸等介质的腐蚀；力学性能不如马氏体型不锈钢，但耐蚀性、塑性、焊接性均优于马氏体型不锈钢。

铁素体型不锈钢的典型牌号有 06Cr13Al、10Cr17、10Cr17Mo、008Cr27Mo 等。铁素体型不锈钢通常在退火或正火状态下使用，强度不高、塑性很好，可通过形变强化提高强度，主要用作耐蚀性要求很高而受力不大的构件，如用于硝酸、氮肥工业、家用餐具、建筑装饰件等。近年发展的新型铁素体型不锈钢的强度较高、导热性好、线膨胀系数小、耐蚀性高，广泛应用于家电、汽车等行业，如自动洗衣机滚筒、冰箱内衬、微波炉内外壳体、电热水器内胆、汽车排气系统零部件等。

表 8-12 所示为常用铬不锈钢的热处理工艺、力学性能及用途。

表 8-12 常用铬不锈钢的热处理工艺、力学性能及用途

| 项目 | | 牌号 | | | |
|---|---|---|---|---|---|
| | | 12Cr13（马氏体型） | 30Cr13（马氏体型） | 06Cr13Al（铁素体型） | 10Cr17（铁素体型） |
| 热处理工艺 | | 1 000~1 050 ℃油/水淬，700~790 ℃回火 | 1 000~1 050 ℃油淬，200~300 ℃回火 | 780~830 ℃ 空冷/缓冷 | 750~800 ℃ 空冷/缓冷 |
| 力学性能 | $R_m$/MPa | ≥600 | ≥650 | 412 | ≥400 |
| | $R_{eL}$/MPa | ≥420 | ≥450 | 177 | ≥250 |
| | $A/\%$ | ≥20 | ≥16 | 20 | ≥20 |
| | $Z/\%$ | ≥60 | ≥55 | ≥60 | ≥50 |
| | 硬度 HBW | ≥192 | ≥217 | ≤183 | ≤183 |
| 用途 | | 制作能耐弱腐蚀、能承受冲击的零件，如汽轮机叶片等 | 制作具有较高硬度和耐磨性的医疗工具、量具等 | 制作汽轮机材料、淬火部件等，且高温冷却不会产生显著硬化 | 制作耐蚀性好的硝酸工厂设备、建筑装饰等 |

（2）马氏体型不锈钢

这类钢含碳量比铁素体型不锈钢高，一般为 0.1%~0.45%，$w_{Cr}=12\%\sim14\%$，淬火后空冷即能得到马氏体组织；含碳量越高，钢的强度、硬度、耐磨性越高，但碳与铬形成的碳化物量也越多，导致耐蚀性下降，所以含碳量不能太高。马氏体型不锈钢的塑性、焊接性虽不

如铁素体型、奥氏体型不锈钢，但其力学性能与耐蚀性较好。这类钢一般用来制作既能承受载荷又需要具有耐蚀性的各种阀、机泵等零件及一些不锈工具等。

马氏体型不锈钢的典型牌号有12Cr13、20Cr13、30Cr13等。12Cr13、20Cr13钢含碳量低，耐大气、蒸汽等介质的腐蚀，常用作耐蚀结构钢。为了获得良好的综合力学性能，一般采用淬火+高温回火（600~700 ℃），得到回火索氏体，主要用来制造汽轮机叶片、锅炉管附件等。

30Cr13、40Cr13钢含碳量较高，耐蚀性相对较差，一般通过淬火+低温回火（200~300 ℃），得到回火马氏体，获得较高的强度和硬度（50 HRC以上），常用于制造医疗器械、刃具、热油泵轴等。

> **小资料**
>
> 菜刀是百姓日常生活中必备的厨房刀具，碳钢菜刀一般采用65Mn、T8或T10钢制造，虽然淬火后硬度比较高，但脆性大，容易崩刃，且在空气或水中易生锈。而不锈钢菜刀一般采用马氏体型不锈钢制造，即30Cr13钢或40Cr13钢，经淬火后也可以获得较高的硬度，且韧性较好，不易崩刃。闻名世界的瑞士军刀则采用高碳马氏体型不锈钢440C（相当于102Cr17Mo、90Cr18MoV）制造。

（3）奥氏体型不锈钢

奥氏体型不锈钢含碳量很低（$w_C < 0.1\%$），$w_{Cr} \leq 18\%$，$w_{Ni} = 8\% \sim 11\%$，属铬镍钢，是目前应用最多的一类不锈钢，常称为18-8型不锈钢。镍的加入扩大了奥氏体区，可获得单相奥氏体组织，故奥氏体型不锈钢有很好的耐蚀性及耐热性。此外，其呈顺磁性、塑性、韧性和焊接性也很好，但强度较低。

奥氏体型不锈钢在450~850 ℃温度范围加热或焊后冷却时会在晶界析出碳化物（$Cr_{23}C_6$），造成贫铬，引起晶间腐蚀，如图8-24所示。晶间腐蚀会导致晶界开裂，防止方法有："降碳"或"固碳"。"降碳"是指降低含碳量，使钢中不形成碳化物；"固碳"是指在钢中加入强碳化物形成元素（Ti、Nb等），使之优先与碳结合形成稳定性高的碳化物，而不形成铬的碳化物，以保证奥氏体中的含铬量，避免晶界贫铬。

此外，奥氏体型不锈钢在退火状态下并非是单相奥氏体，还有少量的碳化物，碳化物会降低钢的耐蚀性。通常采用固溶处理，即把钢加热到1 100 ℃左右，使所有碳化物都溶入奥氏体，然后水淬快冷至室温获得单相的奥氏体组织。

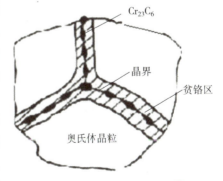

**图8-24　晶间腐蚀原理示意**

奥氏体型不锈钢广泛用于制造要求耐蚀的设备、管道、建筑和生活用品等。值得注意的是，虽然奥氏体型不锈钢是一种优良的耐蚀钢，但在有应力的情况下，在某些含有$Cl^-$的介质中，常产生应力腐蚀破裂，而且介质温度越高越敏感。这是奥氏体型不锈钢的一个缺点。

表8-13所示为常用奥氏体型不锈钢化学成分、热处理工艺、力学性能及用途。

表 8-13　常用奥氏体型不锈钢的化学成分、热处理工艺、力学性能及用途

| 项目 | | 牌号 | | | |
|---|---|---|---|---|---|
| | | 06Cr19Ni10 | 12Cr18Ni9 | 06Cr18Ni11Ti | 06Cr18Ni11Nb |
| 主要化学元素的质量分数/% | C | ≤0.08 | ≤0.15 | ≤0.08 | ≤0.08 |
| | Cr | 18~20 | 17~19 | 17~19 | 17~19 |
| | Ni | 8~11 | 8~10 | 9~12 | 9~12 |
| | Ti | — | — | $5\times(w_C)\sim 0.70$ | — |
| | Nb | — | — | — | $10\times(w_C)\sim 1.10$ |
| 热处理工艺 | | 1 050~1 100 ℃固溶处理 | 1 100~1 150 ℃固溶处理 | 1 100~1 150 ℃固溶处理 | |
| 力学性能 | $R_m$/MPa | ≥520 | ≥520 | ≥560 | |
| | $R_{eL}$/MPa | ≥205 | ≥205 | ≥200 | |
| | A/% | ≥40 | ≥40 | ≥40 | |
| | Z/% | ≥60 | ≥60 | ≥505 | |
| | 硬度 HBW | 187 | 187 | 187 | |
| 用途 | | 具有良好的耐晶间腐蚀性和耐蚀性,用于化学工业的耐蚀材料 | 用于耐硝酸、有机酸、冷磷酸及盐、碱溶液腐蚀的零件 | 具有良好的耐晶间腐蚀性,用于输送管道,耐酸容器及设备衬里,抗磁仪表,医疗器械等 | |

(4) 铁素体型-奥氏体型不锈钢（双相不锈钢）

双相不锈钢是在 $w_{Cr}=18\%\sim 26\%$、$w_{Ni}=4\%\sim 7\%$ 的基础上,再根据不同用途加入 Mn、Mo、Si 等元素组合而成的。双相不锈钢中同时具有奥氏体和铁素体两种组织结构,两相组织独立存在且含量都较大,一般认为最少相的含量也要大于 15%,而实际中应用的是以奥氏体为基体并含有不少于 30% 的铁素体,最常见的是两相各占约 50%。

双相不锈钢兼有奥氏体型不锈钢和铁素体型不锈钢的特点,与奥氏体型不锈钢相比,铁素体的存在使屈服强度显著提高,且耐晶间腐蚀、耐应力腐蚀、耐疲劳腐蚀等也有明显改善;与铁素体型不锈钢相比,奥氏体的存在提高了韧性,使韧脆转变温度降低,焊接性和耐晶间腐蚀性显著提高,降低了晶粒长大的倾向。采用 1 000~1 100 ℃ 淬火后,可获得奥氏体组织及铁素体（60% 左右）。双相不锈钢的优越性只有在正确的加工条件和合适的环境中才能保证。

**小资料**

有人认为不锈钢都是没有磁性的,所以在购买不锈钢制品时常用磁铁试验,当发现有磁性时就认为是假的,这是片面的、不科学的。并不是所有的不锈钢都没有磁性,马氏体型不锈钢和铁素体型不锈钢都有明显的磁性,只有奥氏体型不锈钢经过固溶处理后才是无磁性的。但由于冶炼、热处理或冷加工等原因,无磁性的奥氏体型不锈钢有时也会呈现弱磁性。

## 8.6.2 耐热钢

耐热钢是指在高温下具有良好的化学稳定性（抗氧化性）和热强性的特殊钢，主要用于制造火力电站设备、发动机、加热炉、锅炉等在高温（300 ℃以上，有时高达 1 200 ℃）下工作的零部件。耐热钢按照性能和应用不同可以分为抗氧化钢和热强钢两类。

（1）抗氧化钢

抗氧化性是指金属在高温下抵抗氧化或腐蚀的性能，可通过加入 Cr、Si、Al 等合金元素，使钢的表面形成致密的氧化膜来防止钢的进一步腐蚀。例如：在钢中加 20%~25% 的 Cr，其抗氧化温度可达 1 100 ℃。抗氧化钢主要用于制作在高温下长期工作且承受载荷不大的构件，如工业炉中的炉底板、料架、辐射管等。抗氧化钢可分为铁素体型和奥氏体型两类，常用牌号有 06Cr13Al、12Cr18Ni9Si3、26Cr18Mn12Si2N、22Cr20Mn10Ni2Si2N 等。

（2）热强钢

热强性是指金属在高温下除具有抗氧化性能外，还要有一定强度，防止产生过量塑性变形或断裂。提高热强性的主要途径有以下三个。

1）强化作用。钢中加入 Cr、Ti、V、Mo、W、Nb 等合金元素，可以固溶强化基体，还可形成稳定而又弥散分布的稳定碳化物等，从而阻碍位错的滑移，提高塑变抗力和高温强度。

2）提高再结晶温度，以提高热强性。

3）采用较粗晶粒的钢。长时间高温下使用的耐热钢，晶界强度降低，通常会沿晶界断裂，一定粗化的粗晶粒钢可减少薄弱的晶界数量，提高蠕变抗力，其高温强度比细晶粒钢好。一般 2~4 级晶粒度的钢有较好的高温综合性能。

热强钢可分为珠光体型、马氏体型和奥氏体型三类。珠光体型和马氏体型热强钢含碳量较低，线胀系数小，价格低廉，在中温范围（600~650 ℃）有较好的热强性、热稳定性及工艺性能。奥氏体型热强钢用于更高温度。热强钢多用于各种加热炉底板、轮道、渗碳箱、燃气轮机燃烧室等，常用牌号有 15CrMo、35CrMo、25Cr2MoV、06Cr18Ni11Ti、45Cr14Ni14W2Mo 等。

### 资料时空

工作温度超过 700 ℃ 时，一般就不能选用普通的耐热钢了，而要使用高温合金。广泛使用的高温合金有铁基高温合金、铁-镍基高温合金、钴基高温合金。这些合金很多不是以铁为基体的，也不能称为钢，故统称为高温合金。根据生产工艺不同，高温合金分为变形高温合金和铸造高温合金两种，变形高温合金中最常见的是变形镍基合金。

1）变形镍基合金：镍是面心立方晶格且熔点高，表面能形成致密的氧化膜，能防止 800 ℃ 以下剧烈氧化，因此是优良的耐热基体金属。在镍中还加入铬、钨、钼等元素提高其抗氧化性与热强性。

2）铸造高温合金：高温合金很难切削加工，即使采用新型刀具材料，仍然不能解决问题，生产效率很低，所以近年来铸造高温合金得到很大发展。同变形高温合金相比，铸造高温合金的优点是：可大量加入合金元素，不存在因合金元素多而使工艺性能变坏的问题；使用温度相对可增高 20~30 ℃，甚至 80 ℃；可铸成精度高和形状复杂的零件；可以采用新工艺,如定向结晶消除横向晶界,控制冷却速度获得所需晶粒度或使叶片边缘晶粒细化,以提高叶片的力学性能。

除上述高温合金外,还有钴基合金、钼基合金、粉末高温合金、高温复合材料,可用于更高温度。

粉末高温合金,即首先生产表面不受氧化的细合金粉末(0.5 μm 以下),然后将粉末装入密封罐,以热挤压形成坯材,再进行锻造或轧制,最后加工成零件。

高温复合材料是在镍基合金的基础上,嵌入大量的钨、钼、铌等金属丝,以增强其强度。例如:美国在 W25Cr15Ti2Al2 镍基合金中,加入占体积7%的 φ0.4 mm 的钨丝,试验的持久强度极限(在 1 200 ℃下经过 100 h 使金属不发生断裂的最大应力)为 100 MPa。

### 8.6.3 耐磨钢

耐磨钢是指在强烈冲击载荷作用下发生加工硬化的高锰钢,是工程中最常用的耐磨钢,使用状态下为单相奥氏体组织。

#### 1. 耐磨钢的成分特点

耐磨钢的成分特点是高碳($w_C$ = 0.9% ~ 1.5%)、高锰($w_{Mn}$ = 11.00% ~ 14.00%),$w_{Mn}/w_C$ 通常为 10~12。此外,还含有 Cr、Mo、Ti、Ni 等元素。含碳量较高可以保证钢的强度和耐磨性,但含碳量过高,则会导致淬火后韧性下降,高温时析出碳化物。锰是扩大奥氏体区的元素,可保证热处理后得到单相奥氏体组织。

#### 2. 耐磨钢的应用

高锰耐磨钢极易加工硬化,切削加工困难,因此大多数高锰钢零件都是铸造成型。其铸态组织中存在沿奥氏体晶界析出的网状碳化物,如图 8-25(a)所示。碳化物会使耐磨钢的力学性能变差,显著降低其冲击韧度和耐磨性。因此,必须对耐磨钢进行水韧处理,即把耐磨钢加热到 1 050~1 100 ℃,保温,使碳化物充分溶入奥氏体,然后在水中激冷,来获得均匀的单相奥氏体组织,如图 8-25(b)所示,从而使其具有良好的韧性和耐冲击性能。

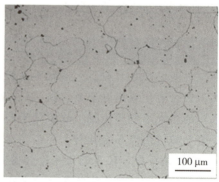

图 8-25 高锰耐磨钢的金相组织

(a) 铸态组织;(b) 水韧处理后的组织

高锰耐磨钢经过水韧处理后韧性很好,但硬度并不高(210 HBW 左右)。这种钢在受到强烈冲击、压力和严重摩擦时,表面层产生强烈的加工硬化(硬度可提高到 550 HBW 左右),并且发生马氏体转变,因而获得高的耐磨性;其心部仍保持原来的高韧性,所以高锰耐磨钢既耐磨又抗冲击。当其旧表面磨损后,露出的新表面在受到冲击与摩擦时又可获得新的耐磨层。因此,高锰耐磨钢具有高耐磨性的重要条件是承受强烈冲击或摩擦,否则是不耐磨的。

高锰耐磨钢主要用于制造承受严重磨损和强烈冲击的一些零件,如图8-26所示。例如:铁道上的分道叉,挖掘机斗齿,各种碎石机颚板,坦克、拖拉机等车辆履带,防弹钢板,保险箱钢板等。高锰组织为单一无磁性奥氏体,故也可用于制造既耐磨又抗磁化的零件,如吸料器的电磁铁罩。表8-14所示为常用高锰耐磨钢铸件的化学成分。

表8-14 常用高锰耐磨钢铸件的化学成分

| 牌号 | 主要化学元素的质量分数/% | | | | |
|---|---|---|---|---|---|
| | C | Mn | Si | S | P |
| ZGMn13-1 | 1.00~1.45 | 11.00~14.00 | 0.30~1.00 | ≤0.040 | ≤0.090 |
| ZGMn13-2 | 0.90~1.35 | | | ≤0.040 | ≤0.070 |
| ZGMn13-3 | 0.95~1.35 | | 0.30~0.80 | ≤0.035 | ≤0.070 |
| ZGMn13-4 | 0.90~1.30 | | | ≤0.040 | ≤0.070 |
| ZGMn13-5 | 0.75~1.30 | | 0.30~1.00 | ≤0.040 | ≤0.070 |

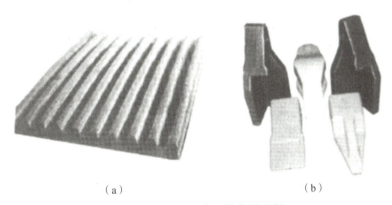

图8-26 高锰耐磨钢的应用实例
(a)颚板;(b)挖掘机斗齿

# 本章小结

1. 在低合金钢和合金钢中主要加入的是Si、Mn、Cr、Ni、Al、W、Mo、Ti、V、Zr、Nb、Co、RE等合金元素。

2. 铁、碳是钢中两种基本元素,二者形成碳钢中的三个基本相,即铁素体、奥氏体和渗碳体。因此,合金元素与铁、碳之间的作用是钢内部组织结构变化的基础。

3. 合金元素对热处理的影响实际上就是对热处理加热、冷却及回火过程的影响。合金钢在热处理方面的三大优点是晶粒细化、淬透性高、耐回火性好,而这些优点只有在合适的热处理条件下才能得到体现。

4. 认识低合金钢和合金钢的牌号，了解常用钢的化学成分、热处理工艺、性能特点、用途，如表 8-15 所示。

表 8-15　常用低合金钢和合金钢的含碳量、性能、热处理工艺、典型牌号及用途

| 钢种 | 含碳量 | 性能 | 热处理工艺 | 典型牌号 | 用途 |
| --- | --- | --- | --- | --- | --- |
| 低合金高强架构钢 | 低碳 | 强度高，塑性好，焊接性好 | 一般不热处理，热轧供应 | Q345 | 桥梁、船舶、压力容器等 |
| 渗碳钢 | 低碳 | 表面硬度高，心部韧性好 | 渗碳+淬火+低温回火 | 20，20Cr，20CrMnTi | 齿轮、凸轮、摩擦片等 |
| 调质钢 | 中碳 | 良好的综合性能 | 调质 | 45，40Cr，40CrNi，40CrNiMo | 轴类、齿轮、连杆、销等 |
| 低合金工具钢 | 高碳 | 高硬度，高耐磨性，足够的韧性 | 球化退火+淬火+低温回火 | 9SiCr，CrWMn | 低速刃具、丝锥、板牙等 |
| 高速工具钢 | 高碳 | 高热硬性，高硬度，高耐磨性 | 锻造、退火、淬火（分级淬火）+三次回火 | W18Cr4V | 高速刃具、钻头、机用锯条等 |

练习题

参考答案

# 第 9 章　铸　　铁

【知识目标】

1. 掌握铸铁的特点和分类。
2. 了解铸铁石墨化的概念及其影响因素。
3. 掌握常用铸铁的组织、性能、牌号及应用。

【能力目标】

1. 能根据牌号识别铸铁的种类，理解铸铁组织与性能之间的关系。
2. 能用感观法、金相法区别钢和铸铁。
3. 初步具有合理选择铸铁的能力。

## 9.1　概　　述

> **情景导入**
>
> 　　所谓铸铁，就是将铁矿石用高温熔炼成铁水，使其成为真正的液态，再将其锻造塑形，能够用其制造出更好的工具、武器和盔甲。生铁（铸铁）技术在 14 世纪之前仅在中国和其周边地区规模化应用，是中国古代的重要发明创造。谈到铸铁，很容易让人想到中国铁锅。中国是世界上最早使用铁锅，也是铁锅应用最广泛的国家，广西陆川号称"中国铁锅之都"。中国铁锅锅体厚实，导热缓慢均匀，有益健康，适合大多数菜肴的制作，烹制出了"舌尖上的中国"，是平凡朴实的千年中国味儿的最佳写照。

　　铁碳合金相图中，$w_C>2.11\%$ 的铁碳合金称为铸铁。铸铁是人类使用最早的金属材料之一，其用量仅次于钢。与钢相比，铸铁的强度低，塑性、韧性较差，只能铸造成型，不能锻造或轧制加工成型。但其熔炼简单、成本低廉，具有优良的铸造性、耐磨性、减振性、可加工性，低的缺口敏感性等优点。因此，铸铁广泛应用于机械制造、交通运输、矿山、冶金、石油化工、建筑和国防等部门。在各种机械中，按使用质量百分比计算，铸铁在机床和重型机械中占60%~90%，主要用于制造机床床身、箱体、底座等受压及摩擦的零件。

铸铁中除Fe、C元素之外，还有较多的Si、Mn、S、P等元素。从成分上看，铸铁与钢的主要区别在于铸铁含有较高的C和Si，以及S、P杂质。

## 9.1.1 铸铁中碳的存在形式

铸铁中的碳除极少量溶于铁素体中外，大部分以碳化物状态和游离状态的石墨两种形式存在。

1）碳化物状态。如果铸铁中的碳几乎全部以碳化物形式存在，其断口呈银白色，则称为白口铸铁。非合金铸铁的碳化物是硬而脆的渗碳体（$Fe_3C$），而合金铸铁有其他各种碳化物。白口铸铁很难进行切削加工，作为零件很少用，工业生产中因其硬度高、脆性大、耐磨损的特点，主要用于制造轧辊、球磨机的磨球、犁铧等要求耐磨性好的零件。除此之外，多作为炼钢原料使用，通常称它为生铁。

2）游离状态的石墨（常用G来表示）。如果铸铁中的碳主要以石墨形式存在，其断口呈暗灰色，则称为灰口铸铁，应用最为广泛。根据铸铁中石墨形状和生产方法的不同，灰口铸铁可分为灰铸铁（石墨呈片状）、蠕墨铸铁（石墨呈短小的蠕虫状）、可锻铸铁（石墨呈棉絮状）、球墨铸铁（石墨呈球状）四种，如图9-1所示。

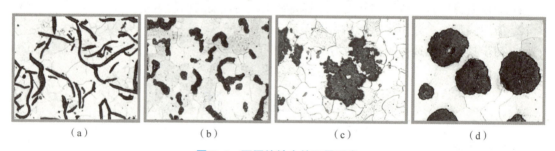

图9-1 不同铸铁中的石墨形态

(a) 灰铸铁；(b) 蠕墨铸铁；(c) 可锻铸铁；(d) 球墨铸铁

如果铸铁中的碳一部分以石墨形式存在，另一部分以渗碳体形式存在，则铸铁断口上呈黑白相间的麻点，故称为麻口铸铁，其脆性很大，很少使用。

## 9.1.2 铸铁的石墨化

**1. 铸铁的石墨化过程**

铸铁中的碳除极少量固溶于铁素体外，大部分以渗碳体或石墨两种形式存在，因而铁碳合金相图中存在着$Fe-Fe_3C$（渗碳体）和$Fe-C$（石墨）双重相图，如图9-2所示。图中，实线表示$Fe-Fe_3C$相图，虚线表示$Fe-C$相图，重合的线都用实线画出。按$Fe-Fe_3C$相图，铸铁自液态冷却到固态时，得到白口铸铁；在生产实践中，当铁液中碳和硅含量较高时，缓慢冷却，就会按 Fe-C 相图结晶，直接析出石墨，即石墨化过程。

石墨的晶格类型为简单立方晶格，原子呈层状排列，其基面中的原子间距为 0.142 nm，结合力较强，两基面之间的距离为 0.340 nm，结合力弱，故石墨的基面容易滑动，其强度和硬度极低（抗拉强度约为 20 MPa，硬度仅为 3~5 HBW），塑性和韧性极差，伸长率接近 0%，在基体中相当于空洞，如图 9-3 所示。但石墨的存在使铸铁有许多钢所没有的性能，如优良的铸造性、耐磨性，良好的切削加工性和减振性等。

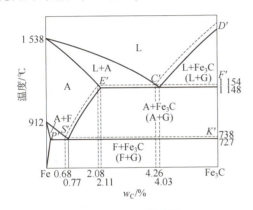

图 9-2 双重相图

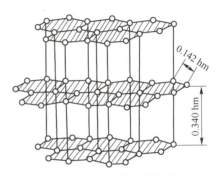

图 9-3 石墨的晶体结构

铸铁的石墨化过程可以是石墨直接从液态合金或奥氏体中析出，也可以是渗碳体在一定条件下分解出石墨，渗碳体实际上只是一个亚稳定相，能分解为铁和石墨，即 $Fe_3C \rightarrow 3Fe+C$（石墨），故石墨才是稳定相。石墨化过程是一个原子扩散过程。根据图 9-2，以过共晶合金的铁液为例，铸铁的石墨化过程可分为以下三个阶段。

第一阶段：此阶段包括两个反应，一是过共晶成分的铸铁直接从液体中析出一次石墨，即 $L \rightarrow L_{C'}+G_I$；二是液态合金在 1 154 ℃（共晶线 $E'C'F'$ 线）发生共晶反应，同时析出奥氏体和共晶石墨，即 $L_{C'} \rightarrow (A_{E'}+G_{晶})$，共晶转变过程中形成的石墨称为共晶石墨。

第二阶段：在共晶温度和共析温度之间（1 154~738 ℃），随着温度降低，从奥氏体中不断析出二次石墨，即 $A_{E'} \rightarrow (F_{P'}+G_{II})$。

第三阶段：在 738 ℃（共析温度 $P'S'K'$ 线）发生共析转变，同时析出铁素体和共析石墨，即 $A_{S'} \rightarrow (F_{P'}+G_{析})$。理论上，在 $P'S'K'$ 线共析温度以下冷却至室温时，还可能从铁素体中析出三次石墨，但因为数量极微少，故常忽略。

三个阶段的石墨化充分进行后，铸铁的组织为铁素体+石墨（一次石墨、共晶石墨、二次石墨、共析石墨）两相组成。在实际生产中，控制石墨化进行的程度，即可获得各种不同的铸铁组织。如果第一、二阶段石墨化充分进行，则获得灰铸铁组织；如果第一、二阶段石墨化未充分进行，则获得麻口铸铁组织；如果第一、二阶段石墨化完全被抑制，则获得白口铸铁组织。铸铁的基本组织一般取决于第三阶段石墨化进行的程度，如果进行充分，P 分解为 F+G 组织；如果不充分，则会得到 P+G、F+P+G 等基体组织。铸铁的性能取决于铸铁的组织，而铸铁的组织可以看成是铁或钢的基体上分布着不同形态的石墨。表 9-1 所示为铸铁组织与石墨化进行程度之间的关系。

表 9-1 铸铁组织与石墨化进行程度之间的关系

| 石墨化程度 | | | 铸铁组织 | 铸铁名称 |
| --- | --- | --- | --- | --- |
| 第一阶段 | 第二阶段 | 第三阶段 | | |
| 充分石墨化 | 充分石墨化 | 充分石墨化 | 铁素体+石墨 | 灰铸铁 |
| | | 部分石墨化 | 铁素体+珠光体+石墨 | |
| | | 未石墨化 | 珠光体+石墨 | |
| 部分石墨化 | 部分石墨化 | 未石墨化 | 低温莱氏体+珠光体+石墨 | 麻口铸铁 |
| 未石墨化 | 未石墨化 | 未石墨化 | 低温莱氏体 | 白口铸铁 |

**2. 铸铁石墨化的影响因素**

铸铁的石墨化主要与铸铁的化学成分和结晶过程中的冷却速度有关。

（1）化学成分的影响

促进石墨化的元素有 C、Al、Cu、Ni、Co 等，阻碍石墨化的元素有 Cr、W、Mo、V、Mn、S 等。

C 和 Si 对铸铁石墨化的促进作用最强烈，起决定性作用。石墨本身就是碳，含碳量越高，就越容易形成石墨晶核数，所以会促进石墨化。Si 有促进石墨形核的作用，因为 Si 与铁原子的结合力较强，能够削弱铁、碳原子间的结合力，还会降低共晶点的含碳量，提高共晶温度，这都有利于石墨的析出。C、Si 含量越高，越容易石墨化，反之易出现白口。但 C、Si 含量过高，会导致石墨数量增多且粗大，从而使铁素体量增多，导致力学性能下降。因此，一般 C、Si 的含量控制在：$w_C = 2.8\% \sim 3.5\%$，$w_{Si} = 1.4\% \sim 2.7\%$。

S 是强烈阻碍铸铁石墨化的元素，其能降低铁液的流动性，导致铸铁的铸造性能恶化，故要尽可能降低含 S 量。Mn 也能阻碍铸铁石墨化，但其能与 S 形成 MnS，降低 S 的有害作用。

（2）冷却速度的影响

一般铸件冷却速度越慢，石墨化进行得越充分；冷却速度越快，石墨化进行得越困难。冷却速度会受铸造方法、造型材料及铸件的壁厚等的影响。金属铸型冷却速度快，而砂型冷却速度较慢。铸件厚壁处冷却较慢，易得到灰铸铁，而薄壁处冷却较快，易得到白口铸铁。因此，在化学成分相同时，冷却速度越慢，越容易得到石墨，如在生产中同一铸件，其厚壁处为灰铸铁，而薄壁处为白口组织。

综上所述，当铁液的 C、Si 含量较高，结晶过程中的冷却速度较慢时，容易石墨化。

## 9.1.3 铸铁的分类

铸铁除了按照碳的存在形式和石墨形态分类，还可以按其化学成分分类。

1）普通铸铁：如灰铸铁、蠕墨铸铁、可锻铸铁、球墨铸铁等常规铸铁。

2）合金铸铁：在灰铸铁或球墨铸铁的基础上加入一定量的合金元素，如 Cr、Ni、V、Cu 等，使其具有某些特定性能的铸铁，又称特殊性能铸铁，如耐磨铸铁、耐热铸铁、耐蚀铸铁等。

## 9.2 灰铸铁

> **情景导入**
>
> 在材料科学日新月异的今天,灰铸铁仍能作为一种结构材料而具有相当的竞争能力,与相关的研究工作是分不开的。目前,许多重要的机器零件,如机床床身、内燃机气缸体、气缸盖和液压阀等,都是用灰铸铁制成的。但我们对灰铸铁性能的要求越来越高了,既要强度高又要有良好的加工性能,要求厚、薄截面组织均匀一致,还要求铸铁的弹性模量大,铸件的尺寸更稳定。

常用的铸铁主要有灰铸铁、球墨铸铁、蠕墨铸铁和可锻铸铁,它们的组织都是由某种基体+不同形态的石墨所构成。

灰铸铁生产工艺简单,价格便宜,铸造性能优良,应用最广,在铸铁总产量中占80%以上。灰铸铁的组织由钢组织基体+片状石墨组成。

### 9.2.1 灰铸铁的组织

灰铸铁的基体组织根据石墨化程度可以得到铁素体、珠光体+铁素体和珠光体三种不同基体的灰铸铁。片状石墨及三种基体的灰铸铁形貌组织如图9-4所示。

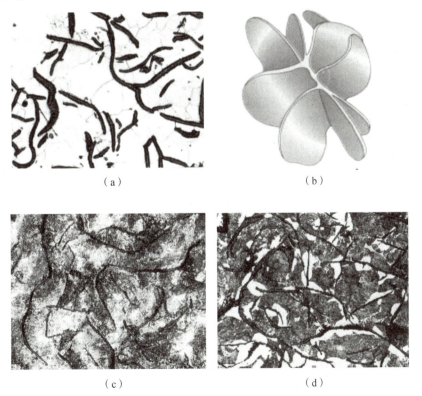

图9-4 灰铸铁的显微组织
(a)石墨片立体形态;(b)铁素体基体;(c)(珠光体+铁素体)基体;(d)珠光体基体

1) 铁素体灰铸铁石墨化过程充分，组织为铁素体基体+片状石墨。

2) （珠光体+铁素体）灰铸铁第一阶段和第二阶段石墨化充分进行，第三阶段石墨化不充分，组织为（珠光体+铁素体）基体+片状石墨。

3) 珠光体灰铸铁第一阶段和第二阶段石墨化充分进行，第三阶段未进行石墨化，组织为珠光体基体+片状石墨。

### 9.2.2 灰铸铁的力学性能

灰铸铁是典型的脆性材料，其基体和碳钢无异，但是抗拉强度、塑性、韧性和疲劳强度都明显低于碳钢，这与石墨的形状、大小和分布有密切关系。

因为石墨的强度极低，塑性、韧性几乎为零，相当于在钢的基体上分布有许多孔洞和裂纹，破坏了基体组织的连续性，降低了有效承载面积（基体的利用率仅为30%~50%），并且片状石墨的边缘处容易造成应力集中，当承受拉应力时，裂纹迅速扩展而导致脆断。而且，片状石墨的数量越多、尺寸越大、分布越不均匀，对基体的割裂作用和应力集中越严重，铸铁的强度、塑性与韧性就越低。

灰铸铁的硬度和抗压强度主要取决于基体组织。受压时石墨产生的裂纹是闭合的，对基体连续性的破坏影响大大减轻，故灰铸铁的抗压强度明显高于其抗拉强度（为抗拉强度的2.5~4倍）。灰铸铁主要用于制造耐压零部件，如机床底座、床身、箱体和支柱等。

### 9.2.3 灰铸铁的工艺性能

石墨的存在，虽然降低了灰铸铁的力学性能，但却使灰铸铁具有非常优良的工艺性能。

1) 好的铸造性能。由于灰铸铁的含碳量高（接近于共晶成分），其熔点比钢低，流动性好，凝固时析出了体积较大的石墨，使收缩率减小，故能够铸造结构复杂或薄壁的零件。

2) 好的减摩性与减振性。石墨有利于润滑及储存润滑油，所以减摩性好。石墨能吸收振动波，对振动传递有消减作用，其减振能力约为钢的10倍，故常作为承压和振动的材料。灰铸铁是所有铸铁中减振性最好的。

3) 低的缺口敏感性。钢的应力集中主要是由表面加工的键槽、油孔等切口造成，使其力学性能显著降低。而灰铸铁中的石墨就相当于许多小缺口，致使表面缺口的作用相对减弱，故铸铁的缺口敏感性低。

4) 良好的可加工性。石墨的存在使切削加工时易于断屑，且石墨有一定的润滑和储油作用，使刀具磨损小，所以灰铸铁的可加工性优于钢。

> **小资料**
>
> 同学们在校内进行过机加工实习，应该知道通过车床对钢和铸铁进行切削加工时，钢的切屑一般是连续的，呈螺旋状，很锋利；而铸铁的切屑一般是细碎的，所以我们可以通过切屑来区分钢和灰铸铁。
>
> 除此之外，还有一个最简单的方法区分钢和灰铸铁：将工件扔在地上或用锤子敲一下，声音清脆的是钢材，声音沉闷的是铸铁。因为铸铁的内部组织有石墨存在，相当于空洞或裂纹，能吸收振动波，所以声音沉闷；而钢的组织致密，对振动波有强烈的反射作用，所以声音清脆。你还能想到其他更好的区分方法吗？

## 9.2.4 常用灰铸铁的牌号及用途

灰铸铁的牌号用"HT+数字"表示。"HT"是"灰铁"二字汉语拼音的首字母,数字表示灰铸铁抗拉强度的最小值。例如:HT200 表示最小抗拉强度为 200 MPa 的灰铸铁。常用灰铸铁的力学性能及用途如表 9-2 所示。

表 9-2 常用灰铸铁的力学性能及用途

| 牌号 | 力学性能 | | | 用途 |
|---|---|---|---|---|
| | 抗拉强度 $R_m$/MPa | 抗压强度 $\sigma_{db}$/MPa | 硬度 HBW | |
| HT100 | ≥100 | 500 | 170 | 低强度,适合制造简单,载荷小,对摩擦和磨损无特殊要求的零件,如外罩、手轮、支架、重锤等 |
| HT150 | ≥150 | 600 | 125~205 | 中强度,适合制造承受中等应力的零件,如底座、齿轮箱、支柱、阀体、管路件等 |
| HT200 | ≥200 | 720 | 150~230 | 较高强度,适合制造承受应力较大的重要零件,如齿轮、飞轮、活塞、气缸体、气缸盖、联轴器、轴承座等 |
| HT225 | ≥225 | 780 | 170~240 | |
| HT250 | ≥250 | 840 | 180~250 | |
| HT275 | ≥275 | 900 | 190~260 | 高强度、高耐磨性,适合制造承受应力高的零件,如大型发动机的曲轴、气缸体、气缸套;重型机械中受力较大的床身、底座、主轴箱、齿轮、凸轮;高压的油缸、泵体、阀体、热锻模、冲模等 |
| HT300 | ≥300 | 960 | 200~275 | |
| HT350 | ≥350 | 1 080 | 200~290 | |

灰铸铁的强度与铸件的壁厚有关。同一牌号,铸件的壁厚越大,其抗拉强度越低。因此,选择铸铁牌号时,一定要考虑铸件壁厚的影响,根据具体情况适当提高或降低铸铁的牌号。

## 9.2.5 灰铸铁的孕育处理

为了改善灰铸铁的组织和力学性能,生产上常对其采用孕育处理。

孕育处理就是在浇注前向铁液中加入少量的孕育剂(细粒状硅铁和硅钙合金等),以改变铁液的结晶条件,促进石墨形核,得到细小的珠光体基体和细小均匀分布的片状石墨组织,这种经过孕育处理的灰铸铁称为孕育铸铁。铸铁经孕育处理后减小了石墨片对基体组织的割裂作用,组织均匀,力学性能得到显著提高,强度也有较大提高,塑性和韧性也有所改善,常用来制造力学性能要求较高、截面尺寸变化较大的铸件。HT150、HT300、HT350 即属于孕育铸铁。图 9-5 所示为普通灰铸铁和孕育铸铁的组织比较。

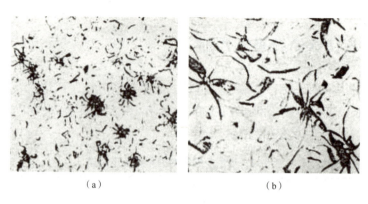

图 9-5 孕育处理前后灰铸铁的组织比较（未浸蚀）
（a）孕育处理前；（b）孕育处理后

## 9.2.6 灰铸铁的热处理

热处理只能改变灰铸铁的基体组织，不能改变石墨的形态和分布，故不能明显地改善灰铸铁的力学性能。灰铸铁的热处理主要用来消除铸件内应力、稳定尺寸、改善可加工性、提高表面的硬度和耐磨性等。常用的热处理方法主要有退火和表面淬火。

**1. 退火**

（1）去应力退火

铸件在冷却过程中，各部位冷却速度不同造成收缩不一致，形成内应力。为了防止变形和开裂，对于一些大型、复杂或尺寸稳定性、加工精度要求较高的铸件（如机床床身、机架、柴油机气缸等），必须进行去应力退火。将铸件重新缓慢加热到 500~600 ℃，保温一定时间，随炉冷却至 200 ℃，出炉空冷，可消除 90% 以上的内应力。

（2）消除铸件白口铸铁组织的退火

灰铸铁件表层和薄壁处产生的白口铸铁组织难以切削加工，需要退火降低硬度，将铸件加热到 850~950 ℃，保温一定时间，随炉冷却至 400~500 ℃，出炉空冷，渗碳体分解成石墨，消除了白口铸铁组织，降低了硬度，改善了切削加工性。

**2. 表面淬火**

为了提高某些铸件（机床导轨、气缸体内壁等）的硬度和耐磨性，常进行表面淬火，表面淬火后得到极细的马氏体+片状石墨组织，硬度可达 50~55 HRC。

灰铸铁应用实例如图 9-6 所示

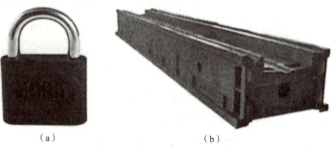

图 9-6 灰铸铁应用实例
（a）挂锁；（b）机床床身

## 9.3 球墨铸铁

**情景导入**

球墨铸铁井盖是球墨铸铁产品的一种，球墨铸铁是20世纪50年代发展起来的一种高强度铸铁材料，其综合性能接近于钢，已成功地用于铸造一些受力复杂，强度、韧性、耐磨性要求较高的零件。球墨铸铁已迅速发展为仅次于灰铸铁的、应用十分广泛的铸铁材料。大家都见过井盖，知道它们为什么有些是圆形的，有些是方形的吗？

石墨呈球状分布的灰铸铁称为球墨铸铁，是将铁液进行球化处理得到的，简称球铁。球墨铸铁是各种铸铁中力学性能最好的，其强度、塑性、韧性高，性能可与钢媲美。球墨铸铁铸造性好，成本低廉，生产方便，广泛应用于农业机械、汽车、机床、冶金及化工等部门，通过热处理可进一步提高力学性能。通常所谓的"以铁代钢，以铸代锻"，主要是指球墨铸铁。

### 9.3.1 球墨铸铁的组织

球墨铸铁是在浇注前向铁液中加入一定量的球化剂（稀土镁合金）使铸铁中的石墨呈球状，然后在出铁液时加入孕育剂（硅铁、硅钙合金）促进石墨化而获得的。由于球化剂中的镁能强烈阻碍石墨化过程，所以为了避免出现白口铸铁组织，并得到细小、均匀分布的球状石墨，球化处理后必须再进行孕育处理。与灰铸铁相比，球墨铸铁对铁液的成分要求较严，其碳、硅含量较高，而硫、磷的含量要严格控制，这样有利于石墨球化。

球墨铸铁的组织由基体组织和球状石墨组成。不同的热处理方式，球墨铸铁可获得铁素体、铁素体+珠光体、珠光体和下贝氏体等不同的基体组织，也可以获得马氏体、托氏体、索氏体等基体组织。图9-7所示为几种不同基体的球墨铸铁的显微组织。

### 9.3.2 球墨铸铁的性能

与灰铸铁的片状石墨相比，球状石墨对基体的割裂作用大大减小，能充分发挥基体的作用，造成的应力集中明显减小，基体的有效承载面积可达70%~90%（灰铸铁为30%~50%）。球墨铸铁的抗拉强度、疲劳强度、塑性和韧性均高于其他铸铁。

球墨铸铁热处理后的抗拉强度可达700~900 MPa（灰铸铁最高只有400 MPa），特别是其屈强比大约是一般结构钢的2倍。因此，可以用球墨铸铁代替铸钢来制造承受静载的零件，从而减轻机器质量。另外，其疲劳强度可接近一般中碳钢。

球墨铸铁的塑性、韧性主要取决于球墨的大小和基体组织，球墨直径越小其性能越好；铁素体球墨铸铁的伸长率为珠光体球墨铸铁的5倍以上，回火马氏体基体的球墨铸铁具有高的强度和硬度，下贝氏体基体的球墨铸铁具有良好的综合力学性能。

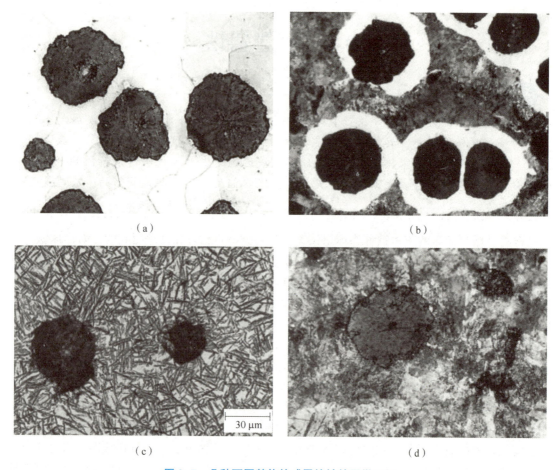

图 9-7 几种不同基体的球墨铸铁的显微组织

(a) 铁素体球墨铸铁;(b)(铁素体+珠光体)球墨铸铁;(c) 珠光体球墨铸铁;(d) 下贝氏体球墨铸铁

## 9.3.3 常用球墨铸铁的牌号及用途

球墨铸铁的牌号用"QT+两组数字"表示,"QT"是球铁二字的汉语拼音首字母,第一组数字表示最小抗拉强度值,第二组数字表示最小断后伸长率。例如:QT500-18 表示抗拉强度不小于 500 MPa,断后伸长率不小于 18% 的球墨铸铁。常用球墨铸铁的力学性能及用途如表 9-3 所示。

表 9-3 常用球墨铸铁的力学性能及用途(铸件壁厚≤30 mm)

| 牌号 | 力学性能 | | | | | 应用举例 |
|---|---|---|---|---|---|---|
| | $R_m$/MPa(min) | $R_{p0.2}$/MPa(min) | 硬度 HBW | A/% | KU/J | |
| QT400-18 | 400 | 250 | ≤179 | 18 | 48 | 汽车、拖拉机底盘零件;阀门的阀体、阀盖 |
| QT450-10 | 450 | 310 | ≤207 | 10 | 24 | |
| QT500-7 | 500 | 320 | 170~230 | 7 | — | 机油泵齿轮、井盖 |

续表

| 牌号 | 力学性能 | | | | | 应用举例 |
|---|---|---|---|---|---|---|
| | $R_m$/MPa(min) | $R_{p0.2}$/MPa(min) | 硬度 HBW | $A/\%$ | $KU/J$ | |
| QT600-3 | 600 | 370 | 190~270 | 3 | — | 柴油机、汽油机曲轴；磨床、铣床、车床的主轴；空压机、冷冻机缸体、缸套 |
| QT700-2 | 700 | 420 | 229~302 | 2 | — | |
| QT800-2 | 800 | 480 | 245~335 | 2 | — | |
| QT900-2 | 900 | 600 | 280~360 | 2 | 24 | 汽车、拖拉机的传动齿轮 |

球墨铸铁的减振作用虽然比钢好，但不如灰铸铁，而且球化率越高，减振性越差，同时铸造性能也不如灰铸铁，凝固时收缩较大。在一定条件下，可以用球墨铸铁代替铸钢、锻钢等制造载荷较大、受力复杂和要求耐磨的铸件，如大型柴油机、轧辊、内燃机曲轴、凸轮轴、汽车后桥壳、阀门、轧钢机等。

## 9.3.4 球墨铸铁的热处理

球墨铸铁的热处理方式不同，可以得到不同的基体组织，主要的热处理工艺有退火、正火、等温淬火和调质等。球墨铸铁中含硅量较高，因此其共析转变的温度升高、范围较宽，C 曲线显著右移，临界冷却速度明显降低，淬透性增大，很容易实现油淬和等温淬火。

### 1. 退火

退火是为了使球墨铸铁得到铁素体基体，提高韧性，改善切削加工性，消除铸造应力。退火有低温退火和高温退火两种方式。

当基体组织为铁素体+珠光体+石墨时，必须进行低温退火，将工件加热到 700~760 ℃，保温 3~6 h，随炉冷却至 600 ℃左右出炉空冷，可使珠光体中的渗碳体分解。

当基体组织为铁素体+珠光体+石墨+自由渗碳体时，必须进行高温退火，将工件加热到 900~950 ℃，保温 2~5 h，随炉冷却至 600 ℃左右出炉空冷。

### 2. 正火

正火是为了使球墨铸铁得到珠光体基体，细化组织，提高强度和耐磨性。正火有低温正火和高温正火两种方式。

低温正火是将铸件加热到 840~860 ℃，保温 1~4 h，出炉空冷，得到珠光体+铁素体基体组织。

高温正火是将铸件加热到 880~920 ℃（若组织中有渗碳体，应加热至 950~980 ℃），保温 1~3 h，出炉空冷，得到珠光体基体组织；其强度比低温正火得到的组织略高，但塑性和韧性较差。对于厚壁铸件，为了获得珠光体基体，应进行风冷或喷雾冷却。

### 3. 等温淬火

等温淬火后可以提高球墨铸铁的强度、硬度、塑性和韧性，即提高了综合力学性能。等温淬火是将铸件加热到 860~920 ℃，保温后迅速进行 250~350 ℃左右的盐浴冷却并保温（等温处理），然后空冷，因为应力不大，所以可以不进行回火处理。等温淬火后得到下贝氏体+球状石墨+少量残留奥氏体组织，抗拉强度可达 1 200~1 600 MPa，硬度达 38~50 HRC。但盐浴冷却能力有限，故一般只能用于截面尺寸不大的齿轮、滚动轴承套圈、曲轴、凸轮轴等零件。

**4. 调质**

调质处理可提高球墨铸铁零件，如连杆、曲轴等的综合力学性能。其工艺为：加热到850~900 ℃，使基体转变为奥氏体，在油中淬火得到马氏体，然后经550~600 ℃回火，获得回火索氏体+球状石墨，硬度为250~380 HBW，具有良好的综合力学性能。表面要求耐磨的零件可以再进行表面淬火及低温回火。

一些受力复杂、截面尺寸较大的铸件（如曲轴、连杆等）要求有较高的综合力学性能，通常采用调质处理，即将铸件加热至850~900 ℃保温，油冷，然后在550~620 ℃进行高温回火，获得回火索氏体+球状石墨组织，综合力学性能良好，硬度为250~380 HBW。

除了上述的热处理工艺外，球墨铸铁还可进行渗氮、离子渗氮、渗硼等表面强化处理。

球墨铸铁的力学性能优于灰铸铁，接近于碳钢，广泛用于制造各种受力复杂及强度、韧性和耐磨性要求较高的零件，如柴油机的曲轴、轮机、连杆，拖拉机的减速齿轮，大型冲压阀门，轧钢机的轧辊。图9-8所示为球墨铸铁的应用实例。

图9-8 球墨铸铁的应用实例
（a）井盖；（b）曲轴

## 9.4 蠕墨铸铁

**情景导入**

1947年，英国人莫罗（H. Morrogh）在研究用铈处理球墨铸铁（简称球铁）的过程中发现了蠕虫状石墨。由于莫罗当时及后来的研究工作主要集中在怎样得到球状石墨及其性能上，因此蠕虫状石墨被认为是处理球铁失败的产物。1955年，美国人伊斯蒂斯（J. W. Estes）和斯奇内登温德（R. Schneidenwind）首次提出建议，采用蠕墨铸铁（简称蠕铁）；1966年，又有斯切尔伦（R. D. Schelleng）继续提出应用蠕铁。

美国在1965年的一项专利中提到，通过加入一种合金使铁液含镁0.05%~0.06%、钛0.15%~0.50%、稀土金属0.001%~0.015%，就能得到蠕虫状石墨组织。到1976年，美国富特（Foote）矿业公司将这些元素按一定比例配成Mg-Ti系合金，作为商品供应市场，称为"Foote"合金，因此，蠕铁在工业上有了较多的应用。

20世纪60年代，奥地利人研究了稀土对铁液的影响，从中得到了生产蠕铁的可靠方法，于1968年获得奥地利专利。20世纪60年代，中国的学者在高碳铁液中加入稀土硅铁合金，发现其中部分试样的宏观断口呈"花斑"状，石墨为蠕虫状，其性能超过中国标准中HT300的指标。鉴于当时国内高级灰铸铁生产中废钢来源短缺，于是不加废钢，仅用稀土硅铁合金直接处理冲天炉高碳铁液来生产高级灰铸铁件，就成为当时研究的出发点。在试验过程中发现，具有蠕虫状石墨的铸铁，其强度大幅度提高，从而获得了不加废钢的高强度灰铸铁。由于上述高级灰铸铁是用稀土处理而得到，因此曾先后将其命名为稀土高牌号灰铸铁、稀土（灰）铸铁等。

从1965年开始，中国才有意识地把含有蠕虫状石墨作为新型工程材料来研究和应用。20世纪70年代末期，根据光学显微镜下看到的石墨形貌，并为与国外命名力求统一，因此中国把它称为蠕虫状石墨铸铁，又称蠕墨铸铁。1977年，第44届国际铸造年会上成立了"蠕虫状石墨铸铁委员会"，同时也统一规定这种铸铁的名称为"紧密式蠕虫状石墨铸铁"。

蠕墨铸铁是在一定成分的铁液中加入适量的蠕化剂所获得的形似蠕虫状石墨组织的铸铁。蠕虫状石墨曾被认为是球化不良的缺陷形式。20世纪60年代中期，蠕墨铸铁性能上的优势才被认识到，并于近些年迅速发展起来。

## 9.4.1 蠕墨铸铁的组织

蠕墨铸铁的成分要求和球墨铸铁的成分要求相似，是高碳、高硅的共晶或过共晶合金，且低硫、低磷，其组织一般由基体+蠕虫状石墨组成。基体组织有铁素体（较为多见）、铁素体+珠光体、珠光体三种，如图9-9所示。铸态蠕墨铸铁较倾向于生成铁素体，因此要获得珠光体基体组织，需要加入 Cu、Cr、Mn、Mo、Sn 等珠光体稳定元素。

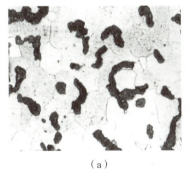 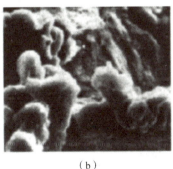 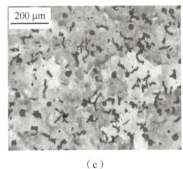

(a) (b) (c)

**图9-9 蠕墨铸铁的显微组织**
(a) 铁素体基体；(b)（铁素体+珠光体）基体；(c) 珠光体基体

在符合成分要求的铁液中加入蠕化剂（稀土镁钛合金等）和孕育剂，就能获得形似蠕虫状的高强度蠕墨铸铁。蠕虫状石墨形态介于片状和球状之间，在光学显微镜下是互不相连、短而厚的片状，头部较圆，形似蠕虫状，所以认为其是介于片状与球状的一种过渡性石墨。蠕化处理工艺比较严格，如果蠕化处理不足，则会生成片状石墨而成为灰铸铁；如果蠕化处理过度,则会使石墨球化而成为球墨铸铁。

## 9.4.2 蠕墨铸铁的性能

由于蠕虫状石墨介于片状和球状石墨之间,因此蠕墨铸铁的组织和性能介于灰铸铁和球墨铸铁之间,具有良好的综合性能,其强度较好,具有一定的韧性和耐磨性,且具有良好的铸造性和导热性。蠕墨铸铁力学性能优于灰铸铁,但低于球墨铸铁;但其铸造性、减振性、耐热性及可加工性能接近于灰铸铁,均比球墨铸铁好。蠕墨铸铁抗拉强度和塑性随基体的不同而不同,铁素体量越多,珠光体量越少,则强度越低而塑性越高。蠕墨铸铁通常用于制造形状复杂、组织致密或高温下工作的铸件,如钢锭模、排气管、柴油机气缸盖、液压阀的阀体等。

## 9.4.3 蠕墨铸铁的牌号及用途

蠕墨铸铁的牌号用"RuT+数字"表示,表示方法与灰铸铁相似。"RuT"是"蠕铁"的汉语拼音缩写,数字表示最小抗拉强度值。例如:RuT430 表示最小抗拉强度为 430 MPa 的蠕墨铸铁。常用蠕墨铸铁的力学性能及用途如表 9-4 所示。

表 9-4 常用蠕墨铸铁的力学性能及用途

| 牌号 | 力学性能 | | | | 用途 |
| --- | --- | --- | --- | --- | --- |
| | $R_m$/MPa | $R_{p0.2}$/MPa | 硬度 HBW | $A$/% | |
| RuT300 | 300 | 210 | 140~210 | 2.0 | 钢锭模、排气管、气缸盖、液压件、变速器箱体、纺织机零件等 |
| RuT350 | 350 | 245 | 160~220 | 1.5 | 大型变速器箱体、飞轮、重型机床件、起重机卷筒等 |
| RuT400 | 400 | 280 | 180~240 | 1.0 | 制动盘、活塞环、气缸套、钢珠研磨盘、吸淤泵体等 |
| RuT450 | 450 | 315 | 200~250 | 1.0 | |
| RuT500 | 500 | 350 | 220~260 | 0.5 | 高载荷内燃机气缸体、气泵套等 |

图 9-10 所示为蠕墨铸铁的应用实例。

图 9-10 蠕墨铸铁的应用实例
(a)制动鼓;(b)齿轮泵壳体

## 9.4.4 蠕墨铸铁的热处理

蠕墨铸铁的热处理主要是为了调整其基体组织来获得不同的力学性能。

蠕墨铸铁退火是为了获得铁素体基体（85%以上）或消除薄壁处的游离渗碳体；正火是为了增加珠光体基体的含量来提高强度和耐磨性。

# 9.5 可锻铸铁

**情景导入**

中国是生产可锻铸铁历史最悠久的国家之一，早在战国初期就出现了用热处理方法使白口铸铁中与铁化合的碳成为石墨析出而获得韧性铸铁的工艺。在河南洛阳出土的战国初期经退火表面脱碳的钢面白口铁锛，是当时已有退火操作的证明。在这基础上延长退火时间就可以生产韧性（可锻）铸铁。这一发明使铸铁在当时得以大量、广泛用于军事和农业生产。《孟子》记载了孟轲（约公元前372—公元前289年）的话"许子以铁耕乎?"反映了公元前4世纪铸铁农具正在推广。公元1720—1722年，法国人雷奥米尔发明了后来通常被称为"欧洲法"的白心可锻铸铁生产方法。1982年，美国人塞斯博登通过偶然的热处理，把白口铸铁中的$Fe_3C$进行了分解，使之析出团絮状石墨+金属基体（铁素体或珠光体）。他当时得到的可锻铸铁是铁素体基体的（黑心可锻铸铁）。这种方法通常称为"美国法"。

可锻铸铁俗称玛铁，是将白口铸铁进行石墨化退火而获得的铸铁，其石墨呈团絮状。可锻铸铁具有一定的塑性和韧性，但并不可锻造。

## 9.5.1 可锻铸铁的组织

可锻铸铁的生产是先铸造白口铸铁，然后进行长时间的石墨化退火，使白口铸铁中的渗碳体分解为团絮状石墨，退火时间长，生产率低，能耗大，成本较高。为了保证铸件浇注后获得白口铸铁组织，可锻铸铁中碳、硅含量不能太高，否则浇注后将得到麻口铸铁、灰口铸铁组织。但是碳、硅含量也不能太低，否则会延长石墨化退火周期，降低生产率。碳、硅的大致范围：$w_C$=2.0%~2.6%、$w_{Si}$=1.1%~1.6%。为了缩短石墨化退火周期，浇注前常常加入少量孕育剂。

因为退火工艺不同，所以可锻铸铁的基体组织有铁素体和珠光体两种。其中，铁素体可锻铸铁又称黑心可锻铸铁，其心部析出石墨而呈黑色，表层因退火脱碳而呈灰白色。以上两种基体可锻铸铁的显微组织如图9-11所示。

## 9.5.2 可锻铸铁的性能及用途

可锻铸铁中的石墨为团絮状，减轻了对基体的割裂作用和应力集中效应。与灰铸铁相比，可锻铸铁有较高的强度，一定的塑性与韧性，特别是低温冲击性能较好，但铸造性能

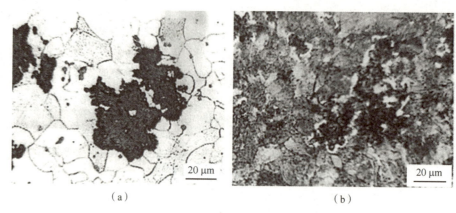

图 9-11 可锻铸铁的显微组织
(a) 铁素体基体；(b) 珠光体基体

差；其切削加工性能与灰铸铁接近，但比钢和球墨铸铁好，耐磨性和减振性优于普通碳钢。可锻铸铁常用来制造形状复杂、承受冲击和振动、薄壁（壁厚小于 25 mm）的中小型铸件，如曲轴、连杆、汽车和拖拉机的转向机构、钢板弹簧支座、低压阀门、管件，以及农机、农具零件等。近年来，可锻铸铁部分地被球墨铸铁所取代，但因其具有质量稳定、铁液处理简单等优点，在一些大批量、形状复杂、薄壁小铸件的生产中仍有应用。

### 9.5.3 可锻铸铁的牌号

可锻铸铁的牌号用 "KTH 或 KTZ +两组数字" 表示，"KT" 是 "可铁" 二字汉语拼音的首字母，"H" 表示黑心可锻铸铁，"Z" 表示珠光体可锻铸铁。两组数字分别表示最小抗拉强度和最小断后伸长率。例如：KTH300-10 表示最小抗拉强度为 300 MPa，最小断后伸长率为 10% 的黑心可锻铸铁（铁素体可锻铸铁）。

我国生产的可锻铸铁主要以铁素体可锻铸铁为主。铁素体可锻铸铁具有一定的强度、较高的塑性和韧性，主要用于承受冲击载荷和振动的铸件。珠光体可锻铸铁具有较高的强度、硬度和耐磨性，但塑性和韧性较差，主要用于要求强度、硬度和耐磨性高的铸造零件。

可锻铸铁性能优于灰铸铁，在铁液处理、质量控制等方面优于球墨铸铁，故常用于制作截面薄、形状复杂、强韧性要求较高的零件，如低压阀门、管接头、曲轴、连杆、齿轮等。常用可锻铸铁的试样直径、力学性能及用途如表 9-5 所示。

表 9-5 常用可锻铸铁的试样直径、力学性能及用途（摘自 GB/T 9440—2010）

| 牌号 | 试样直径 $d$/mm | 力学性能 | | | | 用途 |
|---|---|---|---|---|---|---|
| | | $R_m$/MPa | $R_{p0.2}$/MPa | 硬度 HBW | $A$/% | |
| KTH300-06 | 12 或 15 | 300 | — | ≤150 | 6 | 强度适中，冲击韧性较高，主要用来制造承受冲击、振动和扭转载荷的零件等 |
| KTH330-08 | 12 或 15 | 330 | — | | 8 | |
| KTH350-10 | 12 或 15 | 350 | 200 | | 10 | |
| KTH370-12 | 12 或 15 | 370 | — | | 12 | |

续表

| 牌号 | 试样直径 $d$/mm | 力学性能 $R_m$/MPa | $R_{p0.2}$/MPa | 硬度 HBW | $A$/% | 用途 |
|---|---|---|---|---|---|---|
| KTZ450-06 | 12 或 15 | 450 | 270 | 150~200 | 6 | 强度大，硬度高，韧性较低，耐磨性与可加工性较好，可代替低碳、中碳、低合金钢及有色合金，用来制造较高强度和耐磨性的零件，如齿轮、曲轴、连杆、摇臂等 |
| KTZ550-04 | 12 或 15 | 550 | 340 | 180~230 | 4 | |
| KTZ650-02 | 12 或 15 | 650 | 430 | 210~260 | 2 | |
| KTZ700-02 | 12 或 15 | 700 | 530 | 240~290 | 2 | |

图 9-12 所示为可锻铸铁的应用实例。

图 9-12 可锻铸铁的应用实例
(a) 管件；(b) 悬垂线夹

## 9.6 合金铸铁

为了满足生产中对于铸铁的各种各样的特殊性要求（如耐热、耐磨、耐蚀及其他特殊性能），在灰铸铁或球墨铸铁中加入一些合金元素，使铸铁具有某些特殊性能，这些铸铁称为合金铸铁，或称特殊性能铸铁。与相似条件下使用的合金钢相比，合金铸铁熔炼简便、使用性能良好、成本低，但其力学性能不如合金钢，且脆性较大。

### 9.6.1 耐热铸铁

耐热铸铁是指具有抗高温氧化性能和抗热生长能力的铸铁。

普通铸铁在450 ℃以上会发生表面氧化，还会出现热生长现象，即体积胀大且不可逆，严重时可胀大10%左右，这主要是因为氧化性气体沿石墨边界和裂纹渗入内部形成氧化物；同时，渗碳体高温分解出的石墨也是密度小、体积大。热生长会导致铸件失去精度，产生微裂纹。

耐热铸铁是在普通铸铁中加入了Si、Al、Cr等合金元素，高温下会在表面形成一层致密的氧化膜，保护内部不被氧化，同时提高铸铁的临界点，减少因相变体积变化产生显微裂纹。球状石墨互不相连，不容易形成让氧化性气体渗入铸铁的通道。

耐热铸铁可以代替耐热钢制造加热炉底板、热交换器、坩埚及压铸模等，其牌号用"HTR""QTR"表示，"H"表示灰铸铁，"Q"表示球墨铸铁。

### 9.6.2 耐磨铸铁

为了提高铸铁耐磨性，加入 Cu、Mo、Cr、Mn、Ni、P 等合金元素的铸铁称为耐磨铸铁。

耐磨铸铁主要有两种：一种是在润滑条件下工作的减摩铸铁，具有较小的摩擦因数，最好是软的基体组织+硬骨架。软基体磨损后形成沟槽，可以储存润滑油，硬骨架用来承受压力。为了改善耐磨性，可以提高铸铁的含磷量，形成断续网状分布的磷共晶体作硬骨架，有利于铸铁耐磨性的提高。此外，还可以加入 Cr、Mo、W、Cu 等合金元素改善组织，强化基体，也可大大改善铸铁的耐磨性。

另一种是在无润滑、干摩擦条件下工作的耐磨铸铁，有均匀高硬度组织和一定的韧性，如高铬白口铸铁、中锰球墨铸铁、低合金白口铸铁和冷硬铸铁等，可用来制造破碎机、犁铧、轧辊和球磨机零件等。

### 9.6.3 耐蚀铸铁

普通铸铁因为组织中的石墨、渗碳体、铁素体等电极电位不同，容易形成微电池，耐蚀性较差。为了提高耐蚀性，通常加入 Si、Cr、Al、Mo、Cu、Ni 等合金元素，在铸件表面形成致密稳定的氧化膜，并提高铸铁基体的电极电位，进而提高铸铁的耐蚀能力。在铸铁中加入 Si、Cr、Al 等元素，还可使它们在铸铁表面生成牢固而致密的保护膜。耐蚀铸铁广泛应用于化工部门，如制造管道、阀门、耐酸泵等，常用的有高硅耐蚀铸铁、高硅铝耐蚀铸铁、高铝耐蚀铸铁、高铬耐蚀铸铁等。

## 本章小结

1. 铸铁是碳的质量分数大于 2.11% 的铁碳合金。碳化物和游离的石墨是碳在铸铁中的两种存在形式，按碳的存在形式将铸铁分为白口铸铁、灰口铸铁和麻口铸铁；按石墨形态和生产方法将灰口铸铁分为灰铸铁、蠕墨铸铁、球墨铸铁、可锻铸铁；按化学成分将铸铁分为普通铸铁和合金铸铁。

2. 碳在铸铁中的主要存在形式是石墨，控制铸铁结晶时的石墨化程度，可获得各种不同金属基体的铸铁组织。铸铁的组织可以看成是工业纯铁或钢的基体上分布着石墨夹杂物。

3. 铸铁的化学成分和结晶过程中的冷却速度是影响石墨化的内、外因素。碳和硅是强烈促进石墨化元素。一般铸件冷却速度越慢，石墨化进行得越充分；冷却速度快时，碳原子很难扩散，石墨化进行困难。

4. 铸铁的牌号以"HT""QT""KT""RuT"开头，要认清。不同类型的铸铁有不同的性能和用途，根据零部件的工作条件和技术要求，可合理地选择铸铁类型及其处理工艺，如表 9-6 所示。

表 9-6 常用铸铁的种类、特性和用途

| 名称 | 组织 | 生产工艺 | 热处理 | 牌号举例 | 应用实例 |
|---|---|---|---|---|---|
| 灰铸铁 | 基体（F、P、F+P）+片状石墨 | 液态金属石墨化+孕育处理 | 去应力退火或消除铸件白口铸铁组织的退火，正火，表面淬火 | HT150、HT200 | 机床床身、支架、气缸体 |
| 球墨铸铁 | 基体（F、P、F+P、B、M）+球状石墨 | 液态金属石墨化+球化处理+孕育处理 | 可进行各种热处理 | QT500-7、QT700-2 | 井盖、凸轮轴、柴油机曲轴 |
| 可锻铸铁 | 基体（F、P）+团絮状石墨 | 浇注成白口铸铁+石墨化退火 | 石墨化退火 | KTH300-06、KTZ450-06 | 车轮后桥外壳、管接头 |
| 蠕墨铸铁 | 基体（F、P、F+P）+蠕虫状石墨 | 液态金属石墨化+蠕化处理+孕育处理 | 同灰铸铁 | RuT420 | 制动鼓、钢锭模、玻璃模具 |

练习题

参考答案

# 第 10 章　有色金属及其合金

【知识目标】
1. 掌握常用有色金属及其合金的成分、牌号、种类、性能特点及应用范围。
2. 掌握有色金属及其合金的热处理原理和工程意义。

【能力目标】
1. 能正确辨识有色金属及其合金。
2. 能够根据使用要求合理选择有色金属及其合金。

## 10.1　铝及铝合金

> **情景导入**
>
> 铝（Aluminium）的英文名出自明矾（alum），即硫酸复盐 $KAl(SO_4)_2 \cdot 12H_2O$。史前时代，人类已经使用含铝化合物的黏土（$Al_2O_3 \cdot 2SiO_2 \cdot 2H_2O$）制成陶器。铝在地壳中的含量仅次于氧和硅，位列第三。但由于铝化合物的氧化性很弱，铝不易从其化合物中被还原出来，因此迟迟不能分离出金属铝。在 19 世纪人类掌握分离和生产纯铝的技术后，随着科技的发展，铝应用于人类生活的方方面面，如今我国已经成为全球最大的铝材生产国和消费国。大型交通运输用铝材为中国高铁成为中国高端制造名片做出了重要贡献，航空、汽车用铝材开发也取得积极进展。下面我们来了解铝的相关知识。

金属通常分为黑色金属和有色金属，Fe、Cr、Mn 等属于黑色金属，除此以外的其他金属统称为有色金属，如 Al、Cu、Ti、Mg、Zn、Sn、Pb 等。有色金属具有钢铁材料所不具备的特殊性能，如密度小、比强度大、耐蚀、耐磨等。有色金属在现代工业中占有十分重要的地位，是航空航天、石化、电力、计算机、汽车、航海及核能等部门重要的战略物资和工程材料。而且随着工业的发展，有色金属的地位会越来越高。有色金属中应用较多的是铝、铜、钛、镁、轴承合金等。

铝及其合金性能优良,应用极广,是工业(特别是航空、航天)中用量最大的有色金属,其年产量仅列铁之后,居第二位。铝的使用是 100 多年前才开始的,比铜和铁晚很多。工业上实际应用的主要是工业纯铝及铝合金。

## 10.1.1 工业纯铝

### 1. 工业纯铝的性能和用途

按含铝质量分数的多少,铝可分为高纯铝、工业高纯铝和工业纯铝,纯度依次降低。高纯铝含铝质量分数为 99.93%~99.996%,主要用于科学试验、化学工业和其他特殊领域;工业高纯铝含铝质量分数为 99.85%~99.9%;工业纯铝含铝质量分数为 98.0%~99.7%。

工业纯铝,简称纯铝,银白色,面心立方晶格,无同素异构转变,无磁性,因此其热处理机理与钢不同;铝的熔点为 660 ℃,密度只有 2.7 g/cm³(约为铁的 1/3),导电、导热性好(仅次于银和铜,导热性约为铁的 3 倍)。

纯铝的化学性质活泼,极易被氧化,会在表面生成一层很薄的、致密的、稳定的氧化膜,可以保护内部金属不被氧化,因此在大气和淡水中铝有良好的耐蚀性,但不耐碱、酸、盐的腐蚀。

纯铝的强度较低($R_m = 80~100$ MPa),塑性很好($A = 35\%~50\%$),在低温下,甚至在超低温下都具有良好的塑性和韧性(-253~0 ℃,其塑性和冲击韧性也不降低)。纯铝一般不宜直接用作结构材料,其不能通过热处理强化,只能通过冷变形(加工硬化)来提高强度,但冷变形又会导致塑性下降,故纯铝通常通过合金化来提高强度($R_m = 500~600$ MPa)。此外,纯铝的工艺性能优良,其铸造、切削性能好。

工业纯铝的用途非常广泛,可以作配制铝合金的原料、铝合金的包覆层;可以制成各种管、线、板、棒、型材等代替工业纯铜来制造电气元件、电缆及换热器件;可以用来制造强度要求不高、质轻、导热导电性好、耐大气腐蚀的电器;可以制成烟、糖、茶等的包装用品;可进行气焊、氩弧焊、点焊。

### 2. 工业纯铝的牌号

工业纯铝分为铸造纯铝(未压力加工)和变形铝(压力加工)两种。铸造纯铝的牌号是"Z+Al+数字(铝含量)",如 ZAl99.3 表示 $w_{Al} = 99.3\%$ 的铸造纯铝。国标规定,铝的质量分数不低于 99.00% 的纯铝,其牌号用四位字符体系的方法命名,即用 1×××表示,牌号的最后两位数字表示铝的最低质量分数(百分数)×100 后的小数点后面两位数字;牌号第二位的字母表示原始纯铝的改型情况,如字母 A 表示原始纯铝。例如:1A30 表示 $w_{Al} = 99.30\%$ 的原始纯铝。若为其他字母(B~Y),则表示原始纯铝的改型,与原始纯铝相比,其元素含量略有改变。

## 10.1.2 铝合金

为了使铝合金具有高强度,以及良好的耐蚀性和工艺性,最有效的方法是在纯铝中加入适量的合金元素,主加元素有 Si、Cu、Mg、Zn、Fe、Mn 等,辅加元素有 Cr、Ti、Zr、B、Ni 和稀土元素等。

根据成分和加工工艺特点的不同，铝合金可分为变形铝合金和铸造铝合金两大类。

### 1. 变形铝合金

图 10-1 中，$D$ 点成分以左的合金为变形铝合金，当加热至固溶线 $DF$ 以上时，能形成单相固溶体 α，其塑性较高，宜于压力加工。变形铝合金也分为两类：一类是图中成分在 $F$ 点以左的合金，其固态组织不随温度变化，始终是单相，不能进行热处理强化，故称为不可热处理强化的铝合金；另一类是成分在 $F$ 和 $D$ 点之间的铝合金，合金元素的溶解度随温度变化，可通过热处理强化，故称为可热处理强化的铝合金。

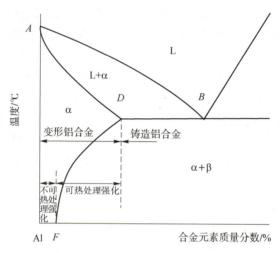

图 10-1 二元铝合金的一般相图

变形铝合金一般先铸成铝锭，然后进行压力加工制成管材、带材、棒材、板材、线材等。

### 2. 铸造铝合金

图 10-1 中，$D$ 点成分以右的合金为铸造铝合金，其在液态时发生共晶转变，液态流动性好，适合铸造。铸造铝合金中，α 固溶体成分随温度而变化，可以通过热处理进行强化。

不同的合金元素在铝基固溶体中的最大溶解度也不同，随着温度变化，合金共晶点的位置也各不相同。

> **小资料**
>
> 20 世纪前，因为对铝合金的强化方法认识不清，铝合金的大规模应用受到了限制。1906 年，德国科学家威尔姆打算观察热处理对一种含铜、镁的铝合金的影响。但威尔姆发现，热处理后的合金并不如他所希望的那样硬化，便把合金随手扔在了一边。几天后，威尔姆不甘心，决定对这块合金做进一步的研究实验，于是又捡起那块合金。结果，威尔姆吃惊地发现，这块几天前处理过的合金竟然在时间老人的手下，强度和硬度大大增强。威尔姆由此发现时效硬化现象，并成功制得硬铝。

### 3. 铝合金的时效强化

（1）时效强化

铝合金热处理强化机理与钢截然不同，铝合金是通过控制第二相的析出过程来改变其性能，钢是通过控制同素异构转变来改变其性能。可热处理强化的铝合金的热处理方法：固溶处理+时效,这是铝合金强化的重要手段。

固溶处理(俗称淬火)是把铝合金加热到固溶线以上(α相区),保温后快速冷却,使第二相来不及析出,得到过饱和的、不稳定的单相α固溶体。由于第二相β(脆硬相)消失,过饱和α固溶体的强化作用有限,固溶处理后铝合金的强度、硬度没有明显提高,而塑性却有明显提高,因此可以进行冷压成型。

时效强化或称为时效,是将固溶处理后的铝合金放置在室温下或加热到某一温度时,第二相会从过饱和固溶体中缓慢析出,使合金的强度和硬度明显升高,塑性、韧性下降。这是因为固溶处理后的过饱和α固溶体并不稳定,有逐渐向稳定组织转变的趋势。

在室温下进行的时效称为自然时效,在加热条件下进行的时效称为人工时效。图10-2所示为$w_{Cu}=4\%$的铝合金的自然时效曲线,由图可知,在最初一段时间内,自然时效对铝合金的强度影响不大,这段时间称为孕育期。孕育期可对固溶处理后的铝合金进行冷加工(铆接、弯曲、校直等)。随着时间延长,铝合金逐渐被强化,4~5 d时强度达到最大值。

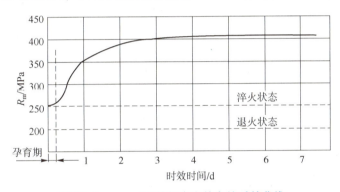

图10-2 $w_{Cu}=4\%$的铝合金的自然时效曲线

铝合金的时效强化效果还与加热温度有关,如图10-3所示。可以看出,加热温度变高,合金达到最高强度所需的时间缩短,但最高强度值却降低,强化效果不好。若人工时效时间过长或温度过高,反而会导致合金软化(强度下降),这种现象称为过时效。当时效温度在室温以下时,因为低温下原子扩散缓慢,时效过程会很慢,所以固溶处理后的过饱和固溶体保持相对的稳定性,抑制了时效的进行。例如:淬火铝合金在-50 ℃以下长期放置,其力学性能几乎不变。因此,在生产中,某些需要进一步加工变形的零件(如铆钉等)淬火后可置于低温状态下保存,这样其在需要加工变形时仍有良好的塑性。

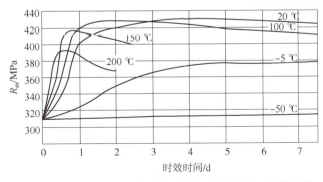

图10-3 $w_{Cu}=4\%$的铝合金在不同温度下的人工时效曲线

### (2) 回归处理

回归处理是指已强化的铝合金重新在 200~270 ℃ 的温度范围内短时间加热，保温后快速冷却至室温，其性能恢复到固溶处理后的状态。回归后的铝合金与新淬固溶处理的合金一样，仍可进行自然时效与人工时效，但其强度有所下降，耐蚀性也下降。因此，回归次数最多不超过 4 次。生产中的回归处理比较有实用意义，如零件在使用过程中发生变形，可进行回归处理。

### (3) 退火

低温退火主要是为了消除铸造时产生的应力及成分偏析，稳定组织，提高塑性，通常在 180~300 ℃ 保温后空冷，加热时间较长。

再结晶退火用于消除加工硬化，提高塑性，改善加工工艺性，以便继续进行成型加工。一般加热温度为 350~450 ℃，保温一定时间，空气冷却。

## 10.1.3 变形铝合金

变形铝合金的牌号采用四位字符体系，即用"数字+数字或字母+数字+数字"来表示。牌号中左起的第一位数字表示变形铝合金的组别，1 为纯铝，2、3、4、5、6、7、8 分别表示主加合金元素为 Cu、Mn、Si、Mg、$Mg_2Si$、Zn、其他元素。第二位数字或字母，对于纯铝(1×××)，0 表示对杂质极限含量无特殊限制，1~9 表示对杂质极限含量有特殊限制；对于铝合金（2×××~8×××），A 表示原始合金，B~Y 表示改型合金。牌号的最后两位数字，对于纯铝（1×××），表示铝含量的百分数；对于铝合金（2×××~8×××）没有特殊意义，仅用来区别同一组中的不同铝合金。例如：1035、2A04、2B50、5A02 等。常用铝及铝合金的组别如表 10-1 所示。

表 10-1 常用铝及铝合金的组别

| 组别 | 牌号系列 | 组别 | 牌号系列 |
| --- | --- | --- | --- |
| 纯铝（铝的质量分数不小于 99.00%） | 1××× | 以 Mg 和 Si 为主要合金元素，并以 $Mg_2Si$ 为强化相 | 6××× |
| 以 Cu 为主要合金元素 | 2××× | 以 Zn 为主要合金元素 | 7××× |
| 以 Mn 为主要合金元素 | 3××× | 以其他元素为主要合金元素 | 8××× |
| 以 Si 为主要合金元素 | 4××× | 备用合金组 | 9××× |
| 以 Mg 为主要合金元素 | 5××× | | |

变形铝合金按性能和用途可分为防锈铝合金、硬铝合金、超硬铝合金和锻造铝合金四种。

**1. 防锈铝合金**

防锈铝合金是耐大气、水和油等腐蚀的可压力加工铝合金，主要是 Al-Mn 系或 Al-Mg 系合金。Mn 有固溶强化、提高铝合金耐蚀能力的作用；Mg 也有强化作用，并可降低铝合金的密度，使产品更轻，但使其耐蚀性略有下降。

防锈铝合金耐蚀能力强、塑性和焊接性良好，适用于压力加工和焊接，一般只能用冷变形（加工硬化）来提高强度，不能进行时效强化，属于不能热处理强化的铝合金。

常用拉延法将防锈铝合金制成各种零部件（如油箱等）、防锈蒙皮，以及受力小、质轻、耐蚀的制品与结构件（如管道、制冷装置、车辆、窗框、铆钉、灯具等）。

Al-Mn 系合金耐蚀性和强度高于纯铝，常用于制造需要弯曲、冲压加工的高耐蚀性的薄板容器（油罐、油箱、铆钉等）。Al-Mg 系合金密度比纯铝小，强度高于 Al-Mn 系合金，广泛应用于航空工业，可制造管道、易拉罐等承受中等载荷的零件。图 10-4 所示为防锈铝合金的应用实例。

（a） （b）

图 10-4　防锈铝合金的应用实例
（a）照相机外壳；（b）易拉罐

### 2. 硬铝合金

硬铝合金主要为 Al-Cu-Mg 系合金，还含有少量的 Mn，又称杜拉铝，应用广泛，可以进行形变强化、时效强化，是可以热处理强化的铝合金。硬铝合金通过固溶处理+时效后强度显著提高，其比强度（强度与密度之比）可与高强度钢相近，简称硬铝。

合金中加入 Cu、Mg 可以形成强化相，Cu 和 Mg 总量越高（二者的比值一定），强度、硬度越高，热硬性越好（可在 150 ℃ 以下工作），但塑性、韧性越差。Mn 可以提高合金的耐蚀性，并有固溶强化的作用，但 Mn 的析出倾向小，不参与时效过程。此外，加入少量的 Ti 或 B 可细化晶粒和提高合金强度。

硬铝的耐蚀性远不如纯铝，且不耐海水腐蚀，所以硬铝板材的表面常包一层纯铝，来增加其耐蚀性。硬铝焊接性也较差，固溶处理的加热温度范围很窄，生产工艺实施困难。此外，硬铝合金人工时效比自然时效具有更大的晶间腐蚀倾向，所以除高温工作的构件外，硬铝合金一般都采用自然时效。

按 Cu、Mg 含量不同，硬铝可分为低合金硬铝、标准硬铝和高合金硬铝三种，常用的牌号有 2A01、2A02、2A11、2A12 等。

1）低合金硬铝：Cu、Mg 含量较低，强度低，塑性好，如 2A01、2A10，可采用固溶处理和自然时效提高强度和硬度，时效速度较慢，主要用于制作铆钉，常称铆钉硬铝。

2）标准硬铝：Cu、Mg 含量中等，既有较高的硬度又有足够的塑性，如 2A11，在退火态和淬火态下可进行冷弯、冲压加工；时效后强度提高，可加工性较好，主要用于制造形状复杂、载荷较低的结构零件（螺旋桨叶片、蒙皮等）。

3）高合金硬铝：Cu、Mg 含量较多，强度和硬度较高，塑性及可加工性能较差，如强度最高、使用最广的 2A12，主要用于制造飞机翼梁、翼肋、整流罩和重要的销、轴等零件。

### 3. 超硬铝合金

超硬铝合金主要为 Al-Cu-Mg-Zn 系合金，并含有少量的 Cr 和 Mn。其固溶处理+时效后强度比硬铝还高，抗拉强度达 500~780 MPa，比强度相当于超高强度钢，简称超硬铝。

超硬铝是目前室温强度最高的一类合金，其韧性储备很高，工艺性能良好，但耐蚀性较差，表面常包覆一层铝合金（$w_{Zn}=1\%$）或纯铝以提高耐蚀性。此外，超硬铝的热强性不如硬铝，当温度升高时，超硬铝中的固溶体迅速分解，强度急剧降低，因此只能在 120 ℃ 以下使用。超硬铝是飞机工业中重要的结构材料，多用来制造受力大的重要构件，如飞机的机翼大梁、接头、蒙皮、桁架、起落架和高强度的受压件等。超硬铝常用的牌号有 7A04、7A09 等。

### 4. 锻造铝合金

锻造铝合金主要为 Al-Cu-Mg-Si 系和 Al-Cu-Mg-Ni-Fe 系合金，合金元素种类多但用量少，力学性能与硬铝相近，具有良好的热塑性、耐蚀性，更适合锻造生产，简称锻铝，通过固溶处理和时效可使力学性能提高。

锻铝主要用于制造航空及仪表工业中形状复杂、比强度高、塑性高和耐热性高（200~300 ℃ 以下工作）的锻件，如各种叶轮、框架、内燃机的活塞及气缸等。锻铝常用的牌号有 6A02、2A50、2B50、2A14 等。

常用变形铝合金的化学成分、力学性能及主要用途如表 10-2 所示。

表 10-2　常用变形铝合金的化学成分、力学性能及主要用途

| 类别 | 牌号 | 化学成分/% | | | | | 力学性能 | | | 主要用途 |
|---|---|---|---|---|---|---|---|---|---|---|
| | | Cu | Mg | Mn | Zn | 其他 | $R_m$/MPa | $A$/% | 硬度 HBW | |
| 防锈铝合金 | 5A05 | 0.1 | 4.8~5.5 | 0.3~0.6 | 0.2 | — | 280 | 20 | 70 | 焊接油管、铆钉及中载零件 |
| | 5A11 | 0.1 | 4.8~5.5 | 0.3~0.6 | 0.2 | Ti：0.02~0.15 | 280 | 15 | 70 | |
| | 3A21 | 0.2 | 0.05 | 1.0~1.6 | 0.1 | Ti：0.15 | 130 | 20 | 30 | 管道、容器、铆钉、轻载零件 |
| 硬铝合金 | 2A01 | 2.2~3.0 | 0.2~0.5 | 0.2 | 0.1 | Ti：0.15 | 300 | 24 | 70 | 100 ℃ 以下工作的中载铆钉 |
| | 2A11 | 3.8~4.8 | 0.4~0.8 | 0.4~0.8 | 0.3 | Ni：0.01 Ti：0.15 | 420 | 18 | 100 | 螺旋桨叶片、铆钉等中载构件 |
| | 2A12 | 3.9~4.9 | 1.2~1.8 | 0.3~0.9 | 0.3 | Ni：0.01 Ti：0.15 | 480 | 10 | 131 | 150 ℃ 以下工作的高强度构件 |

续表

| 类别 | 牌号 | 化学成分/% | | | | | 力学性能 | | | 主要用途 |
|---|---|---|---|---|---|---|---|---|---|---|
| | | Cu | Mg | Mn | Zn | 其他 | $R_m$/MPa | A/% | 硬度 HBW | |
| 超硬铝合金 | 7A04 | 1.4~2.0 | 1.8~2.8 | 0.2~0.6 | 5.0~7.0 | Cr：0.1~0.25 | 600 | 12 | 150 | 飞机大梁、起落架、加强框等受高强度载荷零件 |
| 锻造铝合金 | 2A50 | 1.8~2.6 | 0.4~0.8 | 0.4~0.8 | 0.3 | Si：0.7~1.2<br>Ni：0.10<br>Ti：0.15 | 420 | 13 | 105 | 形状复杂的中载锻件 |
| | 2A70 | 1.9~2.5 | 1.4~1.8 | — | — | Fe：1.0~1.5<br>Ni：1.0~1.5<br>Ti：0.02~0.1 | 440 | 13 | 120 | 高温下工作的复杂构件 |

注：表中每种牌号中 Al 的含量为余量；各合金的热处理状态：防锈铝合金——退火；硬铝合金——淬火+自然时效；超硬铝合金和锻造铝合金——淬火+人工时效。

## 10.1.4 铸造铝合金

铸造铝合金应具有优良的铸造工艺性能，即好的流动性、较小的收缩性和热裂倾向等。合金成分在共晶点附近时铸造性最好，但合金组织中也会出现大量的硬脆化合物，导致合金的脆性很大。因此，实际使用的铸造铝合金并不都是共晶合金，但比变形铝合金的合金元素含量高一些。铸造铝合金比变形铝合金的组织粗大，且有严重的枝晶偏析和粗大针状物。此外，其铸件的形状一般比较复杂。因此，铸造铝合金的热处理除具有一般变形铝合金的热处理特性外，还有不同之处：铸造铝合金淬火加热温度比较高，保温时间比较长（一般为 15~20 h），从而使强化相充分溶解、消除枝晶偏析和使针状化合物"团化"；由于铸件形状复杂，壁厚也不均匀，因此为了防止淬火变形和开裂，一般在 60~100 ℃的水中冷却；为了保证铸件的耐蚀性，以及组织性能和尺寸稳定，铸件一般采用人工时效。

铸造铝合金的代号为"ZL+三位数字"。"ZL"为铸铝的汉语拼音首字母。第一位数字表示合金系别：1 表示 Al-Si 系铸造铝合金，2 表示 Al-Cu 系铸造铝合金，3 表示 Al-Mg 系铸造铝合金，4 表示 Al-Zn 系铸造铝合金；第二、三位数字表示顺序号。例如：ZL102 表示 2 号 Al-Si 系铸造铝合金。

铸造铝合金牌号用"ZAl+合金元素及其含量"表示。

按照主要合金元素的不同，铸造铝合金可分为：Al-Si 系铸造铝合金，Al-Cu 系铸造铝合金，Al-Mg 系铸造铝合金和 Al-Zn 系铸造铝合金四类。

### 1. Al-Si 系铸造铝合金

Al-Si 系铸造铝合金通常称为硅铝明，其共晶体数量越多，铸造性能越好，力学性能也越高，因此 Al-Si 系铸造铝合金是最重要的铸造铝合金。

简单硅铝明（含 Si 量为 11%~13%）的合金流动性好，铸件的热裂倾向小，耐蚀性好，线膨胀系数较低，但铸造时吸气性高，结晶时产生大量分散缩孔，使铸件的致密度下降。

简单硅铝明铸造后几乎全部是共晶组织，由粗大的针状硅晶体+α 固溶体组成，该粗大组织的抗拉强度小于 140 MPa，断后伸长率仅为 1% 左右，不能作为工业合金使用，必须采用变质处理，即在浇注前向合金液中加入一定量的变质剂（钠盐混合物），细化组织并使硅呈球状分布，显著提高合金的强度和塑性，适合铸造形状复杂、薄壁及受力不大的零件，如发动机气缸、仪表外壳等。

复杂硅铝明是指适当减少 Si 的含量并加入 Mg 和 Cu，形成 Al-Si-Mg-Cu 系多元合金，耐热性和耐磨性良好，多用于制造内燃机活塞，如图 10-5 所示。可利用固溶处理+时效的方法来提高其力学性能。常用的 Al-Si 系铸造铝合金牌号有 ZL101、ZL102、ZL104 等。

图 10-5　复杂硅铝明制造的内燃机活塞

### 小资料

常见的汽车轮毂有钢质轮毂及铝合金质轮毂。钢质轮毂的强度高，常用于大型载重汽车，但质量重，外形单一，不符合如今低碳、时尚的理念，正逐渐被铝合金轮毂替代。

A356 合金（美国铝业协会标准牌号，相当于我国的 ZL101 系列，ZAlSi7MgA）是汽车铸造铝合金轮毂的首选材质。A356 是在 Al-Si 二元合金中添加 Mg 形成的 Al-Si-Mg 系三元合金，不仅具有很好的铸造性（流动性好、线收缩小、无热裂倾向），可铸造薄壁和形状复杂的铸件，而且能进行时效强化，强化相为 Mg、Si，通过热处理可达到较高的强度、良好的塑性和高冲击韧性。

### 2. Al-Cu 系铸造铝合金

Al-Cu 系铸造铝合金是铸造耐热铝合金，强度高、耐热性好（300 ℃以下能保持较高的强度），但其耐蚀性和铸造性差，主要用于制造在较高温度下（300 ℃以下）工作的形状简单的高强零件，如内燃机气缸头（见图 10-6）、活塞等。常用的 Al-Cu 系铸造铝合金牌号有 ZL201、ZL202、ZL203 等。

### 3. Al-Mg 系铸造铝合金

Al-Mg 系铸造铝合金固溶后镁部分溶入铝，固溶强化的效果好，其密度小，强度和塑性较高，耐蚀性和可加工性优良；但铸造性差，不耐热，多用于制造承受冲击载荷、要求耐蚀、外形不太复杂的零件，如飞机、船舶、氨用泵体等。常用的 Al-Mg 系铸造铝合金牌号有 ZL301、ZL302 等。

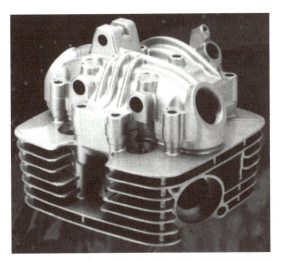

图 10-6　Al-Cu 系铸造合金制成的内燃机气缸头

### 4. Al-Zn 系铸造铝合金

Al-Zn 系铸造铝合金的强度较高，铸造性好，价格便宜，但密度大，耐蚀性较差，热裂倾向大，主要用于制作在 200 ℃ 以下工作、结构复杂的汽车及飞机零件、日用品、医疗器械等。常用的 Al-Zn 系铸造铝合金牌号有 ZL401、ZL402 等。常用铸造铝合金的力学性能、铸造方法及主要用途如表 10-3 所示。

表 10-3　常用铸造铝合金的力学性能、铸造方法及主要用途

| 类别 | 合金代号（牌号） | 力学性能 | | 铸造方法 | 主要用途 |
| --- | --- | --- | --- | --- | --- |
| | | $R_m$/MPa | $A$/% | | |
| 铝硅合金 | ZL101（ZAlSi7Mg） | 202<br>192 | 2<br>2 | 金属型<br>砂型变质 | 形状复杂的砂型、金属型和压力铸造零件，如轮毂、气缸体等 |
| | ZL102（ZAlSi12） | 153<br>133 | 2<br>4 | 砂型变质<br>金属型 | 形状复杂的砂型、金属型和压力铸造零件，如仪表壳体、活塞等 |
| | ZL108（ZAlSi12Cu2Mg1） | 192<br>251 | —<br>— | 金属型<br>金属型 | 砂型、金属型铸造，要求高温强度及低线膨胀系数的零件，如高速内燃机活塞等 |
| 铝铜合金 | ZL201（ZAlCu5Mn） | 290<br>330 | 8<br>4 | 砂型<br>砂型 | 砂型铸造在 175～300 ℃ 以下工作的零件，如气缸头、活塞、支臂等 |
| | ZL202（ZAlCu10） | 104<br>163 | —<br>— | 砂型<br>金属型 | 形状简单、表面粗糙度要求较低的中等承载零件，如气缸头等 |
| 铝镁合金 | ZL301（ZAlMg10） | 280 | 9 | 砂型 | 在大气或海水中工作的零件，承受大振动载荷、工作温度低于 150 ℃ 的零件，如雷达底座、发动机机闸、船用舷窗等 |
| 铝锌合金 | ZL401（ZAlAn11Si7） | 241<br>192 | 1.5<br>2.0 | 砂型<br>金属型 | 压力铸造的零件，工作温度不超过 200 ℃，结构复杂的汽车、飞机零件，如模具、型板和某些支架 |

> **小资料**
>
> 锂是世界上最轻的金属元素。把锂作为合金元素加到金属铝中，就形成了 Al-Li 合金（8000 系列）。加入锂之后，可以降低合金的密度，增加刚度，同时仍然保持较高的强度、较好的抗腐蚀性和抗疲劳性，以及适宜的延展性。因为这些特性，这种新型合金受到了航空、航天及航海业的广泛关注。正是由于这种合金的许多优点，吸引着许多科学家对它进行研究，Al-Li 合金的开发事业犹如雨后春笋般迅速发展起来了。
>
> 在铝合金中每加入1%的锂，可使合金密度降低3%，刚度提高6%。用 Al-Li 合金制作飞机结构材料，可使飞机减重达20%，提高了飞机的飞行速度。早在20世纪70年代，苏联就将 Al-Li 合金用于制造雅克-36飞机的主要构件，包括机身蒙皮、尾翼、翼肋等，该飞机在恶劣的海洋气候条件下使用，性能良好。Al-Li 合金被认为是21世纪航空航天及兵器工业最理想的轻质高强度结构材料。

## 10.2 铜及铜合金

> **情景导入**
>
> 铜是人类最早使用的金属。早在史前时代，人们就开始采掘露天铜矿，并用获取的铜制造武器、工具和其他器皿，铜的使用对早期人类文明的进步影响深远。铜是一种存在于地壳和海洋中的金属。铜在地壳中的含量约为0.01%，在个别铜矿床中，铜的含量可以达到3%~5%。自然界中的铜，多数以化合物即铜矿物存在。铜矿物与其他矿物聚合成铜矿石，开采出来的铜矿石，经过选矿而成为含铜品位较高的铜精矿。铜是唯一的能大量天然产出的金属，也存在于各种矿石（如黄铜矿、辉铜矿、斑铜矿、赤铜矿和孔雀石）中，能以单质金属状态及黄铜、青铜和其他合金的形态用于工业、工程技术和工艺上。
>
> 公元前3000年人类就在使用精炼的铜了。现在，其重要性仅次于铁，是人类生活中非常重要的金属原料。铜的导电性很强，仅次于银，位列第二位。在室温下，铜的导电能力是银的94%左右，而其成本却要低许多，所以在电气的配线、零件、电路、电线等方面都大量地使用铜作为原材料。

铜及其合金是人类历史上应用最早的金属，现代工业上使用的铜及铜合金，主要有工业纯铜（简称纯铜）、黄铜和青铜，白铜应用较少。

### 10.2.1 纯铜

**1. 纯铜的性能**

纯铜呈玫瑰红色，表面形成氧化膜后呈紫色，故又称紫铜。纯铜的密度为 8.96 g/cm³，熔点为 1 083 ℃，具有面心立方晶格，无同素异构转变。

纯铜具有优良的导电性、导热性，是理想的导电和导热材料；纯铜化学稳定性较高，耐大气、海水腐蚀；纯铜无磁性、无打击火花，对于制造不受磁场干扰的磁性仪器、定位仪、如罗盘、航空仪表和炮兵瞄准环等具有重要价值。

纯铜的强度、硬度不高（$R_m$=200~250 MPa，40~50 HBW），但塑性很好（$A$=40%~50%），焊接性良好，可进行各种冷热加工成型（铸、焊、切削、压力加工）等。纯铜不宜直接用作结构材料，不能通过热处理强化，只能通过冷加工形变强化。冷变形加工后，有明显加工硬化，抗拉强度提高到400~500 MPa，但塑性急剧下降到5%左右，电导率降低，如需继续冷变形，可通过退火消除加工硬化恢复塑性。

**2. 纯铜的分类、牌号及用途**

纯铜可分为未加工产品（铜锭、电解铜）和压力加工产品（铜材）两种。

未加工产品（铜锭）按其纯度高低，牌号可分为Cu-1、Cu-2、Cu-3、Cu-4四种；压力加工产品（铜材）根据杂质的含量高低，牌号可分为T1、T2、T3、T4四种。"T"为铜的汉语拼音首字母，数字越大，纯度越低。

纯铜一般不作结构材料使用，主要用于制造电线、电缆、电子元件及导热器件。纯铜的化学成分及用途如表10-4所示。

表10-4 纯铜的化学成分及用途

| 牌号 | 化学成分 | | | | 用途 |
|---|---|---|---|---|---|
| | $w_{Cu}$/%，≤ | $w_{杂质}$/%，≤ | | 杂质总质量分数/%，≤ | |
| | | Bi | Pb | | |
| T1 | 99.85 | 0.002 | 0.005 | 0.05 | 用作导电材料，配置高浓度合金 |
| T2 | 99.85 | 0.002 | 0.005 | 0.1 | 用作导电材料，制作电线电缆 |
| T3 | 99.75 | 0.002 | 0.01 | 0.3 | 一般用作铜材，制作电气开关、垫圈、铆钉等 |
| T4 | 99.50 | 0.003 | 0.05 | 0.5 | |

## 10.2.2 铜合金

纯铜的强度不高，一般不作结构材料使用，为了满足需要，常加入Zn、Sn、Al、Mn、Ni、Fe、Be、Ti、Zr、Cr等合金元素进行合金化，既提高了强度，又保持了纯铜特性。铜合金按化学成分不同可以分为黄铜、青铜和白铜三大类。

一般地，机械工业中应用较多的是黄铜、青铜，而白铜（Cu-Ni合金）主要用来制造精密机械与仪表的耐蚀件及电阻器、热电偶等。

**1. 黄铜**

黄铜是指以锌为主加元素的铜合金，Cu-Zn二元合金称为普通黄铜，在普通黄铜中再加入其他元素所形成的铜合金称为特殊黄铜。按生产方法不同，黄铜又可分为压力加工黄铜和铸造黄铜。黄铜具有良好的耐蚀性、变形加工性能和铸造性，在工业中有很强的应用价值。

压力加工黄铜的牌号用"H+数字"表示，"H"是"黄"字的汉语拼音首字母，数字表示铜的质量分数。例如：H62表示铜的含量为62%的普通黄铜。特殊黄铜的牌号用"H+主加元素的化学符号（Zn除外）+铜含量（%）-主加合金元素含量（%）"表示。例如：

HMn58-2 表示锰黄铜，其铜的含量为 58%，锰的含量为 2%，其余为锌。

铸造黄铜的牌号用"Z+Cu+合金元素符号+合金元素的质量分数"表示。"Z"是"铸"字的汉语拼音首字母。例如：ZCuZn35 表示锌的含量为 35%，其余为铜的铸造黄铜；ZCuSn10P1 表示铸造锡青铜，锡的含量为 10%，磷的含量为 1%，其余为铜。

(1) 普通黄铜

普通黄铜的强度和塑性与含锌量有很大关系，如图 10-7 所示，当 $w_{Zn}<45\%$ 时在室温下平衡有 α 和 β′ 两个基本相。α 相是锌溶于铜形成的固溶体，塑性好，适宜冷、热压力加工。β′ 相是以化合物 CuZn 为基体的固溶体，较硬脆，当加热到 456 ℃ 以上时，塑性较好，故适合热压力加工。

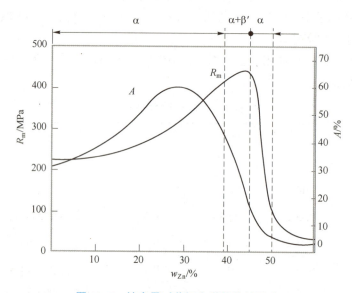

图 10-7　锌含量对黄铜力学性能的影响

黄铜的力学性能随着含锌量的增加而变化。当 $w_{Zn} \leq 32\%$ 时，组织为单相 α 固溶体，含锌量越高，其强度和塑性越高，室温组织为单相黄铜；当 $w_{Zn}=32\% \sim 45\%$ 时，组织中出现 β′ 相，塑性开始下降，强度在 $w_{Zn}=45\%$ 附近达到最大值，室温下的组织为 α+β′（双相黄铜）；当 $w_{Zn}>45\%$ 时，组织全部为 β′ 相，强度与塑性急剧下降，脆性很大，已无实用价值。因此，工业黄铜中锌的质量分数一般不超过 45%。普通黄铜的耐蚀性良好，超过铁、碳钢和许多合金钢，并与纯铜相近，可以分为单相黄铜和双相黄铜两类，单相黄铜适用于冷、热加工，而双相黄铜只能热加工。

常用的单相黄铜的牌号有 H90、H80、H70、H68 等。H90 及 H80（$w_{Zn}<20\%$）呈金黄色，故又称金色黄铜，耐蚀性、导热性和冷变形能力优良，常用于制造镀层、艺术装饰品、奖章、散热器等。H70、H68 又称弹壳黄铜，塑性很好，可进行冷、热压力加工，适用于冷冲压制造形状复杂的耐蚀零件，如弹壳、波纹管、冷凝器管等。

常用的双相黄铜的牌号有 H62、H59 等，俗称商业黄铜，强度较高，并有一定的耐蚀性，而且因含铜量少，故价格便宜。由于其高温下 β′ 相塑性好，因此可以进行热加工变形，通常是先热轧成棒材、板材，再切削加工成各种零件，如螺栓、螺母、垫圈、弹簧、管件、轴套等。

简单黄铜的显微组织如图 10-8 所示。

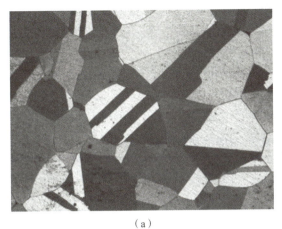
(a)

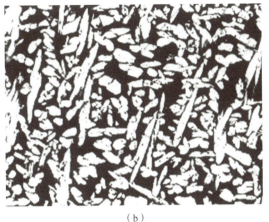
(b)

图 10-8 简单黄铜的显微组织

(a) α 单相黄铜；(b) α+β′双相黄铜

图 10-9 所示为黄铜的应用实例。

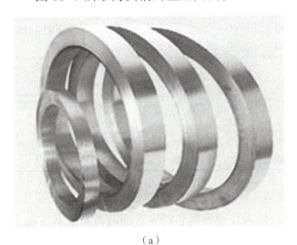
(a)

(b)

图 10-9 黄铜的应用实例

(a) 艺术造型；(b) 弹壳

（2）特殊黄铜

特殊黄铜是在普通黄铜中加入 Sn、Si、Al、Mn、Ni 等合金元素，并相应称之为锡黄铜、铝黄铜、硅黄铜和锰黄铜等。特殊黄铜均为双相黄铜，合金元素加入黄铜后，除了具有强化作用外，还可提高耐蚀性、可加工性及铸造性。其中，Sn、Al、Si、Mn 等元素可以提高特殊黄铜的耐蚀性，降低自裂倾向；Si、Pb 可以提高其耐磨性，并分别改善铸造性和可加工性。

锡黄铜中的 Sn 可显著提高耐蚀性（海洋大气和海水），使强度也有一定的提高。压力加工锡黄铜主要用于制造海船零件，故又称"海军黄铜"，典型牌号为 HSn62-1。

铝黄铜中的 Al 可以提高强度和硬度，但降低了塑性，还可以提高在大气中的耐蚀性

（表面形成保护性的氧化膜）。铝黄铜中加入适量的 Mn、Fe、Ni 后，可得到高强度、高耐蚀性的特殊黄铜，常用于制作大型蜗杆、海船用螺旋桨等零件，典型牌号为 HAl60-1-1。

硅黄铜中的 Si 能显著提高力学性能、耐磨性、耐蚀性和铸造性，可以进行焊接和切削加工，主要用于制造船舶及化工机械零件，典型牌号为 HSi65-1.5-3。

锰黄铜中的 Mn 可以提高强度，同时保持塑性，提高在海水及过热蒸汽中的耐蚀性，常用于制造海船零件及轴承等耐磨部件，典型牌号为 HMn55-5。

常用黄铜的化学成分、力学性能和用途如表 10-5 所示。

表 10-5　常用黄铜的化学成分、力学性能和用途

| 类别 | 牌号 | 化学成分/% | | 力学性能 | | | 用途 |
|---|---|---|---|---|---|---|---|
| | | Cu | Zn | $R_m$/MPa | $A$/% | 硬度 HBW | |
| 简单黄铜 | H96 | 95.0~97.0 | 余量 | 240<br>450 | 50<br>2 | 45<br>120 | 导电零件、散热器、冷凝管 |
| | H62 | 60.5~63.5 | 余量 | 330<br>600 | 49<br>3 | 56<br>164 | 螺母、垫圈、铆钉、散热器零件 |
| 特殊黄铜 | HPb59-1 | 57.0~60.0 | 余量 | 420<br>550 | 45<br>5 | 75<br>149 | 制作切削加工、热冲压零件 |
| | HMn58-2 | 57.0~60.0 | 余量 | 400<br>700 | 40<br>10 | 90<br>178 | 重要的耐蚀零件和弱电流工业件 |
| 铸造黄铜 | ZCuZn38 | 57.0~63.0 | 余量 | 295<br>295 | 30<br>30 | 59<br>69 | 一般结构件及耐蚀零件 |
| | ZCuZn31Al2 | 66.0~68.0 | 余量 | 295<br>390 | 12<br>15 | 79<br>89 | 电动机、仪表等压铸件及耐蚀件 |
| | ZCuZn16Si4 | 79.0~81.0 | 余量 | 345<br>390 | 15<br>20 | 89<br>98 | 在水、油中工作的内燃机零件、船舶零件 |

**2. 青铜**

青铜是指除黄铜和白铜以外的其他铜合金，分为普通青铜和特殊青铜两类。根据所加主要合金元素 Sn、Al、Be、Si、Pb 等，青铜又分为锡青铜、铝青铜、铍青铜、硅青铜、铅青铜等，常用的是前三种。青铜的牌号用"Q+主加元素符号及含量+其他元素的含量（%）"表示，"Q"是"青"的汉语拼音首字母。例如：QSn4-3 表示 Sn 的含量为 4%、Zn 的含量为 3% 的锡青铜。

（1）锡青铜

锡青铜又称传统青铜，以 Sn 为主加元素，是常用的有色金属之一。

锡青铜的力学性能主要与含锡量相关，如图 10-10 所示。当 $w_{Sn}<6\%$ 时，锡青铜组织为单相 α 固溶体，α 相是 Sn 溶于 Cu 形成的固溶体，塑性好，适于冷、热变形加工。当 $w_{Sn}>6\%$ 时，组织为 α+δ 共析体，δ 相是硬脆相，可以提高强度，但塑性下降，只能用于热变形加工。当 $w_{Sn}>10\%$ 时，锡青铜不能进行塑性加工，只能用于铸造。当 $w_{Sn}>20\%$ 时，强度显著下降，没有实用价值。因此，通常生产上用的锡青铜中 $w_{Sn}=3\%\sim14\%$。

锡青铜的铸造收缩率很小（小于 1%），有利于获得接近铸型的铸件，可铸造形状复杂的零件；但也由于其结晶温度范围大、流动性差、偏析倾向大，故易形成分散缩孔，使铸件

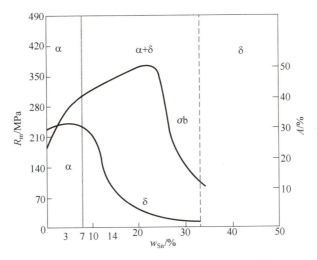

图 10-10 锡含量对青铜力学性能的影响

致密性差,在高压下容易渗漏。相比于纯铜和黄铜,锡青铜更耐大气、海水、淡水及蒸汽腐蚀,但耐酸、碱性较差。锡青铜中加入 Zn 可改善铸造性;加入少量 Pb 可提高耐磨性和可加工性;加入 P 可提高弹性极限、疲劳强度和耐磨性。锡青铜广泛用于机械、仪表、造船、化工等工业,用来制造耐磨零件,弹性元件和耐蚀、抗磁零件等,如轴承、轴套、弹簧;也可用来制造与酸、碱、蒸汽接触的,温度低于 200 ℃ 的蒸汽管和阀件。常用的锡青铜的牌号有 QSn4-3、ZCuSn10Pb1、QSn6.5-0.4 等。

> **小资料**
>
> 锡是一种稀缺元素,故现代工业上应用了许多不含锡的无锡青铜,它们不仅价格便宜,还具有所需要的某些特殊性能。无锡青铜主要有铝青铜、铍青铜、锰青铜、硅青铜等。

(2)铝青铜

铝青铜是以 Al 为主加元素的铜合金,通常 $w_{Al}=5\%\sim11\%$,是无锡青铜中应用最广泛的一种青铜。铝青铜的强度、硬度、耐磨性、耐热性、耐蚀性都比黄铜和锡青铜高,铸造性好,但焊接性差。此外,铝青铜在磨损和冲击时不产生火花,且加入 Fe、Mn、Ni 等元素可进一步提高其性能。铝青铜在结构件上应用极广,主要用于制造船舶、飞机及仪器中要求高强度、高耐磨性、高耐蚀性等复杂条件下工作的零件,如齿轮、蜗轮、轴承、轴套、摩擦片、弹簧、螺旋桨等。

铝青铜可作为锡青铜的代用品,常用的铝青铜可分为低铝青铜和高铝青铜两种。低铝青铜塑性和耐蚀性较高,且有一定的强度,可压力加工,主要用于制造高耐蚀的弹性元件,典型牌号为 QAl5、QAl7 等;高铝青铜的强度、耐磨性、耐蚀性均较高,主要用于制造齿轮、轴承、摩擦片、蜗轮、螺旋桨等,典型牌号为 QAl9-4、QAl10-4-4 等。

(3)铍青铜

铍青铜是以 Be 为主加合金元素的铜合金,$w_{Be}=1.6\%\sim2.5\%$。Be 溶于 Cu 中形成 α 固溶体,是唯一可以固溶处理+时效强化的铜合金。铍青铜在淬火状态下塑性好,可进行冷变形和切削加工。经过淬火、冷压成型和人工时效后，具有很高的强度、硬度和弹性极限，抗拉强度可达 1 250～1 500 MPa，硬度可达 350～400 HBW，远远超过其他铜合金，甚至可与高强度合金钢媲美。

此外，铍青铜还具有很高的疲劳强度、耐磨性和耐蚀性，导电、导热性极好，并有抗磁、耐寒、受冲击时不产生火花等一系列优点，主要用于制造精密仪器、仪表中重要的弹性元件和耐磨、耐蚀件，如钟表的齿轮，在高温、高压环境中高速工作的轴承，航空罗盘，电焊机电极，防爆工具等。但 Be 是稀有金属且有毒性，同时铍青铜价格昂贵，生产工艺复杂，在使用上受到了限制，一般机器制造的结构零件应尽量以铝代铜。常用的铍青铜牌号有 QBe2、QBe1.5、QBe1.7 等。

常用青铜的化学成分、力学性能和用途如表 10-6 所示。

表 10-6　常用青铜的化学成分、力学性能和用途

| 类别 | 牌号 | 化学成分/% | | 力学性能 | | | 用途 |
| --- | --- | --- | --- | --- | --- | --- | --- |
| | | 主加元素 | 其他 | $R_m$/MPa | $A$/% | 硬度 HBW | |
| 锡青铜 | QSn4-3 | Sn：3.5～4.5 | Zn：2.7～3.7<br>Cu：余量 | 350<br>350 | 40<br>4 | 60<br>160 | 弹性元件、化工设备的耐蚀、抗磁零件 |
| | QSn7-0.2 | Sn：6.0～8.0 | P：0.10～0.25<br>Cu：余量 | 360<br>500 | 64<br>15 | 75<br>180 | 承受中速中载的摩擦的零件，如轴套、蜗轮等 |
| | ZCuSn10Pb1 | Sn：9.0～11.0 | P：0.5～1.0<br>Cu：余量 | 220<br>250 | 3<br>5 | 79<br>89 | 用于高速高载工作的耐磨件，如轴瓦等 |
| 铅青铜 | ZCuPb30 | Pb：27.0～33.0 | Cu：余量 | — | — | 25 | 用于高速双金属轴瓦等减摩零件 |
| 铝青铜 | ZCuAl9Mn2 | Al：8.5～10.0<br>Mn：1.5～2.5 | Cu：余量 | 390<br>440 | 20<br>20 | 83<br>93 | 形状简单、耐磨、耐蚀的大型铸件和高气密性的铸件 |
| | QAl7 | Al：6.0～8.0 | Cu：余量 | 637 | 5 | 157 | 重要用途的弹簧和弹性元件 |
| 铍青铜 | QBe2 | Be：1.9～2.2 | Ni：0.2～0.5<br>Cu：余量 | 500<br>850 | 40<br>4 | 90<br>250 | 重要的弹簧及弹性元件、耐磨、高速、高压和高温下工作的轴承 |

### 3. 白铜

白铜是以 Ni 为主加元素的铜合金，银白色，有金属光泽。在固态下，Cu 与 Ni 能无限固溶，因此工业白铜的组织为单相 α 固溶体。

白铜中的 Ni 能显著提高其强度、硬度、耐蚀性、电阻，并降低电阻温度系数。白铜的力学性能很好，硬度高、塑性好；物理性能也很好，耐腐蚀；通过冷变形可以提高强硬度，能进行冷、热变形加工和焊接。

因为 Ni 是稀缺的战略物资，价格较贵，故白铜主要用于制造精密机械、仪表零件及医疗

器械等。常用白铜的牌号有 B5、B19、B30、BMn3-12、BMn40-1.5（康铜）、BMn43-0.5（考铜）等。

白铜的牌号用"B+数字（镍的含量）"表示；特殊白铜的牌号用"B+主加合金元素的符号+镍及各合金元素的质量分数"表示，"B"是"白"字的汉语拼音首字母。例如：BMn40-1.5表示 $w_{Ni}=40\%$、$w_{Mn}=1.5\%$ 的锰白铜。

## 10.3 钛及钛合金

> **情景导入**
>
> 钛被认为是一种稀有金属，这是由于在自然界中其存在分散并难于提取。但其含量相对丰富，在所有元素中居第十位。钛的矿石主要有钛铁矿及金红石，广布于地壳及岩石圈之中。钛亦同时存在于几乎所有生物、岩石、水体及土壤中。从主要矿石中萃取出钛需要用到克罗尔法或亨特法。钛最常见的化合物是二氧化钛，可用于制造白色颜料，其他化合物还包括四氯化钛（$TiCl_4$）（用作催化剂和用于制造烟幕作空中掩护）及三氯化钛（$TiCl_3$）（用于催化聚丙烯的生产）。
>
> 北京天安门广场西侧的国家大剧院壳体由18 000多块钛金属板拼接而成，由于大剧院外形为椭圆体、双曲面，因此每块钛金属板的形状、角度、弧度各不相同。且钛金属板经过特殊氧化处理，其表面金属光泽极具质感，多年不变颜色。

钛资源丰富，而且具有密度小、比强度高、耐热性高及耐腐蚀性强的特点，因而钛及其合金已成为航空、造船及化工工业不可缺少的材料。但由于钛在高温时异常活泼，因此钛及其合金的熔炼、浇注、焊接和热处理等都要在真空或惰性气体中进行，加工条件严格，成本较高，使它的应用受到限制。

### 10.3.1 纯钛

**1. 纯钛的性能**

钛为银白色金属，熔点高（1 688 ℃），密度为 4.507 g/cm³（比铝大）。钛具有同素异构转变，在882.5 ℃以下为密排六方晶格，用 α-Ti 表示；在882.5 ℃以上为体心立方晶格，用 β-Ti 表示。

钛的强度低、塑性好，强度约为铝的6倍，比强度在结构材料中是很高的。工业纯钛的力学性能与其纯度有很大关系，若存在 O、N、H、C 等元素，则其强度显著增加，塑性下降。

钛的耐蚀性很高，在海水、水蒸气、酸碱介质中的耐蚀性超过不锈钢和铝合金。钛是良好的耐热材料（600 ℃以下），也是良好的低温材料，能在低温（−253～−196 ℃）下保持较好的塑性和韧性，是低温容器等设备的理想材料。钛易于冷变形，常用于制造350 ℃以下强度要求不高的零件，如海水管道、船舶用零件、发动机部件、柴油机活塞、化工热交换器、搅拌器及航空零件等。

### 2. 纯钛的牌号

工业纯钛的牌号用"TA+顺序号"表示，如 TA2 表示 2 号工业纯钛，主要有 TA1、TA2、TA3、TA4 四个牌号，顺序号越大，纯度越低，强度越大，塑性越低。

## 10.3.2 钛合金

工业纯钛虽然密度小、熔点高、耐蚀性好，但其力学性能不高，不能通过热处理强化，因而应用受到限制。为了进一步提高钛的性能，常在钛中加入 Al、Sn、V、Cr、Mo、Mn 等合金元素进行强化。按热处理组织不同，钛合金可分为 α 钛合金、β 钛合金和（α+β）钛合金三类，它们的牌号分别用"TA""TB""TC"+顺序号来表示，如 TA5、TB2、TC4 等。

### 1. α 钛合金

α 钛合金具有很好的强韧性、热稳定性、热强性、铸造性和焊接性，抗氧化能力较好，但塑性较低。α 钛合金室温强度低于 β 钛合金和（α+β）钛合金，但高温强度（500~600 ℃）是三类钛合金中较高的。

α 钛合金一般用于制造使用温度不超过 500 ℃的零件，如飞机蒙皮、骨架零件，压气机叶片和管道，导弹的燃料罐，超音速飞机的涡轮机匣，火箭和飞船的高压低温容器等。常用的 α 钛合金的牌号有 TA5、TA6、TA7。

### 2. β 钛合金

β 钛合金的密度较大，耐热性和抗氧化性较差，且生产工艺复杂，所以很少使用。但 β 钛合金是体心立方结构，塑性较好，时效处理可获得很高的强度，一般用于制造在 350 ℃以下使用的结构件，如压气机叶片、轴、轮盘及航天结构件等。常用 β 钛合金的牌号有 TB2、TB3、TB4。

### 3. （α+β）钛合金

（α+β）钛合金兼有 α 钛合金和 β 钛合金的优点，塑性、耐热性和热强性（可在 400 ℃长期工作）都较好，耐海水腐蚀能力很强，生产工艺简单，可通过热处理和时效进行强化，应用比较广泛。其主要用于制造使用温度在 500 ℃以下和低温下工作的结构零件，如舰艇耐压壳体、坦克履带、大尺寸锻件、航空发动机结构件和叶片、火箭发动机外壳、火箭和导弹的液氢燃料箱部件等。常用（α+β）钛合金的牌号有 TC2、TC3、TC4 等。其中，TC4（Ti-6Al-4V）应用最广，其强度高、塑性好，适合制造在 400 ℃以下长期工作且有一定高温强度的零件，也可用于制造在低温下使用的火箭、导弹的液气燃料箱等部件。

工业纯钛和部分钛合金的牌号、热处理工艺、力学性能及用途如表 10-7 所示。

表 10-7 工业纯钛和部分钛合金的牌号、热处理工艺、力学性能及用途

| 类别 | 牌号 | 热处理 | 室温力学性能 | | 高温力学性能 | | 用途 |
| --- | --- | --- | --- | --- | --- | --- | --- |
| | | | $R_m$/MPa | $A$/% | 温度/℃ | $R_m$/MPa | |
| 工业纯钛 | TA1 | 调质 | 300~500 | 30~40 | — | — | 350 ℃以下工作，强度要求不高的零件，如人工关节 |
| | TA2 | 调质 | 450~600 | 25~30 | — | — | |

续表

| 类别 | 牌号 | 热处理 | 室温力学性能 | | 高温力学性能 | | 用途 |
|---|---|---|---|---|---|---|---|
| | | | $R_m$/MPa | A/% | 温度/℃ | $R_m$/MPa | |
| α钛合金 | TA5 | 调质 | 700 | 15 | — | — | 500 ℃以下工作的零件，如导弹燃料罐、超音速飞机的涡轮机匣 |
| | TA6 | 调质 | 700 | 10 | 350 | 430 | |
| | TA7 | 调质 | 800 | 10 | 500 | 700 | |
| β钛合金 | TB1 | 淬火<br>淬火+渗碳 | 1 100<br>1 300 | 16<br>5 | — | — | 350 ℃以下工作的零件，如压气机叶片、轴、飞机构件 |
| | TB2 | 淬火<br>淬火+渗碳 | <1 000<br>1 350 | 20<br>8 | — | — | |
| （α+β）钛合金 | TC2 | 调质 | 700 | 12~15 | 350 | 430 | 400 ℃以下工作的零件，有一定的高温强度的发动机零件，低温用部件，如人工关节 |
| | TC3 | 调质 | 900 | 8~10 | 500 | 450 | |
| | TC4 | 调质<br>淬火+渗碳 | 900<br>1 200 | 10<br>8 | 400 | 630 | |

**4. 钛合金的热处理**

钛合金的热处理与钢相似，主要有以下两种方式。

1) 退火：主要有去应力退火和高温退火两种。

大多数钛合金的去应力退火温度为450~650 ℃，保温2~12 h后空冷，主要是消除内应力；高温退火温度为650~850 ℃，冷却速度取决于钛合金的种类，主要是为了消除加工硬化和稳定组织。

2) 淬火和时效。钛合金的时效温度为450~600 ℃，主要适用于β钛合金，通常在高温β相区淬火，得到马氏体，然后时效处理，可显著提高强度，但会降低塑性。钛合金也可以通过渗氮、渗碳等处理来提耐磨性和疲劳强度。

图10-11所示为钛合金应用实例。

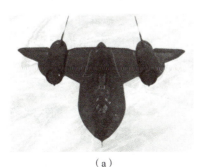
（a）

（b）

图10-11 钛合金应用实例

（a）SR-71侦察机；（b）钛合金人工关节

## 10.4　镁及镁合金

### 10.4.1　工业纯镁

镁的熔点为 651 ℃，密度为 1.738 g/cm³，是常用结构材料中最轻的金属，其密度约为铝的2/3，铁的1/4。镁的化学性质活泼，耐蚀性差，其在空气中形成的氧化膜很脆、不致密，故没有保护作用。因而，镁不耐大气、海水、无机酸及其盐类等介质的腐蚀。

镁的晶格类型为密排六方，无同素异构转变。因密排六方晶格的滑移系少，故镁的塑性很差，容易脆断。而且纯镁的强度和硬度也很低，因此一般不用作结构材料，主要用来制造镁合金、合金添加剂、焰火等。

工业纯镁的牌号用"Mg+数字"表示，数字代表镁的质量分数，如 Mg99.30。

### 10.4.2　镁合金

Mg 中主要加入 Al、Zn、Mn、Ce（铈）、Zr 等合金元素进行合金化。镁合金是最轻的结构材料，其比强度明显高于铝合金和钢；比刚度（材料的弹性模量与其密度的比值）与铝合金和钢相当，且远远高于工程塑料（约为 10 倍）。镁合金的导热性比铝合金和铜合金略低，远高于钛合金，是塑料的数百倍，比热是常用合金中最高的。镁合金的耐蚀性为铝合金的 4 倍，碳钢的 8 倍，塑料材料的 10 倍以上。

镁合金有良好的切削加工性，可回收、再生，其回收利用率高达 85% 以上，但回收利用的费用仅为相应新材料价格的 4% 左右，被称为"21 世纪的绿色工程材料"。

镁合金按成型方法可以分为变形镁合金和铸造镁合金两类，但二者没有严格的区分，某些铸造镁合金也可以作为变形镁合金使用。

在变形镁合金中，常用的是 Mg-Al-Zn 系合金与 Mg-Zn-Zr 系合金。其中，Mg-Al-Zn 系合金最常用，属于中等强度材料，具有良好的强度、塑性和耐蚀性，价格较低。Mg-Zn-Zr 系合金是高强度材料，强度高，耐蚀性好，无应力腐蚀倾向，热处理工艺简单，其变形能力不如 Mg-Al-Zn 系合金，一般通过挤压工艺生产，主要用于制造形状复杂的大型构件，如飞机上的机翼长桁、翼肋等。

为了保证金属液体具有较低的熔点、较好的流动性和较少的缩松缺陷等，铸造镁合金中合金元素的含量应高于变形镁合金。铸造镁合金一般是通过压铸工艺生产的，生产率高、精度高、铸件表面质量好、铸态组织优良，可生产薄壁及复杂形状的构件等，主要应用于汽车、摩托车、自行车、3C 产品外壳、电气构件和飞机等。

## 10.5 滑动轴承合金

> **情景导入**
>
> 大家还记得 GCr15 是什么吗？没错，是滚动轴承钢，其除用于滚动轴承之外，还常用于滑动轴承，如计算机中的风扇轴承、船用柴油机轴承、磨床主轴轴承等。那么，大家有没有听说过巴氏合金？知道它主要用来干什么吗？

### 10.5.1 滑动轴承合金

滑动轴承是许多机器设备中对旋转轴起支撑作用的重要部件。滑动轴承与滚动轴承相比，具有承压面积大、承载能力强、工作平稳、无噪声、装拆方便等优点，一般用于制造承受较大载荷、冲击和振动，精度高的零件，以及某些特殊零件，如磨床、汽车发动机、内燃机、轧钢机、大型电动机、仪表、雷达、天文望远镜等。

滑动轴承一般由轴承座和轴瓦构成，轴瓦直接与轴接触并支承着轴转动，如图 10-12 所示。当轴旋转时，轴瓦和轴发生强烈的摩擦，并承受轴颈传来的周期性载荷。为了提高轴瓦的强度、耐磨、减摩等综合性能和对轴的磨损最小，需要在轴瓦内侧浇注一层内衬（耐磨合金）。滑动轴承合金就是用来制造轴瓦及内衬的耐磨合金。轴瓦的硬度应比轴颈低得多，必要时可更换被磨损的轴瓦，而轴可以继续使用。

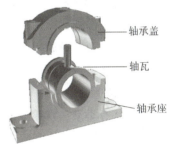

图 10-12 滑动轴承的结构

### 10.5.2 滑动轴承合金的性能要求

滑动轴承合金的性能要求如下。
1) 足够的强度、硬度和抗压强度，以减轻磨损，承受轴颈较大的压力。
2) 足够的塑性和韧性，高的疲劳强度，以承受轴颈的周期性载荷，并抵抗冲击和振动。
3) 良好的减摩性、蓄油性，保证轴承在较好的润滑条件下工作。
4) 良好的耐蚀性、导热性，较小的线膨胀系数，防止摩擦升温而与轴咬合。
5) 良好的磨合能力，与轴能较快地配合。
6) 良好的工艺性能，制造容易，价格低。

### 10.5.3 滑动轴承合金的理想组织

为满足上述性能要求，轴承合金的组织应是软硬搭配，即软基体上分布着硬质点或硬基体上分布着软质点，如图 10-13 所示。

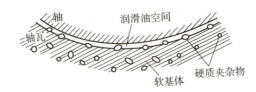

图 10-13 滑动轴承合金的理想组织示意

软基体上分布着硬质点：当轴工作时，软基体被磨损下凹，减少了轴颈与轴瓦的接触面积，有利于储存润滑油，形成连续分布的油膜；同时，软基体还能嵌藏外来硬质点，避免轴颈擦伤；能承受冲击和振动。硬质点则支承着轴颈，起承载和耐磨作用。但这类组织承受高载荷的能力差，典型的有锡基和铅基轴承合金，又称巴氏合金（Babbitt Alloy）。

硬基体上分布着软质点：对于高速、重载的场合，要求轴承有较高的强度，因此需要硬的基体来提高抗压强度，这类组织承载能力较大，但磨合能力较差，典型的有铝基和铜基轴承合金。

### 10.5.4　常用滑动轴承合金

滑动轴承合金的牌号用"Z+基体元素+主要元素及其百分含量"表示。"Z"为"铸"的汉语拼音首字母。例如：ZSnSb8Cu4 表示主要元素为 Sb、Cu，且 $w_{Sb}=8\%$，$w_{Cu}=4\%$，其余为 Sn 的铸造锡基滑动轴承合金。滑动轴承合金按主要化学成分不同可分为锡基、铅基、铜基、铁基等类型。常用滑动轴承合金化学成分如表 10-8 所示。

表 10-8　常用滑动轴承合金的化学成分

| 种类 | 牌号 | 化学成分/% | | | | | | | |
|---|---|---|---|---|---|---|---|---|---|
| | | Sn | Pb | Cu | Zn | Al | Sb | Ni | 其他元素 |
| 锡基 | ZSnSb12Pb10Cu4 | 其余 | 9.0~11.0 | 2.5~5.0 | 0.01 | 0.01 | 11.0~13.0 | — | — |
| | ZSnSb11Cu6 | 其余 | 0.35 | 5.5~6.5 | 0.01 | 0.01 | 10.0~12.0 | — | — |
| | ZSnSb8Cu4 | 其余 | 0.35 | 3.0~4.0 | 0.005 | 0.005 | 7.0~8.0 | — | — |
| | ZSnSb4Cu4 | 其余 | 0.35 | 4.0~5.0 | 0.001 | 0.001 | 4.0~5.0 | — | — |
| 铅基 | ZPbSb16Sn16Cu2 | 15.0~17.0 | 其余 | 1.5~2.0 | 0.15 | — | 15.0~17.0 | — | — |
| | ZPbSb15Sn10 | 9.0~11.0 | 其余 | 0.7 | 0.005 | 0.005 | 14.0~16.0 | — | Cd：0.05 |
| | ZPbSb15Sn5 | 4.0~5.5 | 其余 | 0.5~1.0 | 0.15 | 0.01 | 14.0~15.5 | — | — |
| | ZPbSb10Sn6 | 5.0~7.0 | 其余 | 0.7 | 0.005 | 0.005 | 9.0~11.0 | — | Cd：0.05 |

续表

| 种类 | 牌号 | 化学成分/% ||||||| |
|---|---|---|---|---|---|---|---|---|
| | | Sn | Pb | Cu | Zn | Al | Sb | Ni | 其他元素 |
| 铜基 | ZCuSn5Pb5Zn5 | 4.0~6.0 | 4.0~6.0 | 其余 | 4.0~6.0 | 0.01 | 0.25 | 2.5 | P：0.05<br>S：0.10 |
| | ZCuSn10P1 | 9.0~11.5 | 0.25 | 其余 | 0.06 | 0.01 | 0.5 | 0.10 | P：0.05~1.0 |
| | ZCuPb10Sn10 | 9.0~11.0 | 8.0~11.0 | 其余 | 2.0 | 0.01 | 0.5 | 2.0 | P：0.10<br>S：0.10 |
| | ZCuPb15Sn8 | 7.0~9.0 | 13.0~17.0 | 其余 | 2.0 | 0.01 | 0.5 | 2.0 | P：0.10<br>S：0.10 |
| | ZCuPb30 | 1.0 | 27.0~33.0 | 其余 | — | 0.01 | 0.2 | — | P：0.08 |
| 铝基 | ZAlSn6Cu1Ni1 | 5.0~7.0 | — | 0.7~1.3 | — | 其余 | — | 0.70~1.0 | Ti：0.2<br>Si：0.7<br>Fe：0.7<br>Mn：0.1 |

### 1. 锡基滑动轴承合金

锡基滑动轴承合金（又称巴氏合金）的表示方法与其他铸造非铁金属的牌号表示方法相同，如 ZSnSb4Cu4 表示含 Sb 的平均质量分数为 4%、含 Cu 的平均质量分数为 4%的锡基滑动轴承合金。巴氏合金的价格较贵，且力学性能较低，通常是采用铸造的方法将其镶铸在钢（08钢）制的轴瓦上形成双金属轴承使用。

锡基滑动轴承合金是以 Sn 为主，并加入少量 Sb、Cu 等元素组成的合金，其硬度适中；摩擦因数和线膨胀系数小；塑性、韧性、耐蚀性和导热性良好，但其疲劳强度低。由于 Sn 较稀缺，属于贵重金属，因此价格较贵，主要用来制造重要的、在高速、重载条件下工作的轴承，如汽轮机、飞机发动机、压缩机等，其工作温度不超过 150 ℃。

为了进一步提高锡基滑动轴承的强度和使用寿命，通常采用双金属轴瓦，如用离心浇注法将它浇注在钢制轴瓦上，称为"挂衬"。最常用的锡基滑动轴承合金的牌号为 ZSnSb11Cu6，其显微组织为 α+β′+$Cu_6Sn_5$，如图 10-14 所示。其中，黑色是 Sb 溶解于 Sn 形成的 α 固溶体（软基体），白色方块是以化合物 SnSb 为基体的 β′相（硬质点）；白色针状或星状组成物是 $Cu_6Sn_5$，$Cu_6Sn_5$ 的硬度比 β′相高，也起硬质点的作用，可进一步提高强度和耐磨性。

### 2. 铅基滑动轴承合金

铅基滑动轴承合金又称铅基巴氏合金，是以 Pb-Sb 为基体，并加入少量 Sn、Cu 等元素的合金。铅基滑动轴承合金的强度、硬度、塑性、韧性及导热性、耐蚀性均比锡基滑动轴承合金低，摩擦因数较大，价格较便宜，可用于制造中等载荷的低速滑动轴承，如汽车、拖拉机曲轴的轴承和电动机、空压机、减速器中的滑动轴承等。

铅基滑动轴承合金也需要"挂衬"，通常制成双层或三层金属结构。其典型牌号为 ZPbSb16Sn16Cu2，显微组织为(α+β)+β+$Cu_6Sn_5$，如图 10-15 所示。(α+β)共晶体为软基体；白色方块为以 SnSb 为基的 β 固溶体，起硬质点作用；白色针状晶体为化合物 $Cu_6Sn_5$，可防止密度偏析。

图 10-14 ZSnSb11Cu6 的显微组织

图 10-15 ZPbSb16Sn16Cu2 的显微组织

### 3. 铜基滑动轴承合金

以 Pb 为主要元素的铜合金称为铜基滑动轴承合金，有锡青铜、铅青铜、铝青铜、铍青铜、铝铁青铜等。

常用的锡青铜牌号有 ZCuSn10P1、ZCuSn6Zn6Pb3 等，组织是软基体的 α 固溶体+硬质点 β 相，缩孔较多且分散，有利于储存润滑油。锡青铜能承受较大的载荷，广泛用于制造中速和承受较大固定载荷的轴承，如电动机、泵、金属切削机床的轴承。当与其配合的轴颈具有较高的硬度（300~400 HBW）时，锡青铜可直接制成轴瓦。

常用的铅青铜牌号主要是 ZCuPb30。Cu 和 Pb 在固态时互不相溶，显微组织为 Cu（硬基体）+Pb（软质点）。与巴氏合金相比，铅青铜具有高的疲劳强度和承载能力，低的摩擦因数，高的耐磨性和导热性（是锡基滑动轴承合金的 6 倍），可在较高温度（300~320 ℃）下工作，适合制造在高速、重载条件下工作的轴承，如航空发动机、高速柴油机、汽轮机上的轴承及其他高速机器的主轴承。铅青铜也需要在轴瓦上"挂衬"，制成双金属轴承。

铜基滑动轴承合金因价格较高，有被新型滑动轴承合金取代的趋势。

### 4. 铝基滑动轴承合金

铝基滑动轴承合金是以 Al 为基体，加入 Sb、Sn 或 Mg 等合金元素形成的滑动轴承合金。其原料丰富，价格低廉，密度小，导热性和耐蚀性好，疲劳强度高；但硬度相对较高，轴易磨损，需相应提高轴的硬度；线膨胀系数较大，运转时容易与轴咬合而使轴磨损（尤其在冷启动时危险性更大），可通过提高轴颈硬度、降低轴承和轴颈的表面粗糙度值、增大轴承间隙等办法来解决，广泛用于制造在高速、重载条件下工作的汽车、拖拉机及柴油机轴承等。

铝基滑动轴承合金需要在轴瓦上"挂衬"制成双金属轴承。目前广泛使用的铝基滑动轴承合金有铝锑镁滑动轴承合金和高锡铝滑动轴承合金两种。

## 本章小结

1. 本章主要介绍了铝及铝合金、铜及铜合金、钛及钛合金、镁及镁合金、滑动轴承合金等。

2. 根据成分、组织和加工工艺特点不同，铝合金可分为变形铝合金和铸造铝合金。各种变形铝合金和铸造铝合金的名称、合金系、性能特点及应用（见表10-2、表10-3）。

3. 铝合金的主要强化方法是时效强化，先进行固溶处理获得过饱和固溶体，再进行时效，使强度提高。

4. 按颜色对铜及铜合金命名，有纯铜、黄铜、青铜和白铜。掌握各种铜合金的牌号表示方法。黄铜、青铜的成分决定组织，组织决定性能，性能决定用途（见表10-5、表10-6）。

5. 根据使用状态的组织，钛合金可分为 α 钛合金、β 钛合金和（α+β）钛合金三类，其牌号分别用"TA""TB""TC"+顺序号表示。钛及钛合金的优良性能：密度小、熔点高、比强度高、耐热性高、耐蚀性好、耐低温性能好、抗阻尼性能强。

6. 镁的化学性质活泼，耐蚀性差，其在空气中形成的氧化膜很脆、不致密，故没有保护作用。镁是常用结构材料中最轻的金属，塑性很差，容易脆断。纯镁的强度和硬度很低，因此一般不用作结构材料。

7. 滑动轴承合金应有软硬兼备的理想的组织：包括软基体上均匀分布着硬质点和硬基体上分布着软质点两种。滑动轴承合金按主要化学成分可分为锡基、铅基、铝基、铜基、铁基等滑动轴承合金。

练习题

参考答案

# 第 11 章　非金属材料

【知识目标】

1. 了解高分子材料、陶瓷材料和复合材料的概念。
2. 熟悉高分子材料、陶瓷材料和复合材料的种类、性能特点和应用。

【能力目标】

能在生活或工程实践中正确辨识非金属材料。

## 11.1　高分子材料

非金属材料是指除金属及合金以外的所有材料的总称。非金属材料具备许多金属材料不具备的性能，如密度小、耐蚀、电绝缘等，更适合用来制造具有特定性能要求的产品或零件。非金属材料现在广泛应用于各行各业，其应用的数量和品种都在飞速增长并成为当代科学技术革命的重要标志之一，正在改变着人类长期以来以钢铁等金属材料为中心的时代。

非金属材料的种类有很多，在机械工程中使用的非金属材料主要有三大类：高分子材料、陶瓷材料和复合材料。

高分子材料主要是由高分子化合物构成的材料，如塑料、橡胶、黏合剂、人工合成的化学纤维、棉花等。高分子材料是工程材料中的一类重要材料，其性能优异、品种繁多、用途广泛。

高分子材料按来源不同可以分为天然、半合成和合成高分子材料。人类社会最初就是利用天然高分子材料作为生活和生产资料，并进行加工，如利用蚕丝、棉加工成织物，用木材造纸等。19 世纪 30 年代末期出现了半合成高分子材料。1907 年出现了合成高分子酚醛树脂，标志着人类开始应用合成高分子材料。现在，高分子材料和金属材料、无机非金属材料一起成为科学技术、经济建设中的重要材料。高分子材料也可以分为有机高分子材料和无机高分子材料两大类，有机高分子材料有天然的和人工合成的两大类。此外，高分子材料还可以分为通用高分子材料和功能高分子材料。生活中大量采用的、已经形成工业化生产规模的材料称为通用高分子材料；而具有特殊用途与功能的材料称为功能高分子材料。目前，机械工业上应用最多、发展最快的是人工合成的高分子聚合物，简称高聚物，如工程塑料、合成橡胶、胶黏剂等。

### 11.1.1 高分子材料的组成

化合物分为高分子化合物和低分子化合物。低分子化合物（称为单体）的每一分子的原子数较少，它是高分子材料的合成原料。高分子化合物是由许多低分子化合物通过聚合反应，以一定方式重复连接起来的相对分子质量特别大的一类化合物，故又称聚合物。不同单体的化学组成不同，性质也就不相同，如聚乙烯是由乙烯单体聚合而成的，聚丙烯是由丙烯单体聚合而成的。

### 11.1.2 高分子材料的合成方法

低分子材料合成为高分子材料的聚合反应类型有加聚反应和缩聚反应两种。加聚反应是由一种或多种单体相互加成而形成聚合物的反应，这种反应没有低分子副产物生成，如聚乙烯、ABS 塑料生成等；缩聚反应是由一种或多种单体相互作用而形成高聚物，同时析出新的低分子副产物的反应，如酚醛树脂、聚酰胺、环氧树脂生成等。

### 11.1.3 常用的高分子合成材料

#### 1. 塑料

塑料是以天然或合成树脂为主要成分，加入某些添加剂，并在一定温度和压力下塑制成型的材料或制品的总称。塑料因其原料丰富、生产简单、成本低、性能多样，故应用越来越广泛，是现代工业领域，特别是航空、交通、能源中不可缺少的工程材料。

（1）塑料的组成

塑料的组成有简单组分和复杂组分之分。简单组分的塑料基本上由树脂组成，如聚四氟乙烯、聚苯乙烯等。复杂组分的塑料则由多种组分组成，除树脂外，还加入各种添加剂。一般来说，塑料由树脂和若干种添加剂（如填充剂、增塑剂、润滑剂、着色剂、稳定剂、固化剂和阻燃剂）组成。

树脂的种类、性能和数量决定了塑料的类型和主要性能。添加剂是用来改善塑料性能而加入的物质。

填充剂的加入是为了改善塑料制品的强度、硬度等，以及扩大应用范围、减少树脂用量、降低成本等。通常，填充剂在塑料中的含量可达 40%~70%，常用的填充剂有木粉、硅藻土、石灰石粉、石棉、云母和玻璃纤维等。例如：石棉可改善塑料的耐热性，云母可增强塑料的电绝缘性，纤维可提高塑料的结构强度。

增塑剂可以提高塑料的可塑性、柔韧性和弹性等；稳定剂（又称防老剂）可抵抗热、光、氧对塑料制品性能的破坏，延长塑料的使用寿命；润滑剂可以防止材料成型过程中黏模，便于脱模，使塑料制品表面光洁美观；固化剂可使树脂具有热固性；着色剂可以使塑料制品具有特定的色彩和光泽等。

（2）塑料的性能

塑料的密度低，为钢的 1/8～1/4；塑料的比强度高，如玻璃纤维增强的环氧塑料比一般钢的比强度高 2 倍左右；塑料具有良好的减摩性、耐磨性、减振性、消声性、自润滑性及绝热性；塑料耐蚀性好，可耐酸、碱、油、水和大气的腐蚀；塑料的电性能优良，可用作绝缘材料；但塑料强度低，刚性差，耐热性差，易老化，蠕变温度低，在某些溶剂中会发生溶胀或应力开裂。

（3）塑料的分类

1）塑料按物理化学性能不同可分为热塑性塑料和热固性塑料。

热塑性塑料受热软化熔融，冷却后成型固化，此过程可反复进行而其基本性能不变。其特点是加工成型简单，力学性能较好，耐热性和刚性较差，使用温度低于 120 ℃，能反复使用。

热固性塑料是指加热时软化熔融，冷却后成型固化，但再加热时不能软化，只能塑制一次的塑料。其特点是成型工艺复杂，生产率低，强度不高，耐热性和抗蠕变性较好，受压时不易变形，不能反复使用。

2）按塑料的使用范围不同可分为通用塑料和工程塑料。

通用塑料是指产量大、用途广、成型性好、成本低的塑料，主要用于制造日用品、包装材料和小型机械零件。

工程塑料是指能承受一定的外力作用，并且有良好的力学性能和尺寸稳定性，在高、低温下仍能保持优良性能，可替代金属制作一些机械零件和工程结构件的塑料，其产量小、价格较高。

### 2. 橡胶

橡胶是具有高弹性的高分子材料，可以从一些植物的树汁中获得，也可以人造。

（1）橡胶的组成

用于制造橡胶制品的原料称为胶料，胶料通常是多组分的，主要包括生胶和配合剂。

生胶是指未加配合剂的天然或合成橡胶，是橡胶制品的主要组分，它决定了橡胶制品的性能，可以把各种配合剂和增强材料黏成一体。

配合剂用来提高橡胶制品的使用性和工艺性，常用的有硫化促进剂、增塑剂、填充剂、防老化剂等，此外，为了使橡胶具有某些特殊性能，还可以加入着色剂、发泡剂、电磁性调节剂等。硫化剂可以提高橡胶的弹性、耐磨性、耐蚀性和抗老化能力，并使之具有不溶、不融特性；硫化促进剂用来促进硫化，缩短硫化时间，减少硫化剂用量；增塑剂可以增强橡胶的塑性，便于加工成型；填充剂可以提高橡胶的强度，降低成本，改善工艺性能；防老化剂用来延缓橡胶老化，提高寿命。

增强材料用来提高橡胶制品的强度、耐磨性和刚性等力学性能，常用的增强材料有各种纤维织物、金属丝及其编织物等，如在运输带中加入帆布、轮胎中加入帘布、钢丝等。

（2）橡胶的性能

橡胶具有高弹性，且在很宽的温度范围（-50～150 ℃）内具有高弹性。其在较小的外力作用下能产生很大的变形，最大断后伸长率可达 800%～1 000%，外力去除后，又能很快恢复原状。橡胶有一定的强度和硬度，其强度比塑料低，但伸长率却比塑料大得多。橡胶还具有优良的伸缩性、隔声性、耐磨性、电绝缘性、气密和水密性、积储能量的能力，但橡胶的耐蚀性较差，易老化。因此，应注意防止光辐射、氧化和高温等，以免橡胶老化。橡胶常用作弹性材料、密封材料、减振防振材料、传动材料等。

（3）橡胶的分类

根据来源不同，橡胶可分为天然橡胶和合成橡胶；根据用途不同，橡胶还可分为通用橡胶和特种橡胶。

天然橡胶是指从橡树中流出的乳胶经凝固、干燥、加压等工序制成的片状生胶，再经硫化后制成的材料。天然橡胶在数量和性能上均不能满足工业上的需要，因此发展出了合成橡胶，其是以石油产品为主要原料，经过人工合成制得的高分子材料，多以烯烃，特别是以丁二烯为主要单体聚合而成。

通用橡胶是指用量大且广泛、价格低廉的橡胶，主要用于制造轮胎、运输带、胶管等。特种橡胶是指用于制造在特殊条件（高温、低温、酸、碱、油、辐射等）下使用的橡胶制品，通常价格较高，主要有丁腈橡胶、硅橡胶、氟橡胶等。

**3. 胶黏剂**

凡是将两种及两种以上的物体表面黏合连接起来的方法统称为胶接。胶接不仅有连接的作用，还有固定、密封、浸渗、补漏和修复的作用，是工程上一种新型的、较经济的连接方法，现在已部分代替焊接、铆接、螺栓连接等机械连接，可以连接难以焊接或无法焊接的金属，可以连接同种或异种材料，且不受材料厚度限制。胶接结构质量轻、工艺简单，胶接接头处应力均匀、密封性好、绝缘性好、耐蚀、抗疲劳。

胶黏剂是指能够产生黏合力的物质，又称黏结剂，是以黏性物质（环氧树脂、酚醛树脂、聚酯树脂、氯丁橡胶、丁腈橡胶等）为基础，加入某些添加剂（填料、固化剂、增塑剂、稀释剂等）组成的，俗称胶。

胶黏剂按基体材料不同可分为天然胶黏剂和合成胶黏剂。天然胶黏剂主要有骨胶、虫胶、桃胶和树汁等，现在大量使用的是合成胶黏剂。

**4. 涂料**

涂料指涂在物体表面而形成的具有保护和装饰作用膜层的材料。传统的涂料用植物油和天然树脂熬制而成，称为"油漆"。随着石油化工和合成高分子工业的发展，现在涂料的品种有上千种，用于防腐的涂料有防锈漆、底漆、酚醛树脂漆等，以及某些塑料涂料等。

## 11.2　陶瓷材料

陶瓷是指以天然硅酸盐（黏土、长石和石英等）或人工合成的粉状化合物（氮化物、碳化物等）为原料，经过制粉、配料、成型、高温烧结而制成的无机非金属材料。陶瓷材料具有高熔点、高硬度和化学稳定性，耐高温、耐蚀、耐摩擦，以及绝缘等优点，故应用广泛。

### 11.2.1　陶瓷材料的分类

陶瓷的种类有很多，按照原料和用途不同，陶瓷可分为普通陶瓷和特种陶瓷两类。

1）普通陶瓷（传统陶瓷）：一般采用黏土、长石和石英等天然原料烧结而成。这类陶瓷按其性能、特点和用途不同又可分为日用陶瓷、建筑陶瓷、电绝缘陶瓷和化工陶瓷等，用于人们的日常生活、建筑、卫生及化工等领域，如餐具、艺术品、装印材料、耐酸砖等。

2）特种陶瓷（又称近代陶瓷）：化学合成陶瓷，以化工原料（如氧化物、氮化物、碳化物等）经配料、成型、烧结而制成，是具有特殊物理、化学性能的新型陶瓷（包括功能陶瓷）。根据其主要成分不同，分为氧化物陶瓷、氮化物陶瓷、碳化物陶瓷、金属陶瓷等；按用途不同又可分为高温陶瓷、压电陶瓷、光学陶瓷和磁性陶瓷等。

### 11.2.2　陶瓷的性能

陶瓷的性能如下。

1）与金属材料相比，陶瓷具有很高的弹性模量和硬度（维氏硬度>1 500），抗压强度较高，但抗拉强度很低、脆性较大，韧性较差。

2）陶瓷材料熔点高（大多在2 000 ℃以上）、气密性好，导热性、线膨胀系数比金属材料低，具有良好的尺寸稳定性，但热导率小，抗急冷急热的性能差。

3）陶瓷的组织结构非常稳定，在高温下有极好的化学稳定性，不会被酸、碱、盐和许多熔融金属（如有色金属银、铜等）侵蚀，不会老化。

4）陶瓷材料的导电性变化范围很广。大多数陶瓷具有良好的电绝缘性，因此被大量用于制作各种电压的绝缘器件。但也有不少具有导电性的特种陶瓷。

### 11.2.3　常用的陶瓷材料

#### 1. 氧化铝陶瓷

氧化铝陶瓷的主要成分是刚玉（$Al_2O_3$），质量分数占45%以上。氧化铝陶瓷具有高强度、高硬度（在1 200 ℃时为80 HRA）、耐高温（能在1 600 ℃的高温下长期使用）、耐腐蚀、高温绝缘性好等优点；缺点是脆性大，抗急冷急热性差。氧化铝陶瓷主要用于制造高温实验容器、坩埚、内燃机用火花塞、熔模精铸用的耐火材料、模具、量具、精密切削刀具、大型零件高速切削刀具、金属拉丝模等。

#### 2. 氮化硅陶瓷

氮化硅陶瓷的主要成分是$Si_3N_4$，强度和硬度高，耐高温、耐磨、耐腐蚀（除氢氟酸外）、化学稳定性好、电绝缘性优良，它的突出特点是抗急冷急热性优良，另外还具有自润滑性。因此，其主要用于高温轴承、耐蚀水泵密封环、阀门、刀具等。

#### 3. 碳化硅陶瓷

碳化硅陶瓷的主要成分是SiC，具有高强度、高硬度、高的冲击韧性，热硬性良好，在1 400 ℃高温下仍可保持较高的抗弯强度；具有良好的抗氧化性、导热性、导电性、抗蠕变性，但不耐强碱腐蚀，主要用于制作火箭尾喷管的喷嘴、热电偶套管、砂轮、磨料、炉管及高温热交换器材料等。

随着科学技术水平的不断提高，各种新型陶瓷材料层出不穷，在工程建设中发挥着巨大的作用。例如：汽车用陶瓷材料，采用耐高温陶瓷（如氮化硅陶瓷等）代替合金钢制造陶瓷发动机，其工作温度可达 1 300～1 500 ℃，而且陶瓷发动机的热效率高，可节省约 30% 的热能。另外，陶瓷发动机无须水冷系统，其密度也只有钢的一半左右，这对减小发动机自重也有重要意义。

## 11.3　复合材料

复合材料是指由两种或两种以上的不同物理和化学性质的材料结合成的多相固体材料。很早之前复合材料就已经应用于工程上，如钢筋混凝土是由碳素结构钢钢筋、砂石和水泥组成的复合材料；而纸张是胶质物质与纤维物质组成的复合材料。

金属材料之间、非金属材料之间、金属材料与非金属材料均可相互复合。不同材料复合后，通常是其中一种作为基体材料，起黏结作用；另一种材作为增强材料，起承载作用。同时，每种材料均保留各自的特点，这使复合材料的综合性能更加优良。

### 11.3.1　复合材料的分类

**1. 按基体材料不同分类**

1）非金属基复合材料：树脂基复合材料和陶瓷基复合材料。
2）金属基复合材料：主要指以非铁金属及其合金为基的复合材料。

**2. 按增强材料的性质和形态不同分类**

1）细粒增强复合材料：如金属陶瓷等。
2）层合增强复合材料：如铜、钢、塑料复合滑动轴承材料等。
3）纤维增强复合材料：如玻璃钢、橡胶轮胎等。

### 11.3.2　复合材料的性能特点

与金属和其他固体材料相比，复合材料是一种异性非均质的新型工程材料，主要有以下特点。

（1）比强度、比模量高

因为复合材料的增强剂和基体的密度一般较小，其增强材料大多为强度高的纤维，所以大多数复合材料都有高的比强度和比钢度。

（2）疲劳强度较高

一般高强度结构的金属材料，在变载荷和冲击作用下对裂纹敏感性高，容易发生疲劳破坏。但复合材料中的基体材料的塑性好，纤维增强材料内部缺陷少，这就有利于消除或减小应力集中。此外，复合材料中的增强纤维及纤维与基体界面能阻止裂纹的扩展，因而复合材料的疲劳强度比较高。

（3）减振性好

复合材料的比模量大，其自振频率高，在一般载荷变化频率下不容易发生共振而失效。而且，基体材料的阻尼也较大，同时基体和纤维之间的界面能够反射和吸收振动，故复合材料的减振性比金属材料更好。

（4）破损安全性好

复合材料的构件发生过载并有少量纤维断裂时，会迅速进行应力的重新分配，载荷由未破坏的纤维来承担，从而使构件不会马上失去承载能力，安全性较好。

（5）高温性能优良

一般在400 ℃时，铝合金材料强度显著下降，弹性模量急剧下降并接近于零。用碳或硼纤维增强的树脂在400 ℃时，强度和弹性模量基本不变；用钨纤维增强的钴、镍等复合材料，工作温度可达1 000 ℃以上。复合材料由于高温强度和疲劳强度较高，以及增强纤维与基体的相溶性好，因此热稳定性也较好。

（6）高的化学稳定性

生产上可以选用耐蚀性优良的树脂作基体材料，加上高强度纤维来进行增强，使复合材料能够耐酸、碱、油脂等化学介质的侵蚀。

此外，复合材料加工较简单，并可按需要增强其某些特殊性能，如减摩性、电绝缘性等。复合材料的缺点是各向异性，横向的强度和层间剪切强度比纵向低得多，伸长率和冲击韧度较低。复合材料应用广泛，已成为近代工业和某些高科技领域中重要的工程材料之一，如直升机的螺旋桨、轮船、压力容器、发动机的油嘴管道、传动零件等。

### 11.3.3 常用复合材料

**1. 纤维增强复合材料**

1）玻璃纤维增强复合材料：以树脂为基体，玻璃纤维为增强剂的复合材料。玻璃纤维柔软如丝，比块状玻璃的强度和韧性高得多，其单丝抗拉强度高达1 000~3 000 MPa，超过高强度钢近两倍，相对密度为2.52~2.55，是钢的1/3。玻璃纤维制取方便，是目前使用最多的纤维材料。玻璃纤维复合材料可分为热塑性和热固性两种。

2）碳纤维增强复合材料：碳纤维是将各种纤维（人造的或天然的）在隔绝空气下经高温碳化制成的。与玻璃纤维相比，碳纤维的强度和弹性模量更高，抗拉强度略高，弹性模量则是玻璃纤维的4~6倍。此外，碳纤维还有较好的高温力学性能。常用的碳纤维增强复合材料是聚丙烯腈系碳纤维。

3）其他纤维增强复合材料：如硼纤维复合材料、有机纤维复合材料、碳化硅纤维复合材料。

**2. 层合增强复合材料**

1）层合板增强复合材料：工业上用的层合板是将几种性质不同的板材经热压或胶合而成。

2）夹层结构复合材料：夹层结构是由薄而强的面板与轻而弱的芯材组成。

除了纤维增强和层合增强复合材料外，还有细粒增强复合材料（包括金属粒与塑料、陶瓷粒与金属复合等）、骨架增强复合材料（如多孔浸渍材料等）及纳米复合材料等。

## 本章小结

1. 本章介绍了高分子材料、陶瓷材料和复合材料。

2. 高分子材料主要是由高分子化合物构成的材料，如塑料、橡胶、人工合成的化学纤维、棉花等。

3. 陶瓷是经过制粉、配料、成型、高温烧结而制成的无机非金属材料，具有高熔点、高硬度，耐高温、耐蚀、耐摩擦以及绝缘等优点，故应用广泛。

4. 不同材料复合后，通常是其中一种作为基体材料，起黏结作用；另一种作为增强材料，起承载作用。同时每种材料均保留各自的特点，这使复合材料的综合性能更加优良。

练习题　　　　　　　参考答案

# 实　训

## 实训 A　金属静拉伸试验

### 一、试验目的

1）了解金属静拉伸试验的测试原理。
2）熟悉金属静拉伸试验的测量步骤和方法。
3）观察试验过程中的各种现象,并分析各阶段强度极限。

### 二、试验试样及设备

1）退火态 20 mm 的 40 钢棒料拉伸试样。按 GB/T 699—2015 的规定,其力学性能指标应为:$R_{eL} \geqslant 335$ MPa,$R_m \geqslant 570$ MPa,$A \geqslant 19\%$,$Z \geqslant 45\%$。
2）游标卡尺（量程为 150 mm,分度值为 0.02 mm）；试样标距打点机。
3）WAW-600 型金属万能试验机,如图 A-1 所示。

### 三、试验步骤

#### 1. 试样的划线测量

试验前,应先检查试样外观是否符合要求。如果发现试样表面有明显的横向刀痕、磨痕,或者扭曲变形,则应重新领取合格试样。

使用游标卡尺测量试样的原始直径 $d_o$,应在试样平行段的两端及中间处两个互相垂直的方向上各测一次,取其算术平均值,选用三处测得的直径最小值作为试样的原始直径,并根据此值计算原始横截面积 $S_o$。

试样原始标距一般采用细划线或细墨线进行标定,所采用的方法不能使试样过早断裂。本试验中因 40 钢是低碳钢,按 $L_o = 10d_o$ 的比例关系,可用打点机直接在试样平行段上划出原始标距 100 mm,并划出 10 个分格线,每格为 10 mm。

#### 2. 试样的安装

将试样安装在 WAW-600 型金属万能试验机上,按照试验机的操作流程对试样进行拉

图 A-1　WAW-600 型金属万能试验机

伸，在计算机上记录 $F$-$\Delta L$ 曲线及相关试验数据。

**3. 试验过程**

打开计算机，启动试验控制软件，输入原始直径、原始标距，并设置其他拉伸参数。将初始数据设置为 0，单击"开始"按钮，开始拉伸试验，注意观察试样的变形情况和缩颈现象，试样断裂后立即单击"停止"按钮，并将试样从试验机上取下。

**4. 测量断后试样**

用游标卡尺测量试样断后标距长度 $L_u$、缩颈处直径 $d_u$。注意：要在两个互相垂直的方向上各测一次，取其算术平均值，将结果输入计算机，计算机将自动计算出强度、塑性指标。

## 四、试验报告

根据试验结果，对比国家标准中的数据：$R_{eL} \geq 335$ MPa，$R_m \geq 570$ MPa，$A \geq 19\%$，$Z \geq 45\%$，判断各项力学性能指标是否合格。

单击控制程序界面上的相关按钮，计算机可自动输出试验报告。

# 实训 B　硬度试验

## 一、试验目的

1) 了解布氏硬度计、洛氏硬度计的测试原理。
2) 掌握布氏硬度值、洛氏硬度值的测量范围、测量步骤和方法。
3) 初步建立碳钢的含碳量与硬度间的关系及热处理能改变材料硬度的概念。

## 二、试验试样及设备

1）布氏硬度试样：退火状态下的碳钢。
2）洛氏硬度试样：淬火状态下的碳钢。
3）HB-3000 型布氏硬度计，如图 B-1 所示。
4）HR-150A 洛氏硬度计，如图 B-2 所示。
5）JC-10 读数显微镜，如图 B-3 所示。

图 B-1　HB-3000 型布氏硬度计

图 B-2　HR-150A 洛氏硬度计

图 B-3　JC-10 读数显微镜

### 三、试验步骤

**1. 布氏硬度试验**

1) 硬度检测位置应为平面，不得带有油脂、氧化皮、漆层、裂纹、凹坑和其他污物。
2) 根据试样材料的种类、状态及厚度，按布氏硬度试验规范选择压头直径、试验力大小及试验力保持时间。
3) 把试样放在工作台上，顺时针转动工作台升降手轮，使压头与试样接触，直至手轮与升降螺母产生相对运动。
4) 开动电动机将试验力加到试件上，并保持一定时间。
5) 逆时针转动手轮，取下试样。
6) 用JC-10读数显微镜在两个相互垂直的方向上测出压痕直径 $d_1$ 及 $d_2$，算出平均压痕直径 $d$。
7) 根据平均压痕直径 $d$、压头直径 $D$ 和试验力 $F$ 查附录Ⅰ，得到试样的布氏硬度值。

**2. 洛氏硬度试验**

1) 硬度检测位置应为平面，不得带有油脂、氧化皮、漆层、裂纹、凹坑和其他污物。
2) 根据试样材料的种类、状态选择压头的规格、试验力大小及试验力保持时间。
3) 将试样放在工作台上，顺时针转动手轮使试样升起至指示器的小指针指向红点，此时大指针应垂直向上指向B与C处（见图B-4），其偏移量不得超过±5格。

图 B-4　洛氏硬度计指示器表盘指针位置

4) 转动指示器的调整盘使标记 B（或 C）对准大指针。
5) 将操纵手柄向后推，加上总试验力，直至指示器大指针运动显著变慢直到停顿后，保留试验力约 10 s，再将操作手柄扳回，以卸除主试验力。
6) 按指示器上大指针所指的刻度读数。采用金刚石作压头时，按刻度盘外圈标记为 C 的读数；采用硬质合金球作压头时，按刻度盘内圈标记为 B 的读数。
7) 逆时针转动手轮，降下工作台，取下试样或移动试样，选择新的位置继续进行试验。

### 四、试验报告

1) 分别简述布氏、洛氏硬度试验法的优缺点及应用范围。

2）将试验结果分别填入表 B-1（根据平均压痕直径 $d$、压头直径 $D$ 和试验力 $F$ 查附录I，得到试样的布氏硬度值）和表 B-2。

表 B-1　布氏硬度试验结果

| 材料 | 状态 | 试验规范 | | | 压痕直径/mm | | | 硬度值　HBW |
|---|---|---|---|---|---|---|---|---|
| | | 压头直径 $D$/mm | 试验力 $F$/N | 试验力保持时间/s | $d_1$ | $d_2$ | $d_3$ | |
| | | | | | | | | |
| | | | | | | | | |
| | | | | | | | | |

表 B-2　洛氏硬度试验结果

| 材料 | 状态 | 试验规范 | | 试验结果 | | | 硬度平均值　HBW |
|---|---|---|---|---|---|---|---|
| | | 压头规格 | 试验力 $F$/N | 1 | 2 | 3 | |
| | | | | | | | |
| | | | | | | | |
| | | | | | | | |

# 实训 C　金属冲击试验

## 一、试验目的

1）了解冲击韧性的含义及其表达式。
2）掌握金属冲击试验机的操作方法。
3）按 GB/T 229—2020 的规定，分析测量低碳钢的常温冲击吸收能量。

## 二、试验试样及设备

1）正火态 20 钢试样开 V 型缺口，淬火态 20 钢试样开 U 型缺口，如图 C-1（a）所示。
2）JB-300 冲击试验机 1 台，如图 C-1（b）所示；分度值为 0.02 mm 的游标卡尺。

## 三、试验步骤

**1. 冲击试样的检查**

用分度值为 0.02 mm 的游标卡尺测量试样尺寸是否符合有关标准要求。试样缺口底部应光滑，不允许有与缺口轴线平行的明显划痕。

**2. 冲击试验过程**

1）根据所要测定的材料选用摆锤的能量等级，接通冲击试验机电源。

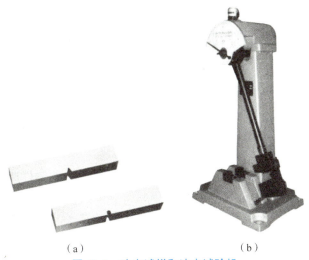

图 C-1 冲击试样和冲击试验机

(a) 冲击试样；(b) 冲击试验机

2）按下冲击试验机控制手柄上的电动机开关，启动电动机。

3）按下"起摆"按钮，使摆锤扬至最高位置。

4）冲击试样紧贴支座放置，并使试样缺口的背面朝向摆锤切削刃。用专用的对中钳或定位规对中，其偏差不应大于 0.5 mm。

5）确认摆锤摆动范围内无人后，将指针拨至最大值处，按"退销"按钮，再按"冲击"按钮，摆锤下降冲断试样。

6）依次进行冲击试验，记录试验温度和冲击吸收能量值。

7）待全部试验完毕后，按住"放摆"按钮，当摆锤转至铅垂位置时，放开按钮即可停摆。

8）依次关闭控制手柄及机身电源。

注意：本试验要特别注意安全，先安放试件后再升起摆锤，严禁先升摆锤后安放试件。试验机两侧严禁站人，以免被摆锤或冲断的试样打伤。

## 四、试验报告

将试验结果填入表 C-1，并按要求完成试验报告。

表 C-1 冲击试验结果

| 试样 | | | 试验温度/℃ | 摆锤量程/J | 冲击吸收能量/J | | |
|---|---|---|---|---|---|---|---|
| 牌号 | 状态 | 缺口形状 | | | 1 | 2 | 平均值 |
| | | | | | | | |
| | | | | | | | |

# 实训 D　透明盐类水溶液的结晶试验

## 一、试验目的

1）观察透明盐类的结晶过程及结晶后的组织特征，对（金属的）结晶过程建立感性认识。

2）观察有树枝状晶体的金属显微组织和具有树枝状晶体的铸件或铸锭实物图片，建立金属晶体以树枝状形式长大的直观概念。

3）观察不同晶体的不同生长形态，了解晶体生长的微观机理。

## 二、试验试样及设备

1）生物光学显微镜、玻璃片、吸管、烧杯、电吹风机、多媒体计算机、投影仪等，如图 D-1 所示。

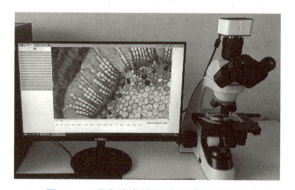

**图 D-1　观察盐类结晶过程的试验装置**

2）氯化铵（$NH_4Cl$）晶体或硝酸铅（$Pb(NO_3)_2$）晶体。

3）有枝晶组织的金相照片，有枝晶的金属铸件（锭）实物。

## 三、试验步骤

1）调整好显微镜，选择不大于 100 倍的放大倍数，装好物镜和目镜，调整光源反光镜角度，使显微镜目镜视野明亮。

2）配制 $NH_4Cl$ 水溶液，用滤纸擦干净玻璃片，用吸管将一滴饱和或接近饱和的 $NH_4Cl$ 水溶液滴在玻璃片上，液滴不宜太厚，尽量均布使液滴扁平，否则因蒸发太慢而不易结晶。

3）将玻璃片置于显微镜载物台上，慢慢调整显微镜粗调和微调手轮，直到目镜视野清晰为止。

4）在计算机显示器或投影屏上观察 $NH_4Cl$ 水溶液在蒸发过程中所产生的结晶现象。若蒸发速度太慢，可用电吹风机对溶液进行轻微烘烤，但烘烤时间不宜过长，一般以肉眼观察到边缘少许发白为宜。

5）$NH_4Cl$ 水溶液结晶大致可分为三个阶段：第一阶段开始于液滴边缘，因该处最薄，蒸发最快，易于形核，故产生大量晶核而先形成一圈细小的等轴晶，如图 D-2（a）所示；第二阶段是最外层中少数位向有利的细小等轴晶以树枝状向液滴中心伸展长大，直到与其他晶体相接触而停止生长，如图 D-2（b）所示，这些树枝晶最终形成了比较粗大的、带有方向性的柱状晶，如图 D-2（c）所示；第三阶段是在液滴中心形成杂乱的树枝晶，且枝晶间有许多空隙，如图 D-2（d）所示，此时液滴已越来越薄，蒸发较快，晶核也易形成，但已无充足的溶液补充，结晶出的晶体填不满枝晶间的空隙，从而能观察到明显的枝晶。

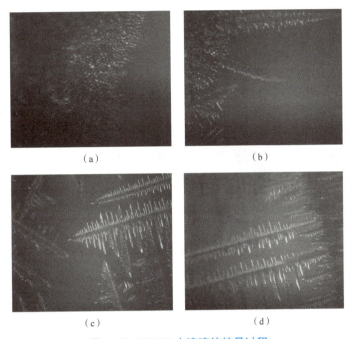

图 D-2　$NH_4Cl$ 水溶液的结晶过程

(a) 表面细晶区；(b) 枝晶长大；(c) 柱状晶区；(d) 中心树枝晶区

6）若重新取一滴 $NH_4Cl$ 水溶液继续观察，应将原玻璃片上的结晶溶液冲洗干净，并用电吹风机吹干，然后按上述步骤重做。

7）换 $Pb(NO_3)_2$ 水溶液重复 2）~6）的步骤，观察其结晶过程。

8）观察具有树枝晶组织的金相照片或铸件实物（可用放大镜）。

### 四、试验报告

1）简述实验目的。

2）根据观察结果，分析 $NH_4Cl$ 水溶液结晶过程。

# 实训 E　标准金相试样的观察试验

### 一、试验目的

1）了解通用型金相显微镜的基本结构及使用方法。

2) 认识典型钢种室温下的显微组织。
3) 进一步理解铁碳合金成分与组织关系。

## 二、试验试样及设备

1) 典型铁碳合金标准金相试样一套。
2) 通用型金相显微镜，如图 E-1 所示。

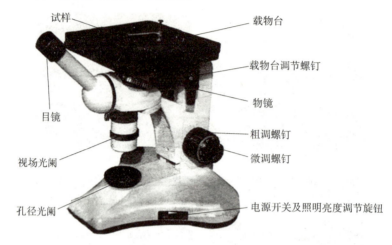

图 E-1　通用型金相显微镜

## 三、试验步骤

1) 认真听老师结合实物讲解金相显微镜的结构、使用和维护要求。
2) 熟悉显微镜的原理和结构，了解各零件的性能和功用。
3) 领取标准金相试样。
4) 按观察要求，选择适当的目镜和物镜，调节粗调螺钉，将载物台升高，装上物镜，取下目镜盖，装上目镜。
5) 将试样放在载物台上，抛光面对着物镜。
6) 接通电源，若光源是 6 V 低压钨丝灯泡，则要注意电源须经降压变压器再接入灯泡。调节粗调螺钉，使物镜渐渐与试样靠近，同时在目镜中观察视场由暗到明，直到看到显微组织为止。
7) 调节微调螺钉至看到清晰显微组织为止。注意：调节时要缓慢些，切勿使镜头与试样相碰。
8) 根据观察到的组织情况，按需要调节孔径光阑和视场光阑到适当位置（使获得组织清晰、衬度均匀的图像）。
9) 移动载物台，对试样各部分组织进行观察，观察结束后切断电源，将金相显微镜复原。
10) 描绘观察到的显微组织。

## 四、试验报告

1) 简述实验目的。
2) 画出观察到的组织图像（画在直径为 30 mm 的圆内），并标明组织组分的名称。
3) 根据观察结果，分析铁碳合金的组织、性能与含碳量之间的关系。

# 实训 F　金相显微试样的制备及显微组织分析试验

## 一、试验目的

1) 了解金相试样制备的基本方法，熟悉各种常用制样设备的基本原理和使用方法，在教师的指导下完成金相试样制备的整个过程。

2) 利用金相显微镜认真观察所制备金相试样的显微组织特征，根据已学过的知识分析其组织组成和基本类型，初步判别材料类型和材料编号。

3) 熟悉金相分析方法的全过程。

## 二、试验试样及设备

1) 通用型金相显微镜。
2) 不同粗细的金相砂纸一套，以及玻璃板、浸蚀剂、抛光液、无水酒精等。
3) 砂轮机、预磨机、抛光机、吹风机等。
4) 待制备的金相试样若干。

## 三、试验步骤

金相试样的制备过程包括取样、镶嵌、标号、磨制、抛光、浸蚀等几个步骤，但并不是每个金相试样都需要经过上述各个步骤。若选取的试样大小、形状合适，便于握持磨制，则不必进行镶嵌；若需检验铸铁中的石墨，则不必进行浸蚀。制备好的试样应能观察到材料的真实组织，做到金相面无磨痕、无麻点、无水迹，并使金属组织中的夹杂物、石墨等不脱落，以免影响显微分析的正确性。

1) 试样的选取。金相试样的选取应根据检验的目的，选取有代表性的部位和磨面。

如在检验和分析零件的失效原因时，除在失效的具体部位取样外，还需要在零件的完好处取样，以便进行对比研究；在检测脱碳层、化学热处理的渗层、淬火层时，应选择横向截面或横向表层取样；在研究带状组织及冷塑性变形工件的组织和夹杂物的变形情况时，应截取纵向截面试样；对于一般热处理后的零件，由于金相组织比较均匀，因此试样的截取可以在任一截面进行。

金相试样的截取方法应根据金属材料的具体性质而定，如软的金属材料可用手锯或锯床切割；硬而脆的材料（如白口铸铁）可用锤击打；对于极硬的材料（如淬火钢），可用砂轮片切割或用电脉冲加工。但无论用何种方法取样，都应避免试样的受热或产生变形，以免引起金属的组织变化。为防止零件受热，必要时应随时用水冷却。

选取的试样尺寸应便于握持，一般不要过大。常用的试样为直径 12~15 mm 的圆柱体或边长为 12~15 mm 的正方体。对于形状特殊或尺寸细小而不易握持的试样，或者为了不发生倒角的试样，可采用镶嵌的方法进行处理。金相试样的镶嵌方法如图 F-1 所示。

镶嵌法是将金相试样镶嵌在不同的镶嵌材料中，得到外形规则并且便于握持的试样。目前常用的镶嵌方法有机械夹持法、低熔点合金镶嵌法、塑料镶嵌法等。制备三个以上金相试

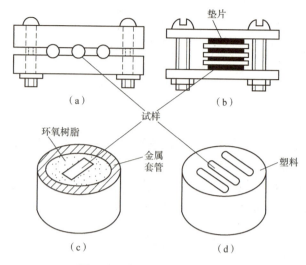

图 F-1 金相试样的镶嵌方法

（a）机械夹持法—圆柱体；（b）机械夹持法—薄板样品；（c）低熔点合金镶嵌法；（d）塑料镶嵌法

样时，容易发生混乱，需在试样磨面的侧面或背面编号。在对金相试样进行编号时，应力求简单，做到能与其他试样相区别即可，如刻号、用钢字码打号等。一般试样在标号后应装入试样袋内，试样袋上应记录试样名称、材料、工艺、送检单位、检验目的、编号及检验结果等项目。当试样无法编号时，可在试样袋上按其形状特征画出简图，以示区别。

2）试样的磨制。金相试样的磨制一般分为粗磨和细磨两类。粗磨的目的是获得一个平整的金相磨面。试样选取后，将其选定的金相磨面在砂轮上磨成平面，同时将尖角倒圆。磨制时应握紧试样，用力要均匀且不宜过大，并随时用水冷却，防止试样受热而引起组织变化。

将粗磨后的试样用清水冲洗并擦干后进行细磨操作。细磨分为手工细磨和机器细磨两种。手工细磨是依次在由粗到细的各号金相砂纸上进行细磨操作。常用的金相砂纸号有 01、02、03、04、05 五种，号数越大，磨粒越细。磨制时将金相砂纸平铺在厚玻璃板上，用左手按住砂纸，右手握住试样，使金相磨面朝下并与金相砂纸相接触，在轻微压力的作用下向前推磨，用力应均匀、平稳，防止磨痕过深和造成金相磨面的变形。试样退回时要抬起，不能与金相砂纸相接触，进行"单程、单向"的磨制方法，直到磨掉试样磨面上的旧磨痕，形成的新磨痕均匀一致为止。手工细磨的操作方法如图 F-2 所示。

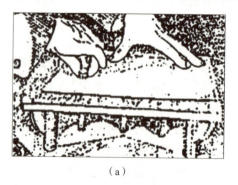
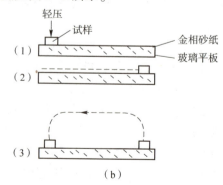

图 F-2 手工细磨的操作方法

（a）手工细磨；（b）手工细磨步骤

在调换下一号砂纸时，应将试样上的磨屑和砂粒清理干净，并转动 90°，即与上一号砂纸的磨痕相垂直，直到将上一号砂纸留下来的磨痕全部消除为止。试样磨面上磨痕的变化情况如图 F-3 所示。

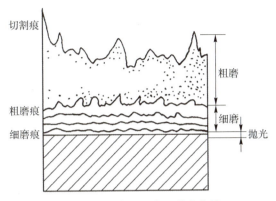

图 F-3　试样磨面上磨痕的变化情况

为了加快磨制速度，还可以采用机器细磨，即将磨粒粗细不同的水砂纸装在预磨机的各个磨盘上，一边冲水，一边在旋转的磨盘上磨制试样磨面。

3）试样的抛光。金相试样经磨制后，磨面上仍然存在着细微的磨痕及金属扰乱层，影响正常的组织分析，因而必须进行抛光处理，以得到平整、光亮、无痕的金相磨面。常用的抛光方法有机械抛光、电解抛光、化学抛光等，其中以机械抛光应用最广。

机械抛光是在专用的抛光机上进行的，靠抛光磨料对金相磨面的磨削和滚压作用使其成为光滑的镜面。抛光机主要由电动机和抛光盘（直径 200~250 mm、转速 200~600 r/min）组成，抛光时应在抛光盘上铺以细帆布、平绒、丝绸等抛光织物，并不断滴注抛光液。抛光液一般是氧化铝、氧化铬、氧化镁等细粉末状磨料在水中形成的悬浮液。操作时将试样磨面均匀地压在旋转的抛光盘上，并从抛光盘的边缘到中心不断地作径向往复运动，同时使试样本身略加转动，使磨面各部分抛光程度一致，并且可以避免出现曳尾现象。抛光液的滴入量以试样离开抛光盘后，其表面的水膜在数秒钟内可自行挥发为宜，一般抛光时间为 3~5 min，抛光后的试料磨面应光亮无痕，石墨或夹杂物应予以保留，且不能有曳尾现象。

电解抛光是将试样放在电解液中作为阳极，用不锈钢板或铅版作为阴极，以直流电通过电解液到阳极（即金相试样），试样表面的凸起部分因选择性溶解而被抛光。电解抛光速度快、表面光洁，只产生纯化学溶解作用而无机械力的影响，在抛光过程中不会发生塑性变形，但电解抛光的过程不易控制。

化学抛光是将化学试剂涂抹在经过粗磨的试样表面上，经过几秒到几分钟的时间，依靠化学腐蚀作用使试样表面发生选择性溶解，从而得到光滑平整的试样表面。化学抛光的操作简便，适用的试样材料广泛，不易产生金属扰乱层，对软金属材料尤为适用，对试样尺寸、形状要求不严格，一次能抛光多个试样，并兼有浸蚀作用。化学抛光后即可在金相显微镜下进行观察。但化学抛光时药品消耗量大、成本高，较难掌握抛光液的成分、新旧程度、温度、抛光时间等最佳参数，易产生点蚀，夹杂物容易被腐蚀掉。

抛光后的试样磨面应光亮无痕，其中的石墨或夹杂物等不应被抛掉或产生曳尾现象。抛光完成后，先将试样用清水冲洗干净，然后用酒精冲去残留水滴，再用吹风机吹干即可。

4）试样的浸蚀。抛光后的试样磨面是一光滑的镜面，在金相显微镜下只能看到非金属夹杂物、石墨、孔洞、裂纹等，要观察金属的组织特征，必须经过适当的浸蚀，使金属的组织正确地显示出来。目前最常用的浸蚀方法是化学浸蚀法。

化学浸蚀法是将抛光好的试样磨面在化学浸蚀剂（常用酸、碱、盐的酒精或水溶液）中浸蚀一定的时间，借助于化学或电化学作用显示金属组织。由于金属中各相的化学成分和晶体结构不同，具有不同的电极电位，因此在浸蚀剂中构成了许多微电池，电极电位低的相为阳极被溶解，电极电位高的相为阴极而保持不变。在浸蚀后形成了凹凸不平的试样表面。在金相显微镜下，各处的光线反射情况不同，就能观察到金属的显微组织特征。金属组织的显示原理如图 F-4 所示。

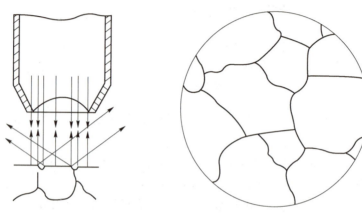

图 F-4　金属组织的显示原理

纯金属及单相合金的浸蚀是一个化学溶解过程。由于晶界原子排列较乱，缺陷及杂质较多，并具有较高的能量，故晶界易被浸蚀而呈凹沟。在金相显微镜下观察时，光线在晶界处被漫反射而不能进入物镜，便显示出一条条黑色的晶界。

两相以上合金的浸蚀是一个电化学溶解过程。由于电极电位不同，电极电位低的一相被腐蚀而形成凹沟，电极电位高的一相只产生化学溶解，保持了原来的平面状态，当光线照射到凹凸不平的试样表面时，就能看到不同的组成相及其组织形态。单相和两相组织的显示图如图 F-5 所示。

应当指出，金属中各个晶粒的成分虽然相同，但其原子排列位向不同，也会使磨面上各晶粒的浸蚀程度不一致，在垂直光线照射下，各个晶粒就呈现出明暗不同的颜色。化学浸蚀剂的种类有很多，应按金属材料的种类和浸蚀的目的，进行合理的选择。

化学浸蚀时，应将试样磨面向上浸入一盛有浸蚀剂的容器，并不断地轻微晃动（或用棉花沾上浸蚀剂擦拭试样表面），待浸蚀适度后取出试样，迅速用清水冲洗干净，然后用无水酒精冲洗，最后用吹风机吹干。试样表面需严格保持清洁，若不立即观察，应将制备好的金相试样保存于干燥器中。

浸蚀的时间要适当，一般试样磨面发暗时即可停止，浸蚀时间取决于金属的性质、浸蚀剂的浓度及显微镜观察时的放大倍数。总之，浸蚀时间以在显微镜下能清晰地看出显微组织的细节为准。若浸蚀不足，可重复进行浸蚀，但一旦浸蚀过度，试样则需重新抛光，有时还需要在最后一号砂纸上进行磨制。

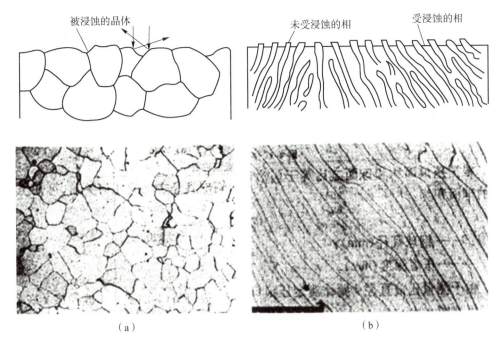

图 F-5 单相和两相组织的显示图
(a) 单相组织；(b) 两相组织

### 四、试验报告

1) 简述实验目的。

2) 根据已学过的金相分析知识，分析和判别所观察到的金相显微组织的类型、各组成相的相对量、金属材料的类别或牌号，写出分析过程及其结果。

3) 画出所制备金相试样（浸蚀后）的显微组织示意图，并用引线标出其组织组成物的名称，记录浸蚀剂、放大倍数、组织类型、材料名称等。

# 实训 G　碳钢的热处理试验

### 一、试验目的

1) 了解退火、正火、淬火和回火的方法。
2) 分析含碳量对淬火后碳钢硬度的影响。
3) 分析碳钢热处理时的冷却速度及回火温度对组织和性能（硬度）的影响。

### 二、试验试样及设备

1) 试样：45 钢、T10 钢试样。
2) 设备：箱式实验电炉，洛氏硬度计，砂轮机，金相试纸，淬火水槽和油槽，热处理用夹钳及铁丝、石棉手套等。

## 三、试验步骤

1) 明确热处理操作安全须知。

2) 学生分组领取试样,分别在 760 ℃、840 ℃ 和 940 ℃ 的箱式实验电炉中加热,保温 18 min 后在水中淬火,然后用洛氏硬度计分别测试试样的硬度(热处理后的试样应磨去氧化皮后测试硬度值)。

3) 将试样 45 钢加热至 840 ℃ 保温 18 min 后,分别对试样进行退火、正火、淬火(水冷和油冷)热处理,并用洛氏硬度计分别测试试样的硬度。

4) 对经过淬火处理的 45 钢和 T10 钢试样分别在 200 ℃、450 ℃ 和 550 ℃ 的温度下,在箱式实验电炉中进行回火,保温 30 min,取出空冷,用洛氏硬度计分别测定试样的硬度。

## 四、试验报告

将试验结果填入表 G-1~表 G-3,并按要求完成试验报告。

表 G-1 碳的质量分数对钢淬火硬度的影响

| 碳钢 | 加热温度/℃ | 淬火冷却介质 | 淬火硬度 HRC | | | |
|---|---|---|---|---|---|---|
| | | | 1 | 2 | 3 | 平均 |
| 45 钢 | | | | | | |
| T10 钢 | | | | | | |

表 G-2 冷却速度对钢热处理后性能的影响

| 材料 | 加热温度/℃ | 冷却方式 | 热处理后的硬度 HRC | | | |
|---|---|---|---|---|---|---|
| | | | 1 | 2 | 3 | 平均 |
| | | 炉冷 | | | | |
| | | 空冷 | | | | |
| | | 水冷 | | | | |
| | | 油冷 | | | | |

表 G-3 回火温度对淬火钢回火硬度的影响

| 材料 | 淬火硬度 HRC | 回火温度/℃ | 回火后的硬度 HRC | | | |
|---|---|---|---|---|---|---|
| | | | 1 | 2 | 3 | 平均 |
| | | 200 | | | | |
| | | 450 | | | | |
| | | 550 | | | | |

# 附　录

附录

# 参考文献

[1] 王书田. 金属材料与热处理[M]. 大连：大连理工大学出版社，2017.
[2] 丁仁亮. 金属材料及热处理[M]. 北京：机械工业出版社，2021.
[3] 王学武. 金属材料与热处理[M]. 北京：机械工业出版社，2020.
[4] 方勇，王萌萌，许杰. 工程材料与金属热处理[M]. 北京：机械工业出版社，2019.
[5] 郭春洁. 金属工艺学简明教程[M]. 西安：西北工业大学出版社，2017.
[6] 刘宗昌. 金属学与热处理[M]. 北京：化学工业出版社，2008.
[7] 崔忠圻，覃耀春. 金属学与热处理[M]. 北京：机械工业出版社，2007.
[8] 张秀芳. 机械工程材料与热处理[M]. 北京：电子工业出版社，2014.